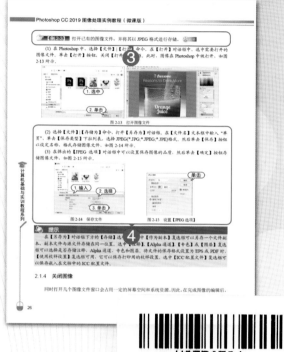

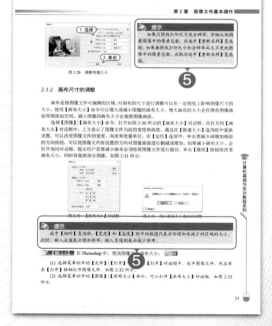

① 导读与重点：

以言简意赅的语言表述本章介绍的主要内容和教学重点。

② 教学视频：

列出本章有同步教学视频的操作案例，让读者随时扫码学习。

③ 实例概述：

简要描述实例内容，同时让读者明确该实例是否附带教学视频。

④ 操作步骤：

图文并茂，详略得当，让读者对实例操作过程轻松上手。

⑤ 技巧提示：

讲述软件操作在实际应用中的技巧，让读者少走弯路、事半功倍。

[配套资源使用说明]

▶▶ 观看二维码教学视频的操作方法

本套丛书提供书中实例操作的二维码教学视频，读者可以使用手机微信中的"扫一扫"功能，扫描本书前言中的"扫一扫，看视频"二维码图标，即可打开本书对应的同步教学视频界面。

▶▶ 推送配套资源到邮箱的操作方法

本套丛书提供扫码推送配套资源到邮箱的功能，读者可以使用手机微信中的"扫一扫"功能，扫描本书前言中的"扫码推送配套资源到邮箱"二维码图标，即可快速下载图书配套的相关资源文件。

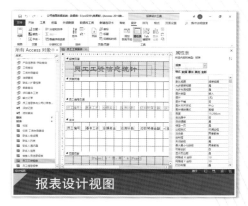

报表设计视图

查找数据

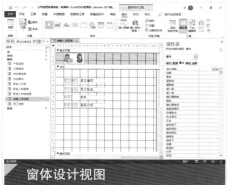

窗体设计视图

创建表关系

创建简单查询

等级评定

冻结字段

多项目创建窗体

[本书案例演示]

高级筛选数据

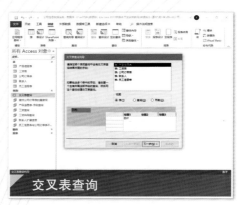

交叉表查询

连接查询

设置保存默认格式

设置控件属性

设置掩码

使用报表向导

添加子数据表

计算机基础与实训教材系列

Access 2019数据库开发实例教程 (微课版)

张运香 马丹丹 赵佳彬 编著

清华大学出版社

北 京

内 容 简 介

本书由浅入深、循序渐进地介绍使用 Access 2019 进行数据库开发的操作方法和使用技巧。全书共分 12 章，分别介绍数据库的基本概念，Access 2019 入门基础，操作数据库，创建表和字段，表的操作技巧，创建查询，SQL 查询的操作，窗体的操作，报表的操作，宏的操作，模块与 VBA 编程语言，数据库综合实例应用等内容。

本书内容丰富、结构清晰、语言简练、图文并茂，具有很强的实用性和可操作性，是一本适合于高等院校的优秀教材，也是广大初、中级计算机用户的自学参考书。

本书对应的电子课件、实例源文件和习题答案可以到 http://www.tupwk.com.cn/edu 网站下载，也可以通过扫描前言中的二维码下载。

图书在版编目(CIP)数据

Access 2019 数据库开发实例教程：微课版 / 张运香，马丹丹，赵佳彬编著. —北京：清华大学出版社，2021.4
计算机基础与实训教材系列
ISBN 978-7-302-57824-6

I. ①A… II. ①张… ②马… ③赵… III. ①关系数据库系统—教材 IV. ①TP311.138

中国版本图书馆 CIP 数据核字(2021)第 057336 号

责任编辑：胡辰浩
封面设计：高娟妮
版式设计：孔祥峰
责任校对：成凤进
责任印制：杨 艳

出版发行：清华大学出版社
　　　　　网　　　址：http://www.tup.com.cn，http://www.wqbook.com
　　　　　地　　　址：北京清华大学学研大厦 A 座　　　邮　　编：100084
　　　　　社 总 机：010-62770175　　　　　　　　邮　　购：010-62786544
　　　　　投稿与读者服务：010-62776969，c-service@tup.tsinghua.edu.cn
　　　　　质 量 反 馈：010-62772015，zhiliang@tup.tsinghua.edu.cn
印 装 者：北京国马印刷厂
经　　销：全国新华书店
开　　本：190mm×260mm　　　印　　张：18.75　　　插　　页：2　　字　　数：506 千字
版　　次：2021 年 6 月第 1 版　　　印　　次：2021 年 6 月第 1 次印刷
定　　价：78.00 元

产品编号：083383-01

《Access 2019 数据库开发实例教程(微课版)》是"计算机基础与实训教材系列"丛书中的一种，该书从教学实际需求出发，合理安排知识结构，由浅入深、循序渐进地讲解使用 Access 2019 进行数据库开发的操作方法和使用技巧。全书共分 12 章，主要内容如下。

第 1、第 2 章介绍数据库的基本概念和 Access 2019 基础知识。

第 3~5 章介绍数据库的操作方法，创建表和字段的方法，以及表的操作技巧。

第 6、第 7 章介绍创建查询的操作方法，以及 SQL 查询的使用方法和技巧。

第 8~10 章介绍窗体、报表和宏的操作方法和技巧。

第 11 章介绍使用模块与 VBA 编程语言的方法和技巧。

第 12 章通过一个完整的数据库综合实例介绍使用 Access 2019 创建数据库的流程。

本书图文并茂、条理清晰、通俗易懂、内容丰富，在讲解每个知识点时都列举相应的实例，方便读者上机实践。同时，为了方便老师教学，我们免费提供本书对应的电子课件、实例源文件和习题答案下载。本书提供书中实例操作的二维码教学视频，读者使用手机微信和 QQ 中的"扫一扫"功能，扫描下方的二维码，即可观看本书对应的同步教学视频。

👉 **本书配套素材和教学课件的下载地址如下。**

http://www.tupwk.com.cn/edu

👉 **本书同步教学视频的二维码如下。**

扫一扫，看视频　　　　　　　扫码推送配套资源到邮箱

本书的编写由佳木斯大学的几位老师共同完成，其中张运香编写了第 2、4、6、7、11 章，马丹丹编写了第 3、5、8、10 章，赵佳彬编写了第 1、9、12 章。

由于作者水平有限，本书难免有不足之处，欢迎广大读者批评指正。我们的邮箱是 992116@qq.com，电话是 010-62796045。

编　者

2021 年 1 月

推荐课时安排

章　名	重点掌握内容	教学课时
第 1 章　数据库的基本概念	数据库系统、数据库管理系统、数据模型、关系数据库	1 学时
第 2 章　Access 2019 入门基础	Access 2019 的工作界面、Access 数据库对象、Access 中的数据	1 学时
第 3 章　操作数据库	创建数据库、数据库的基础操作、数据库对象的操作	2 学时
第 4 章　创建表和字段	表的概述、创建表、设置字段属性	2 学时
第 5 章　表的操作技巧	编辑数据记录、检索数据、设置表格式、创建表之间的关系	3 学时
第 6 章　创建查询	创建选择查询、创建交叉表查询、创建参数查询、操作查询	4 学时
第 7 章　SQL 查询的操作	SQL 数据查询、SQL 数据操纵、SQL 数据定义查询	2 学时
第 8 章　窗体的操作	创建窗体、应用窗体控件、使用主/子窗体、使用切换面板	4 学时
第 9 章　报表的操作	创建报表、编辑报表、报表的统计计算、报表的排序和分组、打印报表	4 学时
第 10 章　宏的操作	宏的创建和操作、宏的运行与调试、常用事件	3 学时
第 11 章　模块与 VBA 编程语言	认识模块、认识 VBA 编程语言、VBA 语法知识、使用语句、过程调用与参数传递、VBA 程序的调试与错误处理	5 学时
第 12 章　数据库综合实例应用	制作教学管理系统数据库	3 学时

注：1. 教学课时安排仅供参考，授课教师可根据情况进行调整。

2. 建议每章安排与教学课时相同时间的上机练习。

目录

计算机基础与实训教材系列

第1章

数据库的基本概念

数据库技术和系统已成为信息基础设施的核心技术。数据库技术作为数据管理的最有效的手段，极大地促进了计算机应用的发展。本章将介绍数据库、数据库系统、数据库管理系统、关系数据库等基础理论知识，为后续各章的学习打下基础。

本章重点

- 数据库
- 数据库系统
- 数据库管理系统
- 关系数据库

1.1 数据库基础知识

数据库是计算机应用系统中的一种专门管理数据资源的系统。数据库技术是管理数据的一种科学技术方法，专门研究如何组织和存储数据，如何高效地获取和处理数据，从而为人类生活的方方面面提供数据服务。

1.1.1 数据与信息的概念

数据是描述现实世界中各种事物的物理符号记录，是最原始的、彼此分散孤立的、未被加工处理过的记录，其具体的表现形式有数字、字母、文字、图形、图像、动画、声音等。在计算机科学中，一切能被计算机接收和处理的物理符号都称为数据。

信息是对现实世界中事物运动状态和特征的描述，是一种已经被加工为特定形式的数据。信息是对数据的解释，是数据含义的体现。

数据和信息是两个互相联系、互相依赖但又互相区别的概念。数据是用来记录信息的可识别的符号，是信息的具体表现形式。数据是信息的符号表示或载体，信息则是数据的内涵，是对数据的语义解释。只有经过加工处理，形成的具有使用价值的数据才能称为信息。

数据要经过处理才能变为信息。数据处理是将数据转换成信息的过程，是指对信息进行收集、整理、存储、加工及传播等一系列活动的总和。数据处理的目的是从大量的、杂乱无章的甚至是难以理解的原始数据中，提炼、抽取出人们所需要的有价值、有意义的数据(即信息)，作为科学决策的依据。

可用下式简单地表示数据、信息与数据处理的关系：

$$信息 = 数据 + 数据处理$$

数据是原料，是输入；而信息是产出，是输出结果。数据处理的真正含义应该是为了产生信息而处理数据。

1.1.2 数据库的概念

在计算机中，为了存储和处理事物，需要用属性抽象描述这些事物的特征。数据库就是存储在一起的相互有联系的数据集合。

数据库应具有以下几个特点。

▽ 存储在一起的相关数据的集合。

▽ 这些数据是结构化的，无有害的或不必要的冗余，并为多种应用服务。

▽ 数据的存储独立于使用它的程序。

▽ 对数据库插入新数据，修改和检索原有数据均能按一种公用的和可控制的方式进行。

实际上"数据库"就是为了实现一定的目的按某种规则组织起来的"数据"的"集合"，在信息社会中，数据库的应用非常广泛，如银行业用数据库存储客户的信息、账户、贷款和银行的交易记录；外贸公司用数据库存储仓储信息、交易额和交易量等。

在 Access 数据库中，用户可以将上面提到的数据库以表的形式表现出来。在"员工管理系统"中，"员工基本资料"数据表存储了员工的基本信息的数据内容，如图 1-1 所示。

员工编号	姓名	性别	职务	联系电话	基本工资	单击以添加
Q001	李　琳	女	行政秘书	35636363/(101)	￥1,800.00	
Q002	王　芳	女	前台出纳	35632233/(102)	￥1,900.00	
Q003	赵　霞	女	人事助理	35632252/(102)	￥2,000.00	
Q004	王晓丽	女	销售总监	35636632/(103)	￥2,200.00	
Q005	王志远	男	销售员	35635563/(106)	￥1,900.00	
Q006	李国强	男	销售员	35635563/(106)	￥1,600.00	
Q007	张文峰	男	销售员	35635563/(106)	￥1,500.00	
Q008	孙寒冰	男	销售员	35635563/(106)	￥1,200.00	
Q009	杨春梅	女	销售员	35635563/(106)	￥2,300.00	
Q010	王圆圆	女	销售员	35635563/(106)	￥1,600.00	
Q011	王乐乐	男	部门策划	35638868/(108)	￥1,500.00	
Q012	郭亚丽	女	部门策划	35638868/(108)	￥1,680.00	

数据

图 1-1　数据表

1.1.3　数据的处理

数据处理就是将数据转换为信息的过程，包括对数据库中的数据进行收集、存储、传播、检索、分类、加工或计算、打印和输出等操作。数据是对事实、概念或指令的一种表达形式，可由人工或自动化装置进行处理，数据经过解释并赋予一定意义后，便成为信息。数据处理的基本目的是从大量的、可能是杂乱无章的、难以理解的数据中抽取并推导出对于某些特定的人们来说是有价值、有意义的数据。数据处理是系统工程和自动控制的基本环节。数据处理贯穿于社会生产和社会生活的各个领域。例如，向"员工基本资料"数据表中增加一条记录，或者从中查找某员工的员工编号等都是数据处理。

1.2　数据库系统

数据库系统，从根本上说是计算机化的记录保持系统，它的目的是存储和产生所需要的有用信息。这些有用的信息可以是使用该系统的个人或组织的有意义的任何事情，是对某个人或组织辅助决策过程中不可缺少的事情。

1.2.1　数据库系统的概念

狭义地讲，数据库系统由数据库、数据库管理系统和用户构成。广义地讲，数据库系统是指采用了数据库技术的计算机系统，它包括数据库(Database，DB)、数据库管理系统(Database Management System，DBMS)、操作系统、硬件、数据库应用程序、数据库管理员及终端用户，如图 1-2 所示。

▽　数据库：由一组相互联系的数据文件组成，其中最基本的组成部分是包括用户数据的数据文件。数据文件之间的逻辑关系也要存放到数据库文件中。

图 1-2　数据库系统结构图

▽ 数据库管理系统：是专门用于管理数据库的软件，提供了应用程序与数据库的接口。它允许用户逻辑地访问数据库中的数据，负责逻辑数据与物理地址之间的映射，是控制和管理数据库运行的工具。

▽ 操作系统、硬件：每种数据库管理系统都有它自己所需要的软、硬件环境。一般对硬件要说明所需的基本配置，对软件则要说明其适用于哪些底层软件，与哪些软件兼容等。

▽ 数据库应用程序：是一个允许用户插入、修改、删除并报告数据库中的数据的计算机程序。它是由程序员用某种程序设计语言编写的。

▽ 数据库管理员及终端用户：是管理、维护、使用数据库系统的人员。

1.2.2 数据库系统的特点

面向文件的系统存在着严重的局限性，随着信息需求的不断扩大，克服这些局限性就显得非常迫切。图 1-3 所示是传统的文件管理系统的示意图。

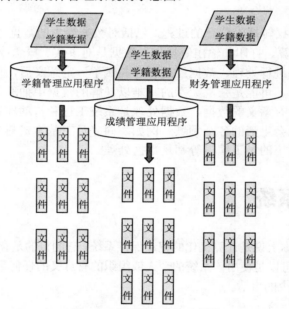

图 1-3　文件管理系统示意图

传统的文件管理系统产生了许多平面文件，文件中存在着大量的冗余数据，而且文件之间并无关联。与传统的文件管理系统相比，数据库系统具有以下优点。

▽ 数据结构化：在数据库系统中，使用了复杂的数据模型，这种模型不仅描述数据本身的特征，而且还描述数据之间的联系。这种联系通过存取路径来实现，通过存取路径表示自然的数据联系是数据库系统与传统文件系统之间的本质差别。这样，需要管理的数据不再面向特定的某个或某些应用程序，而是面向整个系统。

▽ 数据存储灵活：在文件系统下，存取的精度是记录，而在数据库中存取的精度是数据项。数据存储灵活表现为当应用需求改变时，只要重新选取不同的子集或加上一部分数据，就可以满足新的需求。

▽ 数据共享性强：共享是数据库的目的，也是数据库的重要特点。一个数据库中的数据不仅可为同一企业或机构之内的各个部门所共享，也可为不同单位、地域甚至不同国家的用户所共享。而在文件系统中，数据一般是由特定用户专用的。

▽ 数据冗余度低：数据专用时，每个用户拥有并使用自己的数据，难免有许多数据相互重复。实现数据共享后，不必要的重复将全部消除。但为了提高查询效率，有时也保留少量重复数据，其冗余度可以由设计人员控制。

▽ 数据独立性高：在文件系统中，数据和应用程序相互依赖，一方的改变总要影响另一方。数据库系统则力求减少这种相互依赖，以实现数据的独立性。

1.2.3　数据库系统的分类

对于企业而言，数据信息同样是宝贵的资产，应该妥善地使用、管理并加以保护。根据数据库存放位置的不同，数据库系统可以分为集中式数据库和分布式数据库。下面将具体介绍这两种数据库系统类型。

1. 集中式数据库

在客户机/服务器体系结构中，数据库驻留于服务器，整个数据库保存在单个服务器中，并存放在一个中心位置。集中式数据库技术是比较原始的一种方法，它采用的计算机系统是一个带多个终端的大型系统结构，如图 1-4 所示。

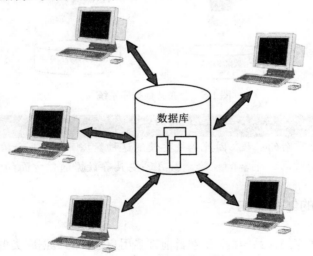

数据库

图 1-4　集中式数据库系统

每个终端只负责用户的输入与输出操作。数据库、数据库管理系统及应用程序全部存放在主机中，由主机对用户的各种操作做出响应，然后将结果送往终端，显示给用户。

> **提示**
>
> 这种数据库过多地依赖于主机系统，全部工作都由主机完成。主机工作负荷比较大，整个系统的工作分配不合理。随着个人计算机性能的不断提高及网络的兴起，这种结构已被淘汰。

计算机基础与实训教材系列

2. 分布式数据库

分布式数据库就是在多台计算机上进行存储和处理的数据库。对数据库进行分布主要有两个原因：性能和控制。在多台计算机上放置数据库可以提高吞吐量，这是因为多台计算机可以共享工作量，或者是因为缩短了用户和计算机的距离而减少了通信延迟。数据库分布可以通过将数据库的不同部分分离到不同计算机上来改进控制能力。

分布数据库可以通过分区来实现，即将数据库分为不同的片段并将这些片断存储在多台计算机中；也可以通过复制来分布数据库，也就是将数据库的副本存储在多台计算机中；或者结合使用分区和复制这两种方式，如图1-5所示。

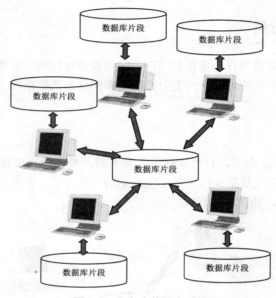

图 1-5　分布式数据库系统

> **提示**
>
> 分布式处理是一个复杂的过程。因此如果要使用这种数据库，企业和机构的数据库开发及维护团队不仅要有充裕的时间、丰富的经验，而且还要具备数据通信方面的专业知识。

1.2.4　数据库系统的体系结构

数据库系统有着严谨的体系结构。虽然目前许多用户运行的数据库类型和规模有所不同，但是它们的体系结构大体相同。美国国家标准协会所属标准计划和要求委员会(Standards Planning And Requirements Committee)在1975年公布了一个关于数据库标准的报告，提出了数据库的三级结构组织，也就是SPARC分级结构。三级结构对数据库的组织从内到外分3个层次描述，分别为内模式、概念模式(简称为模式)和外模式。

数据视图是从某个角度看到的数据特性。单个用户使用的数据视图的描述称为外模式；全局数据视图的描述称为概念模式，涉及所有用户的数据定义；物理存储数据视图的描述称为内模式，涉及实际数据存储的结构。图1-6是三级模式的示意图。

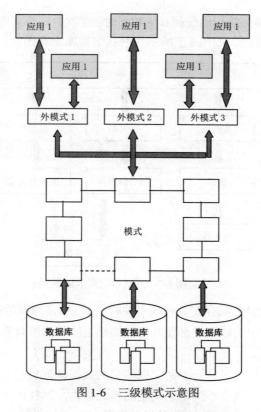

图 1-6　三级模式示意图

事实上，三级模式中只有内模式才能真正地存储数据。另外，这 3 种模式之间存在以下两种映射关系。

▽ 外模式和模式之间的映射，它把用户数据库与概念数据库联系起来。

▽ 模式和内模式之间的映射，它把概念数据库与物理数据库联系起来。

1.2.5　数据库系统的发展

经过几十年的发展，数据库系统已经经历了第 1 代的非关系型数据库系统和第 2 代的关系型数据库系统，向新一代数据库技术——对象-关系型数据库系统发展。

1. 非关系型数据库系统

非关系型数据库系统是对第 1 代数据库系统的总称，其中包括层次数据库系统和网状数据库系统这两种类型。

其中，层次数据库系统有如下特点。

▽ 表示对象的各个数据结构是层次级别。

▽ 相邻级别的一对数据结构间的关系为父子关系。在这种关系中，一个父段可以包括多个子段，而一个子段只能对应一个父段。

▽ 层次模型通过物理指针存储地址链接。物理指针通过父、子前向(或后向)指针，将父段记录和子段记录链接起来。

在表示对象中包含排列级别的任何业务数据时，层次数据库非常适合。但在现实中，大多数数据结构并不符合层次排列，如图1-7所示为网状数据库示意图。

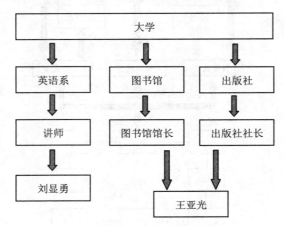

图1-7　网状数据库示意图

在图1-7中，每个记录之间存在两种或多种联系，这就是网状数据库模型，它具有如下特点。

▽ 网状数据库模型中的线型在必要时可链接适当的数据库对象，而不像层次结构那样只链接连续级别。

▽ 在网状结构中，可以出现一子两父或多父的数据排列类型。

▽ 网状数据库模型中两个不同记录类型的相关事物，同样由物理指针存储地址链接。通过前向(或后向)指针，可将一个事件链接到另一个事件。

总之，无论层次数据库模型还是网状数据库模型，一次查询只能访问数据库中的一条记录，存取效率不高。对于关系复杂的系统，还需要用户详细描述数据库的访问路径(即外模式、模式、内模式以及相互映像)，相当麻烦。

2. 关系型数据库系统(Relational Database Systems，RDBS)

支持关系数据模型的关系数据库系统是第2代数据库系统。关系型数据库系统从实验室走向了社会。因此，在计算机领域中把20世纪70年代称为数据库时代。

非关系型数据库通过物理指针链接相关数据事件，这是一个重大缺陷，每当重新组织数据、将数据移到不同存储区域或更改为另一存储媒介时，将不得不重写数据记录的物理地址。而关系型数据库通过逻辑链接建立相关数据事件间的链接，逻辑链接通过外键实现。

通过长期实践，人们总结出关系模型数据库系统具有以下优点。

▽ 关系模型的概念单一，实体以及实体之间的联系都用关系(二维表)来表示。

▽ 采用表格作为基本的数据结构，通过公共的关键字来实现不同关系(二维表)之间的数据联系。

▽ 一次查询仅用一条命令或语句，即可访问整个关系(二维表)。通过多表联合操作，还可以对有联系的若干关系实现"关联"查询。

▽ 数据独立性强，数据的物理存储和存取路径对用户隐蔽。

3. 对象-关系型数据库系统(Object-Relational Database Systems，ORDBS)

ORDBS 的力量源于对象和关系属性的融合，同时它还具有一些独有的特性，如基本数据类型扩展、管理大对象、高级函数等。20 世纪 80 年代以来，数据库技术在商业领域的巨大成功刺激了其他领域对数据库技术需求的迅速增长。另一方面在应用中提出的一些新的数据管理的需求也直接推动了数据库技术的研究与发展，尤其是面向对象数据库系统(Object-Oriented Database Systems，OODBS)的研究与发展。面向对象数据库系统和关系数据库系统，构成了新一代数据库技术，即第 3 代数据库系统。

可以说新一代数据库技术的研究，新一代数据库系统的发展呈现了百花齐放的局面。其特点如下。

▽ 面向对象的方法和技术对数据库发展的影响最为深远。

▽ 数据库技术与多学科技术的有机结合是当前数据库技术发展的重要特征。

▽ 面向应用领域的数据库技术的研究。

总之，随着数据库技术、操纵和管理数据库的大型软件以及用户需求的发展变化，使数据库系统在计算机系统和各项科研工作中处于重要位置。

1.3　数据库管理系统

数据库管理系统(DBMS)，由一个互相关联的数据的集合和一组访问这些数据的程序组成，它负责对数据库的存储数据进行定义、管理、维护和使用等操作。因此，DBMS 是一种非常复杂的、综合性的、在数据库系统中对数据进行管理的大型计算机系统软件。它是数据库系统的核心组成部分。

1.3.1　数据库管理系统的功能

数据库管理系统是位于用户与操作系统之间的数据管理软件，主要包括以下功能。

▽ 数据定义功能：数据库管理系统提供数据定义语言(Data Definition Language，DDL)，用户可以使用它定义数据库中的数据对象。以结构化查询语言 SQL 为例，DDL 语言包括 Create Table/Index、Drop Table/Index 等语句，可供用户建立和删除关系数据库的关系(二维表)，或者建立和删除关系数据库的索引。

▽ 数据操纵功能：数据库管理系统提供数据操纵语言(Data Manipulation Language，DML)，用户可以使用它实现对数据库中数据的查询、更新等操作。

▽ 数据库的运行管理：数据库的建立、运行和维护是由数据库管理系统统一管理和控制的，以保证数据的安全性、完整性、并发控制以及出现故障后的系统恢复。

▽ 数据库的建立和维护功能：使用该功能可以完成对数据库开始数据的录入和转换，数据的转换、恢复和重组织，可以实现对数据库的性能监视和性能分析等。

▽ 数据通信功能：主要包括数据库与用户应用程序的接口及数据库与操作系统的接口。

1.3.2　数据库管理系统的组成

DBMS 大多是由许多系统程序组成的一个集合。每个程序都有各自的功能，一个或几个程序一起协调完成 DBMS 的一件或几件工作任务。各种 DBMS 的组成因系统而异，一般来说，它由以下几个部分组成。

- ▽ 语言编译处理程序：主要包括数据描述语言翻译程序、数据操作语言处理程序、终端命令解释程序和数据库控制命令解释程序等。
- ▽ 系统运行控制程序：主要包括系统总控制程序、存取控制程序、并发控制程序、完整性控制程序、保密性控制程序、数据存取和更新程序、通信控制程序等。
- ▽ 系统建立、维护程序：主要包括数据装入程序、数据库重组织程序、数据库系统恢复程序和性能监督程序等。
- ▽ 数据字典：数据字典通常是一系列表，它存储着数据库中有关信息的当前描述。它能帮助用户、数据库管理员和数据库管理系统本身使用和管理数据库。

1.4　数据模型

数据模型(Data Model)是数据库中数据的存储方式，是数据库系统的基础。下面将介绍数据模型的概念、要素和分类。

1.4.1　数据模型的概念

数据是对客观事物的符号表示，模型是对现实世界特征的模拟和抽象。数据模型是对数据特征的抽象。

数据库系统的核心是数据库，数据库是根据数据模型建立的，因而数据模型是数据库系统的基础。

计算机不能直接处理现实世界中的客观事物，人们必须把具体事物转换成计算机能够处理的数据。将客观事物转换为数据，是一个逐步转化的过程，经历了现实世界、信息世界和机器世界这三个不同的世界，经历了两级抽象和转化。首先将现实世界中的客观事物抽象为某一种信息结构，这种信息结构不依赖于具体的计算机系统，不是某一个 DBMS 支持的数据模型，而是概念级的模型；然后将概念模型转换为计算机上某一个 DBMS 支持的数据模型，如图 1-8 所示。

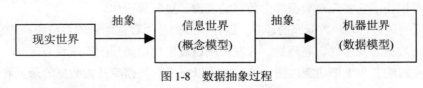

图 1-8　数据抽象过程

1.4.2 数据模型的组成要素

一般来讲，任何一种数据模型都是严格定义的概念集合。这些概念必须能精确描述系统的静态特性、动态特性和完整性约束条件。因此，数据模型通常都是由数据结构、数据操作和数据完整性约束三个要素组成的。

1. 数据结构

数据结构研究数据之间的组织形式(数据的逻辑结构)、数据的存储形式(数据的物理结构)及数据对象的类型等。存储在数据库中的对象类型的集合是数据库的组成部分。例如，在教学管理中，要管理的数据对象有学生、教师、成绩等。在学生对象集中，每个学生包括学号、姓名、性别、出生日期、政治面貌等信息，这些基本信息描述了每个学生的特性，构成在数据库中存储的框架，即对象类型。

数据结构用于描述系统的静态特性，是刻画一个数据模型性质最重要的方面。因此，在数据库系统中，通常按照其数据结构的类型来命名数据模型。例如，层次结构、网状结构、关系结构的数据模型分别被命名为层次模型、网状模型和关系模型。

2. 数据操作

数据操作用于描述系统的动态特性，是指对数据库中的各种对象(型)的实例(值)允许执行的操作的集合，包括操作及有关的操作规则。数据库主要有查询和更新(包括插入、删除、修改)两大类操作。数据模型必须定义这些操作的确切含义、操作符号、操作规则(如优先级)及实现操作的语言。

3. 数据完整性约束

数据完整性约束是一组完整性规则的集合。完整性规则是指给定的数据模型中数据及其联系所具有的制约和存储规则，用于限定符合数据模型的数据及其状态的变化，以保证数据的正确性、有效性和相容性。

数据模型应该反映和规定本数据模型必须遵守的、基本的、通用的完整性约束。此外，数据模型还应该提供定义完整性约束的机制，以反映具体所涉及的数据必须遵守的特定语义约束。例如，在学生信息中，学生的"性别"只能为"男"或"女"。

数据模型是数据库技术的关键，它的三个要素完整地描述了一个数据模型。

1.4.3 数据模型的分类

数据库的类型是根据数据模型来划分的，而任何一个数据库管理系统也是根据数据模型有针对性地设计的，这就意味着必须把数据库组织成符合数据库管理系统规定的数据模型。

目前，成熟地应用在数据库系统中的数据模型包含层次模型、网状模型、关系模型等几种。

1. 层次模型

层次模型是数据库系统最早使用的一种模型，它的数据结构是一棵"有向树"。根节点在最上端，层次最高，子节点在下，逐层排列。

层次模型的特征如下:

▽ 有且仅有一个节点没有父节点,它就是根节点。

▽ 其他节点有且仅有一个父节点。例如,图 1-9 所示为一个学校系教务管理层次数据模型中实体之间的联系,图 1-10 所示的是实体型之间的联系。

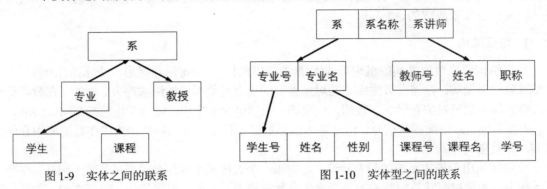

图 1-9　实体之间的联系　　　　　　图 1-10　实体型之间的联系

最有影响的层次模型的数据库系统是 20 世纪 60 年代末,IBM 公司推出的 IMS 层次模型数据库系统。

2. 网状模型

网状模型以网状结构表示实体与实体之间的联系。网状模型中的每一个节点代表一种记录类型,联系用指针链接来实现。如图 1-11 所示为一个系教务管理网状数据模型。

网状模型可以表示多个从属关系的联系,也可以表示数据间的交叉关系,即数据间的横向关系与纵向关系,它是层次模型的扩展。网状模型可以方便地表示各种类型的联系,但结构复杂,实现的算法难以规范化。

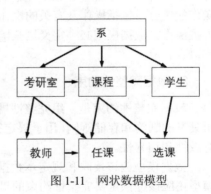

图 1-11　网状数据模型

网状模型的特征如下:

▽ 允许节点有多于一个的父节点。

▽ 可以有一个以上的节点没有父节点。

3. 关系模型

关系模型以二维表结构来表示实体与实体之间的联系,它是以关系数学理论为基础的。关系模型的数据结构是一个"二维表框架"组成的集合。每个二维表又可称为关系。图 1-12 为一个简单的关系模型,图 1-13 所示为该关系模型中包含的数据,关系名称分别为教师关系和课程关系,每个关系均含 3 个元组,其主码均为"教师编号"。

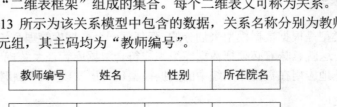

教师编号	姓名	性别	所在院名

课程号	课程名	教师编号	教室

图 1-12　关系模式

教师关系

教师编号	姓名	性别	所在院名
3201283	王燕	女	法学院
3271920	王刚	男	工程学院
3178299	杜彦行	男	法学院

课程关系

课程号	课程名	教师编号	教室
F1	宪法	3201283	F1-01室
G0	工程估价	3271920	G12-3室
F2	民法	3178299	F8-08室

图 1-13 关系模型中的关系

在关系模型中，操作的对象和结果都是二维表。关系模型是目前最流行的数据库模型。支持关系模型的数据库管理系统称为关系数据库管理系统。

关系模型的特征如下：

▽ 描述的一致性，不仅用关系描述实体本身，也用关系描述实体之间的联系。

▽ 可直接表示多对多关系。

▽ 关系必须是规范化的关系，即每个属性是不可分的数据项，不允许表中有表。

▽ 关系模型是建立在数学概念基础上的，有较强的理论依据。

1.5 关系数据库

用关系模型建立的数据库就是关系数据库。关系数据库建立在严格的数学理论基础上，数据结构简单、易于操作和管理。在关系数据库中，数据被分散到不同的数据表中，每个表中的数据只记录一次，从而避免数据的重复输入，减少数据冗余。Access 就是一个典型的关系数据库管理系统。

1.5.1 常用术语

1. 关系

一个关系就是一个二维表，每个关系都有一个关系名。在 Access 中，一个关系可以存储在一个数据库表中，每个表有唯一的表名，即数据表名。

2. 元组

在二维表中，每一行称为一个元组，对应表中一条记录。

3. 属性

在二维表中，每一列称为一个属性，每个属性都有一个属性名。在 Access 数据库中，属性也称为字段。字段由字段名、字段类型组成，在定义和创建表时可对其进行定义。

4. 域

属性的取值范围称为域，即不同的元组对于同一属性的取值所限定的范围。例如，性别属性的取值范围只能是"男"或"女",百分制的成绩属性值应在 0 和 100 之间。

5. 关键字

关键字是二维表中的一个属性或若干个属性的组合,即属性组,它的值可以唯一地标识一个元组。例如,在学生表中,每个学生的学号是唯一的,它对应唯一的学生,因此,学号可以作为学生表的关键字,而姓名不能作为关键字。

6. 主键

当一个表中存在多个关键字时,可以指定其中一个作为主关键字,而其他关键字为候选关键字。主关键字简称为主键。一个关系只有一个主键。

7. 外键

如果一个关系中的属性或属性组并非该关系的关键字,但它们是另一个关系的关键字,则称它们为该关系的外部关键字(外键)。

1.5.2 关系的类型

实体之间的关系有一对一、一对多、多对多等多种类型。

1. 一对一关系

如果对于实体集 A 中的每一个实体,实体集 B 中至多有一个(也可以没有)实体与之联系,反之亦然,则实体集 A 与实体集 B 具有一对一关系,记为"1:1"。

例如,图 1-14 所示在"库存信息"表中,"产品编号"字段与"出货单明细"表中"产品编号"字段之间的内容是对应的,并且产品与产品编号之间具有一对一关系。

2. 一对多关系

如果实体集 A 中的每一个实体,实体集 B 中有 n 个实体($n \geq 0$)与之联系。反之,对于实体集 B 中的每一个实体,实体集 A 中至多有一个实体与之联系,则称实体集 A 与实体集 B 具有一对多关系,记为"1:n"。

例如,图 1-15 所示在"出货单"表中的"客户 ID"字段的多个编号,可以在"客户信息"表的"客户"字段中找到相对应的内容。

3. 多对多关系

如果实体集 A 中的每一个实体与实体集 B 中有 n 个实体($n \geq 0$)与之联系。反之,对于实体集 B 中的每一个实体,实体集 A 中也有 m 个实体($m \geq 0$)与之联系,则称实体集 A 与实体集 B 具有多对多关系,记为"$m:n$"。

例如,如图 1-16 所示,在"借阅记录"表中每本书所对应的读者不相同,而在"读者信息"表中每位读者所对应的书籍也不相同。因此,这两个数据表之间具有多对多关系。

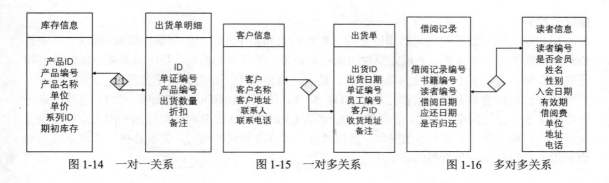

图 1-14　一对一关系　　　图 1-15　一对多关系　　　图 1-16　多对多关系

1.5.3　关系的完整性

关系完整性是为保证数据库中数据的正确性和相容性,对关系模型提出的某种约束条件或规则。完整性通常包括实体完整性、参照完整性和用户定义完整性,其中实体完整性和参照完整性是关系模型必须满足的完整性约束条件。

1. 实体完整性

实体完整性(Entity Integrity)是指关系的主关键字不能重复也不能取"空值"。

一个关系对应现实世界中的一个实体集。现实世界中的实体是可以相互区分、识别的,即它们应具有某种唯一性标识。在关系模式中,以主关键字作为唯一性标识,而主关键字中的属性(称为主属性)不能取空值。否则,表明关系模式中存在着不可标识的实体(因空值是"不确定"的),这与现实世界的实际情况相矛盾,这样的实体就不是一个完整实体。按实体完整性规则要求,主属性不得取空值,如主关键字是多个属性的组合,则所有主属性均不得取空值。

2. 参照完整性

参照完整性(Referential Integrity)是定义建立关系之间联系的主关键字与外部关键字引用的约束条件。

关系数据库中通常都包含多个存在相互联系的关系,关系与关系之间的联系是通过公共属性来实现的。"公共属性"是一个关系 R(称为被参照关系或目标关系)的主关键字,同时又是另一关系 K(称为参照关系)的外部关键字。那么,参照关系 K 中外部关键字的取值,要么与被参照关系 R 中某元组主关键字的值相同,要么取空值,在这两个关系间建立关联的主关键字和外部关键字引用,符合参照完整性规则要求。如果参照关系 K 的外部关键字也是其主关键字,根据实体完整性要求,主关键字不得取空值,因此,参照关系 K 外部关键字的取值实际上只能取相应被参照关系 R 中已经存在的主关键字值。

3. 用户定义完整性

实体完整性和参照完整性约束机制,主要是针对关系的主键和外键取值必须有效而给出的约束规则。除了实体完整性和参照完整性约束之外,关系数据库管理系统允许用户定义其他的数据完整性约束条件。用户定义完整性(User-defined Integrity)约束是用户针对某一具体应用的要求和实际需要,以及按照实际的数据库运行环境要求,对关系中的数据所定义的约束条件,它反映的是某一具体应用所涉及的数据必须要满足的语义要求和条件。这一约束机制一般由关系模型提供定义并检验。

用户定义的完整性约束包括属性上的完整性约束和整个元组上的完整性约束。属性上的完整性约束也称为域完整性约束。域完整性约束是最简单、最基本的约束，是指对关系中属性取值的正确性限制，包括关系中属性的数据类型、精度、取值范围、是否允许空值等。

关系数据库管理系统一般都提供了 NOT NULL 约束、UNIQUE 约束(唯一性)、值域约束等用户定义的完整性约束。例如，在使用 SQL 语言 CREATE TABLE 时，可以用 CHECK 短语定义元组上的约束条件，即元组级的限制，当插入元组或修改属性的值时，关系数据库管理系统将检查元组上的约束条件是否被满足。

1.5.4　关系的运算

关系模型中常用的关系操作有查询、插入、删除和修改 4 种。查询操作是在一个关系或多个关系中查找满足条件的列或行，得到一个新的关系；插入操作是在指定的关系中插入一个或多个元组；删除操作是将指定关系中的一个或多个满足条件的元组删除；修改操作是针对指定关系中满足条件的一个或多个元组，修改其数据项的值。

关系代数是关系操作能力的一种表示方式。关系代数是一种抽象的查询语言，也是关系数据库理论的基础之一。

关系代数是通过对关系的运算来表达查询的，关系运算的三要素是运算对象、运算符和运算结果。关系运算的对象是关系，运算的结果也是关系。关系代数运算符通常包括 4 类：集合运算符、专门的关系运算符、比较运算符和逻辑运算符。

按照运算符的不同，将关系代数的操作分为传统的集合运算和专门的关系运算两大类。

1. 传统的集合运算

从集合论的观点来定义关系，将关系看成若干个具有 K 个属性的元组集合。通过对关系进行集合操作来完成查询请求。传统的集合运算是从关系的水平方向进行的，包括并、交、差和广义笛卡儿积，属于二目运算。

要使并、差、交运算有意义，必须满足两个条件：一是参与运算的两个关系具有相同的属性数目；二是这两个关系对应的属性取自同一个域，即属性的域相同或相容。

(1) 并(Union)。设关系 R 和关系 S 具有相同的目 K，即两个关系都有 K 个属性，且相应的属性取自同一个域，则关系 R 与 S 的并是由属于 R 或属于 S 的元组构成的集合，并运算的结果仍是 K 目关系。其形式定义如下：$R \cup S = \{t | t \in R \vee t \in S\}$，其中，t 为元组变量。

(2) 交(Intersection)。设关系 R 和关系 S 具有相同的目 K，即两个关系都有 K 个属性，且相应的属性取自同一个域，则关系 R 与 S 的交是由既属于 R 又属于 S 的元组构成的集合，交运算的结果仍是 K 目关系。其形式定义如下：$R \cap S = \{t | t \in R \wedge t \in S\}$。

交运算可以使用差运算来表示：$R \cap S = R - (R-S)$ 或者 $R \cap S = S - (S-R)$。

(3) 差(Difference)。设关系 R 和关系 S 具有相同的目 K，即两个关系都有 K 个属性，且相应的属性取自同一个域，则关系 R 与 S 的差是由属于 R 但不属于 S 的元组构成的集合，差运算的结果仍是 K 目关系。其形式定义如下：$R-S = \{t | t \in R \wedge t \in S\}$。

进行并、交、差运算的两个关系必须具有相同的结构。对于 Access 数据库来说，是指两个表的结构要相同。

(4) 广义笛卡儿积(Extended Cartesian Product)。设关系 R 的属性数目是 K1，元组数目为 M；关系 S 的属性数目是 K2，元组数目为 N；则 R 和 S 的广义笛卡儿积是一个(K1+K2)列的(M×N)个元组的集合，记作 R×S。

广义笛卡儿积是一个有序对的集合。有序对的第一个元素是关系 R 中的任何一个元组，有序对的第二个元素是关系 S 中的任何一个元组。

如果 R 和 S 中有相同的属性名，可在属性名前加上所属的关系名作为限定。

2. 专门的关系运算

专门的关系运算既可以从关系的水平方向进行运算，也可以从关系的垂直方向进行运算，主要包括选择、投影和连接运算。

(1) 选择(Selection)。选择运算是从关系的水平方向进行运算，是从关系 R 中选取符合给定条件的所有元组，生成新的关系，记作：Σ 条件表达式(R)。

其中，条件表达式的基本形式为 $X\theta Y$，θ 表示运算符，包括比较运算符(<, <=, >, >=, =, ≠)和逻辑运算符(∧, ∨, ￢)。X 和 Y 可以是属性、常量或简单函数。属性名可以用它的序号或者它在关系中列的位置来代替。若条件表达式中存在常量，则必须用英文引号将常量括起来。

选择运算是从行的角度对关系进行运算，选出条件表达式为真的元组。

(2) 投影(Projection)。投影运算是从关系的垂直方向进行运算，在关系 R 中选取指定的若干属性列，组成新的关系，记作：$\prod$ 属性列(R)。

投影操作是从列的角度对关系进行垂直分割，取消某些列并重新安排列的顺序。在取消某些列后，元组或许有重复，该操作会自动取消重复的元组，仅保留一个。因此，投影操作的结果使关系的属性数目减少，元组数目可能也会减少。

(3) 连接(Join)。连接运算从 R 和 S 的笛卡儿积 R×S 中选取关系 R 在 A 属性组上的值与关系 S 在 B 属性组上的值满足比较关系 θ 的元组。

在连接运算中有两种最为重要的连接：等值连接和自然连接。

① 等值连接(Equal Join)。当 θ 为"="时的连接操作称为等值连接。也就是说，等值连接运算是从 R×S 中选取 A 属性组与 B 属性组的值相等的元组。

② 自然连接(Natural Join)。自然连接是一种特殊的等值连接。关系 R 和关系 S 的自然连接，首先要进行 R×S，然后进行 R 和 S 中所有相同属性的等值比较的选择运算，最后通过投影运算去掉重复的属性。自然连接与等值连接的主要区别是，自然连接的结果是两个关系中的相同属性只出现一次。

1.6 数据库的设计基础

数据库设计是数据库技术的主要内容之一。数据库设计是指对于给定的应用环境(包括硬件环境和操作系统、DBMS 等软件环境)，构建一个性能良好的、能满足用户要求的、能够被选定的 DBMS 所接受的数据库模式，建立数据库及应用系统，使之能够有效地、合理地采集、存储、操作和管理数据，满足企业或组织中各类用户的应用需求。

1.6.1 数据库设计原则和步骤

数据库的结构特性是静态的，一般情况下不会轻易变动。因此，数据库的结构特性设计又称为静态结构设计。其设计过程是：先将现实世界中的事物、事物之间的联系用 E-R 图表示，再将各个分 E-R 图汇总，得出数据库的概念结构模型，最后将概念结构模型转换为数据库的逻辑结构模型表示。

为了合理组织数据，应遵循以下的基本设计原则：

▽ 确保每个表描述的是单一事物。

▽ 确保每个表都有一个主键。

▽ 确保表中的字段不可分割。

▽ 确保在同一个数据库中，一个字段只在一个表中出现(外键除外)。

▽ 用外键保证有关联的表之间的联系。

考虑数据库及其应用系统开发的全过程，可将数据库设计过程分为以下 6 个阶段。

(1) 需求分析阶段。进行数据库应用软件的开发，首先必须准确了解与分析用户需求(包括数据处理)。需求分析是整个开发过程的基础，是最困难、最耗费时间的一步。作为地基的需求分析是否做得充分与准确，决定了在其上建造数据库大厦的速度与质量。需求分析做得不好，会导致整个数据库应用系统开发返工重做的严重后果。

(2) 概念结构设计阶段。概念结构设计是整个数据库设计的关键，它通过对用户需求进行综合、归纳与抽象，形成一个独立于具体 DBMS 的概念模型，一般用 E-R 图表示概念模型。

(3) 逻辑结构设计阶段。逻辑结构设计是将概念结构转化为选定的 DBMS 所支持的数据模型，并使其在功能、性能、完整性约束、一致性和可扩充性等方面均满足用户的需求。

(4) 数据库物理设计阶段。数据库的物理设计是为逻辑数据模型选取一个最适合应用环境的物理结构(包括存储结构和存取方法)，即利用选定的 DBMS 提供的方法和技术，以合理的存储结构设计一个高效的、可行的数据库的物理结构。

(5) 数据库实施阶段。数据库实施阶段的任务是根据逻辑设计和物理设计的结果，在计算机上建立数据库，编制与调试应用程序，组织数据入库，并进行系统测试和试运行。

(6) 数据库运行和维护阶段。数据库应用系统经过试运行后即可投入正式运行。在数据库系统运行过程中必须不断地对其进行评价、调整与修改。

开发一个完善的数据库应用系统不可能一蹴而就，它往往是上述 6 个阶段的不断反复。而这 6 个阶段不仅包含了数据库的(静态)设计过程，而且包含了数据库应用系统(动态)的设计过程。在设计过程中，应该把数据库的结构特性设计(数据库的静态设计)和数据库的行为特性设计(数据库的动态设计)紧密结合起来，将这两个方面的需求分析、数据抽象、系统设计及实现等各个阶段同时进行，相互参照，相互补充，以完善整体设计。

1.6.2 数据库设计范式

为了建立冗余较小、结构合理的数据库，设计数据库时必须遵循一定的规则。在关系数据库中这种规则就称为范式。范式是符合某一种设计要求的总结。要想设计一个结构合理的关系数据库，必须满足一定的范式。

1. 第一范式(1NF)

第一范式是最基本的范式。在任何一个关系数据库中，1NF 是对关系模式的基本要求，不满足 1NF 的数据库就不是关系数据库。1NF 是指关系中每个属性都是不可再分的数据项。

例如，表 1-1 所示是不符合第一范式的，而表 1-2 所示是符合第一范式的。

表 1-1　非规范化关系

教师编号	姓名	联系电话	
		固定电话	移动电话
14250	张三	8686888	1390123**67

表 1-2　满足 1NF 的关系

教师编号	姓名	联系电话
14250	张三	8686**88

2. 第二范式(2NF)

在一个满足 1NF 的关系中，不存在非关键字段对任一候选关键字段的部分函数依赖(部分函数依赖是指存在组合关键字中的某些字段决定非关键字段的情况)，即所有非关键字段都完全依赖于任意一组候选关键字，则称这个关系满足 2NF。

假定成绩关系为(学号,姓名,年龄,课程名称,成绩,学分)，关键字为组合关键字(学号,课程名称)，因为存在如下决定关系：

(学号,课程名称)→(姓名,年龄,成绩,学分)；　(课程名称)→(学分)；　(学号)→(姓名,年龄)

所以这个数据库表不满足第二范式，原因是存在组合关键字中的字段决定非关键字的情况。

由于不符合 2NF，这个选课关系表会存在如下问题：

(1) 数据冗余。同一门课程由 n 个学生选修，"学分"就重复 $n-1$ 次；同一个学生选修了 m 门课程，姓名和年龄就重复 $m-1$ 次。

(2) 更新异常。若调整了某门课程的学分，数据表中所有行的"学分"值都要更新，否则会出现同一门课程学分不同的情况。

(3) 插入异常。假设要开设一门新的课程，暂时还没有人选修。由于没有"学号"关键字，课程名称和学分无法输入数据库。

(4) 删除异常。假设一批学生已经完成课程的选修，这些选修记录就应该从数据库表中删除。但是，与此同时，课程名称和学分信息也被删除。很显然，这会导致插入异常。

把选课关系表改为如下 3 个表：

学生(学号,姓名,年龄)；课程(课程名称,学分)；成绩(学号,课程名称,课程成绩)

这样的数据库表是符合第二范式的，消除了数据冗余、更新异常、插入异常和删除异常。

另外，所有单关键字的数据库表都符合第二范式，因为不可能存在组合关键字。

3. 第三范式(3NF)

在一个满足 2NF 的关系中，如果不存在非关键字段对任一候选关键字段的传递函数依赖，则符合第三范式。传递函数依赖指的是如果存在 A→B→C 的决定关系，则 C 传递函数依赖于 A。

计算机基础与实训教材系列

因此，满足第三范式的关系应该不存在如下依赖关系：

关键字段→非关键字段 x→非关键字段 y

假定学生关系为(学号,姓名,年龄,所在学院,学院地点,学院电话)，关键字为单一关键字"学号"，因为存在如下决定关系：

(学号)→(姓名,年龄,所在学院,学院地点,学院电话)

所以这个数据库符合 2NF，但不符合 3NF，原因是存在如下决定关系：

(学号)→(所在学院)→(学院地点,学院电话)

即存在非关键字段"学院地点""学院电话"对关键字段"学号"的传递函数依赖。它会存在数据冗余、更新异常、插入异常和删除异常的情况。

把学生关系表分为如下两个表：

学生(学号,姓名,年龄,所在学院)；学院(所在学院,学院地点,学院电话)

这样的数据库表是符合第三范式的，消除了数据冗余、更新异常、插入异常和删除异常。

以上三种范式的通俗理解如下。

▽ 第一范式：是对属性的原子性约束，要求属性具有原子性，不可再分解。

▽ 第二范式：是对记录的唯一性约束，要求记录有唯一标志，即实体的唯一性。

▽ 第三范式：是对字段冗余性的约束，即任何字段不能由其他字段派生而来，它要求字段没有冗余。

1.7 习题

1. 简述数据库、数据库系统和数据库管理系统的概念。
2. 简述数据模型的分类。
3. 简述关系的完整性约束条件。

第2章

Access 2019入门基础

Access 是美国 Microsoft 公司推出的关系型数据库管理系统(RDBMS)，它作为 Office 的一部分，具有与 Word、Excel 和 PowerPoint 等相同的操作界面和使用环境。本章主要介绍 Access 2019 数据库的工作界面，数据库对象，Access 数据库中使用的数据类型以及表达式和函数等基础知识。

本章重点

- 启动与退出 Access
- Access 中的数据
- 自定义工作界面
- Access 数据库对象

二维码教学视频

【例 2-1】 添加【打开】按钮
【例 2-2】 设置数据库的默认文件格式和默认路径
【例 2-3】 创建一个自定义选项卡

2.1 Access 2019 的启动和退出

Access 属于 Office 软件的主要组件之一。当用户安装完 Office 2019 之后，Access 2019 也成功安装到系统中。这时，就可以开始使用 Access 2019 创建并管理数据库。

2.1.1 启动 Access 2019

启动 Access 2019 的方法很多，最常用的方法有以下几种。

▽ 通过快捷方式启动：安装 Access 2019 之后，桌面会添加 Access 2019 快捷图标，双击该图标即可，如图 2-1 所示。

▽ 通过【开始】菜单启动：单击【开始】按钮，在【开始】菜单中选中【Access】选项，如图 2-2 所示。

▽ 双击启动 Access 文件：在计算机中找到已经存在的 Access 文件，双击打开该文件。

图 2-1　通过快捷方式启动

图 2-2　通过【开始】菜单启动

2.1.2 退出 Access 2019

使用 Access 2019 处理完数据后，当用户不再使用 Access 2019 时，应将其退出。退出 Access 2019 常用的方法主要有以下几种。

▽ 直接单击 Access 2019 主界面右上角的【关闭】按钮 ✕。

▽ 单击 Access 2019 主界面功能区左侧的【文件】按钮，然后在弹出的【文件】菜单中选择【关闭】选项，如图 2-3 所示。

▽ 直接按下 Alt+F4 快捷键。

使用以上 3 种方法退出 Access 2019 时，如果对数据库所做的修改已经保存，则 Access 2019 会直接退出。若数据内容尚未保存，则系统会弹出如图 2-4 所示的提示对话框，提示用户是否保存数据。用户根据具体情况单击相应的按钮即可。

计算机基础与实训教材系列

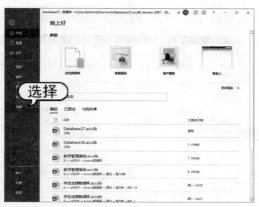

图 2-3　选择【关闭】选项

图 2-4　提示保存数据

2.2　Access 2019 的工作界面

启动 Access 2019 后，就可以看到如图 2-5 所示的 Access 2019 的工作界面。Access 2019 的工作界面主要由快速访问工具栏、功能区和导航窗格等组成。

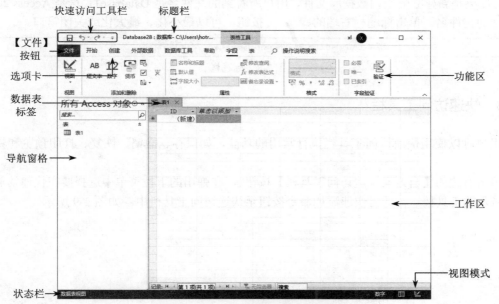

图 2-5　Access 2019 的工作界面

2.2.1　【文件】按钮

单击【文件】按钮，可打开如图 2-6 所示的【文件】菜单。在【文件】菜单中，可实现打开、保存、打印、新建和关闭等操作。

在【文件】菜单中选择【选项】命令，可打开【Access 选项】对话框，如图 2-7 所示。在该对话框中，用户可以设置 Access 常规选项、数据表、对象设计器、校对和加载项等相关参数。

图 2-6　【文件】菜单　　　　　　　　　　图 2-7　【Access 选项】对话框

2.2.2　标题栏

标题栏位于工作界面的最上方，用于显示当前正在运行的程序名和文件名等信息，如图 2-8 所示。如果是新建立的空白数据库文件，用户所看到的文件名是 Database1，这是 Access 2019 默认建立的文件名。单击标题栏右端的 − □ × 按钮，可以最小化、最大化或关闭窗口。

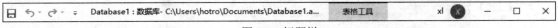

图 2-8　标题栏

2.2.3　快速访问工具栏

用户可以使用快速访问工具栏执行常用的功能，如保存、撤销、恢复、打印预览和快速打印等。

单击右边的【自定义快速访问工具栏】按钮，在弹出的下拉菜单中选择要在快速访问工具栏中显示的工具按钮，即可快速添加命令按钮至快速访问工具栏中，如图 2-9 所示。

图 2-9　添加命令按钮至快速访问工具栏中

　　将命令添加到快速访问工具栏中后，此时在【自定义快速访问工具栏】下拉菜单中的命令前将出现"√"号提示。再次单击该命令，可将该命令从快速访问工具栏中删除。

2.2.4　功能区

　　功能区是菜单和工具栏的主要显示区域，几乎涵盖了所有的按钮、库和对话框。功能区首先将控件对象分为多个选项卡，然后在选项卡中将控件细化为不同的组，如图 2-10 所示。

图 2-10　功能区

　　Access 2019 功能区中的选项卡包括【开始】选项卡、【创建】选项卡、【外部数据】选项卡、【数据库工具】选项卡和上下文命令选项卡，各自功能如下。

▽ 【开始】选项卡：设置视图模式、字体、文本格式，并可对数据进行排序、筛选和查找等操作。
▽ 【创建】选项卡：创建数据表、窗体、报表等。
▽ 【外部数据】选项卡：可以进行导入和导出外部相关数据文件的操作。
▽ 【数据库工具】选项卡：可以执行编写宏、显示和隐藏相关对象、分析数据、移动数据等操作。
▽ 上下文命令选项卡：是根据用户正在使用的对象或正在执行的任务而显示的选项卡。如图 2-10 所示为【表格工具】的【字段】和【表】选项卡，用于进行设计字段、数据表，以及设置格式等操作。

　　用户若想扩大表格编辑区的视图范围，可双击功能区中的选项卡标签，快速隐藏功能区，再次单击选项卡标签即可重新显示功能区。

2.2.5　导航窗格

　　导航窗格位于工作界面左侧区域，用来显示当前数据库中的各种数据对象的名称，如图 2-11 所示。导航窗格取代了 Access 早期版本中的数据库窗口。
　　在导航窗格中单击【所有 Access 对象】下拉按钮，即可弹出【浏览类别】下拉菜单，可以供用户选择浏览类别和筛选条件，如图 2-12 所示。

計算機基礎與實訓教材系列

Access 2019 数据库开发实例教程(微课版)

图 2-11　Access 2019 中的导航窗格　　　图 2-12　【浏览类别】下拉菜单

2.2.6　工作区

工作区是 Access 2019 工作界面中最大的部分，它用来显示数据库中的各种对象，是使用 Access 进行数据库操作的主要工作区域，如图 2-13 所示。

图 2-13　工作区

2.2.7　状态栏

状态栏位于工作界面的底部，用于显示状态信息，并包括可用于更改视图的按钮，如图 2-14 所示。

图 2-14　Access 2019 的状态栏

Access 2019 支持两种视图模式，分别为【数据表视图】模式与【设计视图】模式，单击 Access 2019 工作界面左下角的模式按钮组中相应的按钮，可切换显示模式。如图 2-15 所示为【数据表视图】模式，图 2-16 所示为【设计视图】模式。

26

图 2-15　【数据表视图】模式

图 2-16　【设计视图】模式

> **提示**
>
> 　　除了标题栏、快速访问工具栏、功能区、导航窗格、工作区、状态栏之外，Access 2019 中还包括数据表标签和滚动条等界面元素。

2.2.8　自定义工作环境

　　Access 2019 支持自定义工作环境，用户可以根据自己的喜好安排 Access 的工作环境和界面元素，从而使 Access 的工作界面趋于人性化。

1. 自定义快速访问工具栏

　　在快速访问工具栏右侧单击【自定义快速访问工具栏】按钮 ，将弹出常用命令菜单。选择需要的命令后，与该命令对应的按钮将自动添加到快速访问工具栏中。

　　1) 添加命令按钮

　　当用户需要添加其他命令按钮时，可以在【Access 选项】对话框中的【快速访问工具栏】选项卡中进行设置。

【例 2-1】　在快速访问工具栏中添加【打开】按钮。　视频

　　(1) 单击快速访问工具栏右侧的【自定义快速访问工具栏】按钮 ，在弹出的菜单中选择【其他命令】命令，如图 2-17 所示，打开【Access 选项】对话框的【快速访问工具栏】选项卡，如图 2-18 所示。

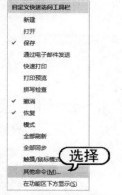

图 2-17　选择【其他命令】命令

图 2-18　【Access 选项】对话框

(2) 在【从下列位置选择命令】下拉列表中选择【常用命令】选项，并在其下方的列表框中选择【打开】选项，在对话框中单击【添加】按钮 ，此时【打开】选项添加到右侧的列表框中，如图 2-19 所示。

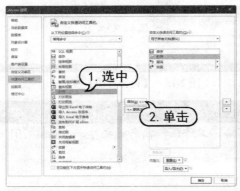

图 2-19　添加需要的命令按钮

> **提示**
>
> 在右侧的命令按钮列表框中选中命令按钮后，单击右侧的【上移】按钮或【下移】按钮，可更改快速访问工具栏中命令按钮的先后顺序。如果需要在快速访问工具栏中删除某一个按钮，可在该选项卡的【自定义快速访问工具栏】列表框中选择需要删除的命令按钮，然后单击【删除】按钮。

(3) 单击右侧的【上移】按钮 ，将【打开】选项移动到最上层，如图 2-20 所示。

(4) 单击【确定】按钮，此时快速访问工具栏中将添加【打开】按钮，如图 2-21 所示。

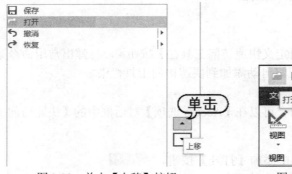

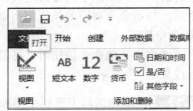

图 2-20　单击【上移】按钮　　　　　图 2-21　添加【打开】按钮

2) 调整快速访问工具栏的位置

在默认状态下，快速访问工具栏位于功能区的上方。单击【自定义快速访问工具栏】按钮 ，在弹出的菜单中选择【在功能区下方显示】命令，如图 2-22 所示，该工具栏将放置在功能区的下方。同时，菜单中的相应命令改为【在功能区上方显示】。

图 2-22　选择【在功能区下方显示】命令

2. 设置创建数据库选项

Access 2019 将数据库的默认格式保存为“.accdb”格式，将创建的数据库自动保存在指定文件夹中。如果用户需要将这些默认的设置更改为便于自己工作的状态模式，则可执行以下操作。

【例 2-2】　设置数据库的默认文件格式和默认路径。 视频

(1) 启动 Access 2019，在打开的工作界面中单击【文件】按钮，在弹出的菜单中选择【选项】命令，如图 2-23 所示。然后在打开的对话框中选择【常规】选项卡。

(2) 在【创建数据库】选项区域的【空白数据库的默认文件格式】下拉列表中选择【Access 2002-2003】选项，如图 2-24 所示。

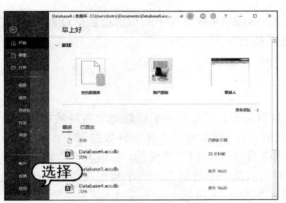

图 2-23　选择【选项】命令　　　　　　　　图 2-24　【Access 选项】对话框

(3) 在【默认数据库文件夹】文本框右侧单击【浏览】按钮，打开如图 2-25 所示的【默认的数据库路径】对话框。选择需要的路径后，单击【确定】按钮，此时【常规】选项卡的【创建数据库】选项区域如图 2-26 所示。

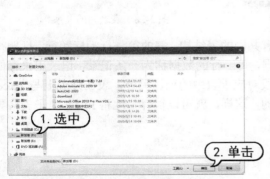

图 2-25　【默认的数据库路径】对话框　　　　图 2-26　设置的【创建数据库】选项区域

(4) 单击【确定】按钮，完成创建数据库选项的设置。设置完成后，当创建新数据库时，

系统将自动把数据库保存在"D:\"路径中，且数据库的保存类型为 Access 2002-2003 格式。

3. 隐藏功能区

在编辑数据库的过程中，如果需要更大的工作区域，可以通过隐藏功能区来实现。

在功能区空白处右击，从弹出的快捷菜单中选择【折叠功能区】命令。或者单击功能区最右侧的【折叠功能区】按钮 ∧ ，或者双击标题栏下方的选项卡标签，此时功能区被隐藏。如果需要显示功能区，则再次双击选项卡标签即可。显示和隐藏功能区的快捷键为 Ctrl+F1。

2.3 Access 数据库对象

表是 Access 数据库的主要对象，除此之外，Access 2019 数据库中的对象还包括查询、窗体、报表、宏和模块等。Access 的主要功能就是通过这些对象来完成的。

2.3.1 表

表是数据库中最基本的组成单位。建立和规划数据库，首先要做的就是建立各种数据表。数据表是数据库中存储数据的唯一单位，它将各种信息分门别类地存放在各种数据表中。

表是同一类数据的集合体，它在人们的生活和工作中也是相当重要的。其最大特点就是能够按照主题分类，使各种信息一目了然。如图 2-27 所示是一个数据表。一个数据库中可以包含一个或多个表，表与表之间可以根据需要创建关系，如图 2-28 所示。

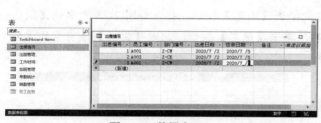

图 2-27 数据表

图 2-28 表之间的关系

虽然各个表存储的内容各不相同，但它们都有共同的表结构。表的第一行为标题行，标题行的每个标题称为字段。下面的行是表中的具体数据，每一行的数据称为一条记录，记录用来存储各条信息。每一条记录包含一个或多个字段。字段对应于表中的列。另外，表在外观上与 Excel 电子表格相似，因为二者都是以行和列存储数据的。这样，就可以很容易地将 Excel 电子表格导入数据表中。

2.3.2 查询

查询是数据库中应用最多的对象之一，可执行很多不同的功能。最常用的功能是从表中检索特定的数据。

人们把使用一些限制条件来选取表中的数据(记录) 称为查询。例如, 查询所有男性员工、查询所有销售员等。用户可以将查询保存, 成为数据库中的查询对象, 在实际操作过程中, 就可以随时打开已有的查询查看, 提高工作效率。图 2-29 和图 2-30 所示分别为所有男性员工和所有销售员的信息查询。

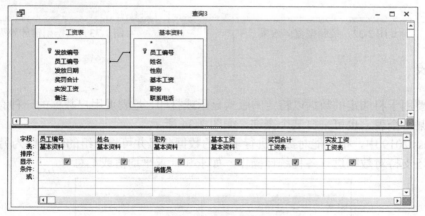

图 2-29 查询所有的男性员工

图 2-30 查询所有的销售员

若用户要查看多个表中的数据, 则可以通过查询将不同表中的数据检索出来, 并在一个数据表中显示这些数据。而且, 由于用户通常不需要一次看到所有记录, 只需查看某些符合条件的特定记录, 因此用户可以在查询中添加查询条件, 以筛选出有用的数据。数据库中查询的设计通常在【查询设计器】中完成, 如图 2-31 所示。

图 2-31 查询设计器

在 Access 2019 中, 查询包括选择查询和操作查询两种基本类型。

▽ 选择查询: 仅检索数据以供查看。用户可以在屏幕中查看查询结果、将结果打印出来, 或将其复制到剪贴板中, 或将查询结果作为窗体或报表的记录源。

▽ 操作查询: 可以对数据执行一项任务, 如该查询可用来创建新表, 向现有表中添加、更新或删除数据。

提示

查询和数据表最大的区别在于：查询中的所有数据都不是真正单独存在的。查询实际上是一个固定化的筛选，它将数据表中的数据筛选出来，并以数据表的形式返回筛选结果。

2.3.3 窗体

窗体是用户与 Access 数据库应用程序进行数据传递的桥梁，其功能在于建立一个可以查询、输入、修改、删除数据的操作界面，以便用户能够输入或查阅数据。

Access 窗体的类型比较多，大致可以分为以下 3 类。

▽ 提示型窗体：主要用于显示一些文字和图片等信息，没有实际性数据，也基本没有什么功能，主要用于数据库应用系统的主界面。

▽ 控制型窗体：使用该类型的窗体可以设置菜单和一些命令按钮，用于完成各种控制功能的转移，如图 2-32 所示。

▽ 数据型窗体：使用该类型的窗体可以通过操作界面操作数据库中的相关数据，是数据库应用系统中使用最多的窗体类型，如图 2-33 所示。

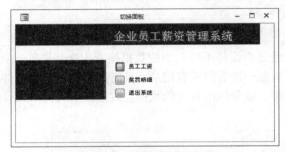

图 2-32 控制型窗体效果

图 2-33 数据型窗体效果

2.3.4 报表

报表主要用于将选定的数据以特定的版式显示或打印，是表现用户数据的一种有效方式。其内容可来自某一个表，也可来自某个查询，如图 2-34 所示。

在 Access 2019 中，报表能对数据进行多重的数据分组并可将分组的结果作为另一个分组的依据。报表还支持对数据进行各种统计操作，如求和、求平均值或汇总等。

图 2-34 Access 创建的报表对象

计算机基础与实训教材系列

在介绍完上述 4 个对象之后,可以用流程图来说明表、查询、窗体、报表的关系,如图 2-35 所示。

运用报表,还可以创建标签。将标签报表打印出来,就可以将报表裁剪成一个个小的标签,贴在物品或本子上,用于对物品进行说明。如图 2-36 所示的"标签工资表"就是一个典型的标签报表。

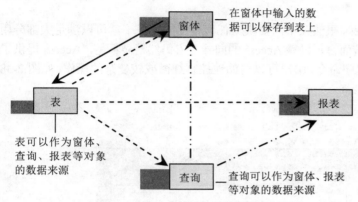

图 2-35 表、窗体、查询和报表间的关系图

图 2-36 标签报表

2.3.5 宏

宏是一个或多个命令的集合,其中每个命令都可以实现特定的功能,通过将这些命令组合起来,可以自动完成某些经常重复或复杂的操作。

按照不同的触发方式,宏分为事件宏和条件宏等类型。事件宏在某一事件发生时执行,条件宏则在满足某一条件时执行。

宏的设计一般都是在【宏生成器】中执行的。打开【创建】选项卡,在【宏与代码】组中单击【宏】按钮,进入【宏生成器】窗口,如图 2-37 所示。

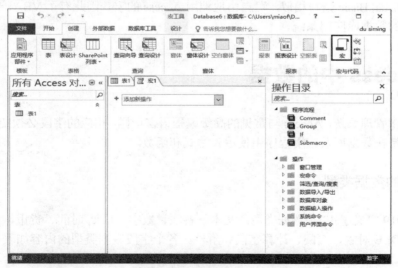

图 2-37 【宏生成器】窗口

> **提示**
>
> 通过宏，可以实现的功能包括：打开/关闭数据库、窗体，打印报表和执行查询；弹出提示框，显示警告；实现数据的输入和输出；在数据库启动时执行操作；筛选查找数据记录。

2.3.6 模块

模块就是所谓的"程序"。Access 虽然在不需要撰写任何程序的情况下就可以满足大部分用户的需求，但对于较复杂的应用系统而言，只靠 Access 的向导及宏仍然稍显不足。Access 提供了 VBA(Visual Basic for Applications)程序命令，用户可以自如地控制细微或较复杂的操作，如图 2-38 所示。

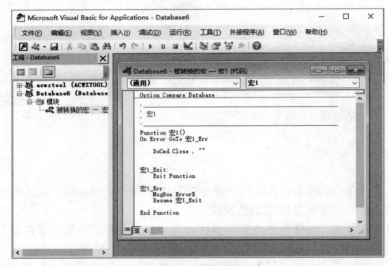

图 2-38 模块设计窗口

VBA 与 Visual Basic 语言相似，可自由地调用 Access 的宏。因此有了 VBA，Access 就能撰写出非常专业的数据库应用系统。

2.4 Access 中的数据

作为数据库管理系统，Access 与常见的高级编程语言一样，相应的字段必须使用明确的数据类型，同时支持在数据库及应用程序中使用表达式和函数。

2.4.1 字段的数据类型

Access 2019 定义了 12 种数据类型：文本、备注、数字、日期/时间、货币、自动编号、是/否、超链接、OLE 对象、查阅、计算字段和附件。各个字段数据类型的内容如表 2-1 所示。

表 2-1　字段数据类型及使用说明

数据类型	使用说明
文本	用于文本或文本与数字的组合，如地址；或者用于不需要计算的数字，如电话号码、零件编号或邮政编码。最多存储 255 个字符。字段大小属性可以控制输入的字符个数
备注	用于长文本或数字，如注释或说明等。最多可以存储 65 536 个字符
数字	用于将要进行算术计算的数据，但涉及货币的计算除外(使用"货币"类型)。存储 1、2、4 或 8 字节；用于"同步复制 ID" (GHID)时存储 16 字节。"字段大小"属性定义具体的数字类型
日期/时间	用于日期和时间，如出生日期、参加工作时间等。存储 8 字节
货币	用来表示货币值或用于数学计算的数值数据，可以精确到小数点左侧 15 位以及小数点右侧 4 位
自动编号	用于在添加记录时自动插入的唯一顺序(每次递增 1)或随机编号。存储 4 字节；用于"同步复制 ID" (GUID)时存储 16 字节
是/否	用于只可能是两个值中的一个(如"是/否""真/假""开/关")之类的数据。不允许 Null 值。在 Access 中，使用-1 表示所有的"是"值，使用 0 表示所有的"否"值
超链接	用于超链接。超链接可以是 UNC 或 URL 路径。最多可以存储 64 000 个字符
计算字段	计算的结果。计算时必须引用同一张表中的其他字段。可以使用表达式生成器进行计算
OLE 对象	用于在其他程序中创建的、可链接或嵌入 Access 数据库中的对象(如 Microsoft Word 文档、Microsoft Excel 电子表格、图片、声音或其他二进制数据)。最多存储 1GB(受磁盘空间限制)
附件	任何受支持的文件类型，Access 2019 创建的 ACCDB 格式的文件是一种新的类型，它可以将图像、电子格式文件、文档、图表等各种文件附加到数据库记录中
查阅	显示从表或查询中检索到的一组值，或显示创建字段指定的一组值。通过启动查阅向导，用户可以创建查阅字段。查阅字段的数据类型是"文本"或"数字"，具体取决于在向导中做出的选择

此外，Access 2019 中还提供了以下几种快速入门类型的数据。

▽　地址：包含完整邮政地址的字段。

▽　电话：包含住宅电话、手机号码和办公电话的字段。

▽　优先级：包含"低""中""高"优先级选项的下拉列表。

▽　状态：包含"未开始""正在进行""已完成"和"已取消"选项的下拉列表框。

各种数据类型的存储特性有所不同，因此在设定字段的数据类型时要根据数据类型的特性来设定。

2.4.2　表达式

表达式是各种数据、运算符、函数、控件和属性的任意组合，其运算结果为单个确定类型的值。表达式具有计算、判断和转换数据类型等作用。在以后的学习中会经常看到，许多操作(筛选条件、有效性规则、查询、测试数据等)都要用到表达式。

1. Access 中的运算符

运算符和操作数共同组成了表达式。运算符适用于表明运算性质的符号，它指明了对操作数即将进行运算的方法和规则，这些规则都是事先定义过的。Access 中的运算符主要有算术运算符、比较运算符、逻辑运算符、连接运算符以及一些特殊的运算符等，下面将给出几种运算符及示例。

1) 算术运算符

算术运算符用于实现常见的算术运算，常用的算术运算符及示例如表 2-2 所示。

表 2-2　算术运算符及示例

运　算　符	含　　义	示　　例
+	加	1+2=3
−	减	3−1=2
*	乘	3*4=12
/	除	9/3=3
∧	乘方	3∧3=27
\	整除	15\4=3
mod	取余	9 mod 2=1

2) 比较运算符

比较运算符用于比较两个值或表达式之间的关系，数字型数据按照数值大小进行比较；日期型数据按照日期的先后顺序进行比较；字符型数据按照相应位置上两个字符 ASCII 码值的大小进行比较。比较的结果为 True、False 或 Null 值。

常用的比较运算符及示例如表 2-3 所示。

表 2-3　比较运算符及示例

运　算　符	含　　义	示　　例	
<	小于	1<2	True
<=	小于或等于	#08-8-8#<=#05-10-1	False
=	等于	1=2	False
>=	大于或等于	"A">="B"	True
>	大于	1>2	False

3) 逻辑运算符

逻辑运算符用于描述复合条件，常用的逻辑运算符及示例如表 2-4 所示。

表 2-4　逻辑运算符及示例

运　算　符	含　　义	示　　例		
And	与，只有当所有的条件都满足时，结果才成立	1<2	And	2>1	True
Or	或，只要一个条件满足，结果就成立	1<2	Or	1>2	True
Not	非，逻辑否定，即"求反"	Not	1>2		True
Xor	异或，只有在两个逻辑变量的值不同时，"异或"运算的结果为 1；否则，"异或"运算的结果为 0	1<2	Xor	2>1	False

4) 连接运算符

连接运算符包括 "&" 和 "+"。

▽　"&"：字符串连接。例如，表达式"Access"&"2019"，运算结果为"Access2019"。

▽　"+"：当前后两个表达式都是字符串时与&作用相同；当前后两个表达式有一个或者两个都是数值表达式时，则进行加法算术运算。

5) 特殊运算符

Access 提供了一些特殊运算符用于对记录进行过滤，常用的特殊运算符如表 2-5 所示。

表2-5　特殊运算符

特殊运算符	含　义
In	指定值属于列表中所列出的值
Between…And…	指定值的范围在……和……之间
Is	与 Null 一起使用确定字段值是否为空值
Like	用通配符查找文本型字段是否与其匹配。通配符 "?" 匹配任意单个字符； "*" 匹配任意多个字符； "#" 匹配任意单个数字； "!" 不匹配指定的字符；[字符列表]匹配任何在列表中的单个字符

2. 运算符的优先级

由系统事先规定的运算符在参与运算时的先后顺序称为运算符的优先级。当在表达式中涉及多于一个运算符时，就涉及运算符的优先级问题。

在 Access 中，运算符的优先级按照表 2-6 中从上往下的顺序进行处理。

表2-6　运算符优先级

运　算　符	说　明
:(冒号) (单个空格) ,(逗号)	引用运算符
–	负号
%	百分比
^	幂运算
* 和 /	乘和除
+ 和–	加和减
&	连接两个文本字符串(连接)
= < > <= >= <>	比较运算符

2.4.3　函数

Access 支持使用函数计算数据，函数由事先定义好的一系列确定功能的语句组成，它们实现特定的功能并返回一个值。有时，也可将一些用于实现特殊计算的表达式抽象出来组成自定义函数。调用时，只需要输入相应的参数即可实现相应的功能。

1. 函数的组成

函数由函数名、参数和返回值三部分组成，各部分功能如下所述。

▽ 函数名起标识作用。

▽ 参数就是写在函数名后面圆括号内的常量值、变量、表达式或函数。

▽ 经过计算，函数会返回一个值，称为返回值。返回值因参数值而异。

例如，SUM 函数用于计算字段值的总和，可以使用 SUM 函数来确定运货的总费用。

2. 函数的类型

Access 内置了大量函数，这些函数根据功能的不同可以分为数学函数、字符串函数、文本函数、类型转换函数、数组函数、输入/输出函数、常规函数、财务函数、出错处理函数、域集合函数、测试函数、日期/时间函数、SQL 聚合函数、程序流程函数、消息函数和检查函数等。

表 2-7~表 2-11 给出了几种常用函数及示例。

1) 数学函数

常用的数学函数如表 2-7 所示。

表 2-7　常用的数学函数

函 数 名	功 能 说 明	示 例	结 果
Abs(x)	返回 x 的绝对值	Abs(−2)	2
Cos(x)	返回 x 的余弦值	Cos(3.1415926)	−1
Exp(x)	返回以 e 为底的指数(e^x)	Exp(l)	2.718
Int(x)	返回不大于 x 的最大整数	Int(3.2) Int(−3.2)	3 −4
Fix(x)	返回 x 的整数部分	Fix(3.2) Fix(−3.2)	3 −3
Log(x)	返回 x 的自然对数	Log(2.718)	1
Rnd([x])	产生一个(0,1)区间的随机数	Rnd(l)	随机产生(0,1)区间的数
Sgn(x)	返回 x 的符号(1，0，−1)	Sgn(5) Sgn(−5) Sgn(0)	1 −1 0
Sin(x)	返回 x 的正弦值	Sin(0)	0
Sqr(x)	返回 x 的平方根	Sqr(25)	5
Tan(x)	返回 x 的正切值	Tan(3.14/4)	1

2) 字符串函数

常用的字符串函数如表 2-8 所示。

表 2-8　常用的字符串函数

函 数 名	功 能 说 明	示 例	结 果
Instr(S1,S2)	在字符串 S1 中查找 S2 的位置	Instr("ABCD","CD")	3
Lcase(S)	将字符串 S 中的字母转换为小写	Lcase("ABCD")	"abcd"
Ucase(S)	将字符串 S 中的字母转换为大写	Ucase("abcd")	"ABCD"
Left(S,N)	从字符串 S 左侧取 N 个字符	Left("ABCD",2)	"AB"
Right(S,N)	从字符串 S 右侧取 N 个字符	Right("ABCD",2)	"CD"
Len(S)	计算字符串 S 的长度	Len("ABCD")	4
Ltrim(S)	删除字符串 S 左边的空格	Ltrim("　ABCD")	"ABCD"
Trim(S)	删除字符串 S 两端的空格	Trim("　ABCD　")	"ABCD"
Rtrim(S)	删除字符串 S 右边的空格	Rtrim("ABCD　")	"ABCD"
Mid(S,M,N)	从字符串 S 的第 M 个字符起，连续取 N 个字符	Mid("ABCDEFG",3,4)	"CDEF"
Space(N)	生成由 N 个空格组成的字符串	Space(5)	"　　　　　"

3) 日期/时间函数

常用的日期/时间函数如表 2-9 所示。

表 2-9　常用的日期/时间函数

函 数 名	功 能 说 明	示 例	结 果
Date()	返回系统的当前日期	Date()	2020-10-1
Now()	返回系统的当前日期和时间	Now()	2020-10-1 19:24:23
Time()	返回系统的当前时间	Time()	19:24:23
Year(D)	计算日期 D 的年份	Year(#2020-10-1#)	2020
Month(D)	计算日期 D 的月份	Month(#2020-10-1#)	10
Day(D)	计算日期 D 的日	Day(#2020-10-1#)	1
Hour(T)	计算时间 T 的小时	Hour(#19:24:23#)	19
Minute(T)	计算时间 T 的分	Minute(#19:24:23#)	24
Second(T)	计算时间 T 的秒	Second(#19:24:23#)	23
DateAdd(C,N,D)	对日期 D 增加特定时间 N	DateAdd("D",2, #2020-10-1#) DateAdd("M",2,#2020-10-1#)	2020-10-3 2020-12-1
DateDiff(C,D1,D2)	计算日期 D1 和 D2 的间隔时间	DateDiff("D",#2020-9-15#,2020-10-1) DateDiff("YYYY",#2020-10-1#,2021-10-1)	15 1
Weekday(D)	计算日期 D 为星期几	Weekday(#2020-10-1#)	4

其中，D、D1 和 D2 可以是日期常量、日期变量或日期表达式；T 是时间常量、变量或表达式；C 为字符串，表示要增加时间的形式或间隔时间形式，YYYY 表示"年"。

4) 类型转换函数

常用的类型转换函数如表 2-10 所示。

表 2-10　常用的类型转换函数

函　数　名	功　能　说　明	示　　例	结　　果
Asc(S)	将字符串 S 的首字符转换为对应的 ASCII 码	Asc("BC")	66
Chr(N)	将 ASCII 码 N 转换为对应的字符	Chr(67)	C
Str(N)	将数值 N 转换成字符串	Str(100101)	100101
Val(S)	将字符串 S 转换为数值	Val("2020. 6")	2020.6

5) 测试函数

常用的测试函数如表 2-11 所示。

表 2-11　常用的测试函数

函　数　名	功　能　说　明	示　　例	结　　果
IsArray(A)	测试 A 是否为数组	Dim A(2) IsArray(A)	True
IsDate(A)	测试 A 是否是日期类型	IsDate(#2010-6-30#)	True
IsNumeric(A)	测试 A 是否为数值类型	IsNumeric(5)	True
IsNull(A)	测试 A 是否为空值	IsNull(Null)	True
IsEmpty(A)	测试 A 是否已经被初始化	Dim vl IsEmpty(vl)	True

2.5　实例演练

本章的实例演练介绍在 Access 功能区添加一个自定义选项卡，并在其中添加常用按钮，用户通过练习从而巩固本章所学知识。

【例 2-3】　在 Access 2019 界面的功能区中创建一个自定义选项卡。　视频

(1) 启动 Access 2019，在功能区右击鼠标，从弹出的快捷菜单中选择【自定义功能区】命令，打开【Access 选项】对话框，左侧列表中显示了常用的命令，右侧是默认的选项卡，如图 2-39 所示。

(2) 在【主选项卡】列表中选择【开始】选项卡，单击【新建选项卡】按钮，新建一个选项卡，该选项卡默认包含一个新建组，如图 2-40 所示。

(3) 选中选项卡，单击【重命名】按钮，打开【重命名】对话框，在【显示名称】文本框中输入"工具"，单击【确定】按钮，如图 2-41 所示。

(4) 选中新建选项卡下的新建组，单击【重命名】按钮，打开【重命名】对话框，在【显示名称】文本框中输入"设置"，然后单击【确定】按钮，如图 2-42 所示。

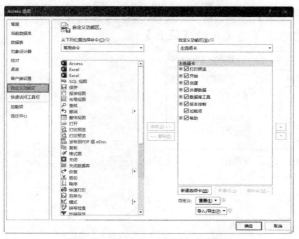

图 2-39　【Access 选项】对话框

图 2-40　单击【新建选项卡】按钮

图 2-41　【重命名】对话框

图 2-42　重命名组

（5）单击【从下列位置选择命令】按钮，从弹出的列表中选择【不在功能区中的命令】选项，在左侧的列表中选择【表设计】选项，单击【添加】按钮，将该选项添加至【设置(自定义)】组中，如图 2-43 所示。

（6）重复同样的操作，将更多的命令添加至【设置(自定义)】组中，如图 2-44 所示。

图 2-43　添加【表设计】按钮

图 2-44　添加其他命令按钮

計算机基础与实训教材系列

(7) 单击【确定】按钮，关闭【Access 选项】对话框，将在 Access 功能区中添加一个如图 2-45 所示的【工具】选项卡，该选项卡中包含了自定义的【设置】组。

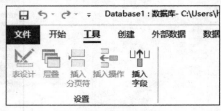

图 2-45　选项卡和组

2.6　习题

1. Access 2019 的工作界面由哪几部分组成？
2. 简述 Access 数据库中常用的运算符及其优先级。
3. 在快速访问工具栏中添加【格式刷】按钮和【视图】按钮。

第3章

操作数据库

在 Access 数据库管理系统中，数据库是一个容器，用于存储数据库应用系统中的其他数据库对象。本章主要介绍创建和操作 Access 数据库的方法。

➡ 本章重点

- ● 创建数据库
- ● 操作数据库对象
- ● 数据库的基础操作

➡ 二维码教学视频

3.1 创建数据库

在 Access 中，创建数据库有两种方法：一是通过数据库向导，在向导的指引下向数据库添加需要的表、窗体及报表，这是创建数据库最简单的方法；二是先建立一个空白数据库，然后添加表、窗体、报表等其他对象，这种方法较为灵活，但需要分别定义每个数据库对象。

3.1.1 创建空白数据库

在创建数据库对象之前，必须先创建数据库。通常情况下，用户都是先建立一个空白数据库，再根据需要向空白数据库中添加表、查询、窗体和宏等组件，这样能够灵活地创建更加符合实际需要的数据库系统。

【例 3-1】 创建一个名为"公司信息数据系统"的空白数据库。 视频

(1) 启动 Access 2019，在打开的启动屏幕右侧的列表框中选择【空白数据库】选项，如图 3-1 所示。

(2) 打开【空白数据库】对话框，在【文件名】文本框中输入"公司信息数据系统"，如图 3-2 所示，然后单击文本框右侧的【打开】按钮。

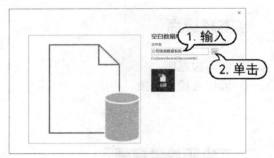

图 3-1 选择【空白数据库】选项   图 3-2 输入数据库名称

(3) 打开【文件新建数据库】对话框，设置数据库的保存路径，单击【确定】按钮，如图 3-3 所示。

(4) 返回【空白数据库】对话框，查看数据库的路径，然后单击【创建】按钮，此时，将新建一个空白数据库，并在数据库中自动创建一个数据表"表1"，如图 3-4 所示。

图 3-3 【文件新建数据库】对话框   图 3-4 创建一个空白数据库和空数据表

3.1.2　使用模板创建数据库

Access 2019 提供了种类繁多的模板，使用它们可以简化数据库的创建过程。模板包含执行特定任务时所需的所有表、窗体和报表。通过对模板的修改，可以使其符合自己的需要。

例如，启动 Access 2019，在打开的【新建】界面中单击【数据库】选项，在显示的模板列表中单击【营销项目】选项，如图 3-5 所示。

图 3-5　单击【营销项目】选项

在打开的对话框中设置数据库的保存位置和名称后，单击【创建】按钮，如图 3-6 所示。

此时，将通过模板快速创建效果如图 3-7 所示的"营销项目"数据库。在工作界面左侧可以看到数据库包含的表、查询等对象。

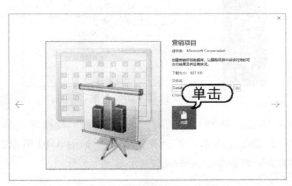

图 3-6　单击【创建】按钮　　　　　图 3-7　使用模板创建的数据库

3.2　数据库的基础操作

数据库的基础操作包括数据库的打开、保存和关闭，这些基础操作对于用户学习数据库的应用是必不可少的。

计算机基础与实训教材系列

3.2.1 打开数据库

当用户需要使用已创建的数据库时，需要将其打开。这是数据库操作中最基本、最简单的操作。

Access 2019 提供了以独占方式打开、以只读方式打开和以独占只读方式打开 3 种特殊打开方式。

▽ 以独占方式打开：选择这种方式打开数据库时，当有一个用户读取和写入数据库时，其他用户都无法使用该数据库。

▽ 以只读方式打开：选择这种方式打开数据库时，只能查看而无法编辑数据库。

▽ 以独占只读方式打开：如果想要以只读且独占的方式打开数据库，则选择该方式。所谓的"独占只读方式"是指在一个用户以此方式打开某个数据库之后，其他用户将只能以只读模式打开此数据库，而并非限制其他用户都不能打开此数据库。

【例 3-2】 以独占只读方式打开例 3-1 创建的"公司信息数据系统"数据库。 📹视频

(1) 启动 Access 2019，在打开的启动屏幕的左侧窗格中选择【打开】选项，如图 3-8 所示。

(2) 在中间的【打开】窗格中选择【浏览】选项，如图 3-9 所示。

图 3-8　选择【打开】选项　　　　　　　图 3-9　选择【浏览】选项

(3) 打开【打开】对话框，打开数据库的保存路径。选择"公司信息数据系统"数据库，单击【打开】下拉按钮，从弹出的下拉菜单中选择【以独占只读方式打开】命令，如图 3-10 所示。

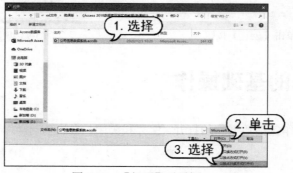

图 3-10　【打开】对话框

計算機基礎與實訓教材系列

(4) 此时，即可以独占只读方式打开数据库，效果如图 3-11 所示。系统将自动弹出提示栏，提醒用户不能更改链接表中的数据。如果需要更改设计，则应该保存数据库副本。

图 3-11　以独占只读方式打开数据库

3.2.2　保存数据库

创建数据库，并为数据库添加了表等数据库对象后，就需要将数据库进行保存。通常情况下，用户在处理数据库时，需要随时保存数据库，以免出现错误导致大量数据丢失。

在 Access 中，有以下 3 种方法可以直接保存数据库。

▽ 单击 Access 工作界面左上角快速访问工具栏中的【保存】按钮🖫。

▽ 单击【文件】按钮，在弹出的菜单中选择【保存】命令。

▽ 按下 Ctrl+S 组合键。

若数据库中有未保存的表、查询等对象，使用以上 3 种方法保存数据库，Access 将打开【另存为】对话框，提示用户需要输入表、查询等对象的名称，单击【确定】按钮后才能对数据库执行保存操作，如图 3-12 所示。

此外还可以另存为数据库，另存为数据库指的是在保存数据库时通过【另存为】对话框，重新设定数据库文件的保存位置和文件名称。单击【文件】按钮，在弹出的菜单中选择【另存为】命令，并单击【另存为】按钮，打开【另存为】对话框，在计算机中选择数据库的保存位置后，在【文件名】文本框中输入数据库名称，并单击【保存】按钮，如图 3-13 所示。

图 3-12　【另存为】对话框一

图 3-13　【另存为】对话框二

计算机基础与实训教材系列

3.2.3 关闭数据库

在完成对数据库的保存后,当不再需要使用数据库时,就可以关闭数据库了。

关闭数据库是指将数据库从内存中清除,关闭数据库后数据库窗口将关闭。常用的关闭数据库的方法如下。

▽ 单击屏幕右上角的【关闭】按钮 ✕ ,即可关闭数据库。

▽ 单击【文件】按钮,从打开菜单中选择【关闭】命令。

3.3 数据库对象操作

Access 数据库的创建和管理,是通过对 Access 数据库对象的操作实现的。导航窗格是 Access 文件的组织和命令中心,本节以导航窗格为中心,简要介绍如何在导航窗格中操作数据库对象。

3.3.1 使用导航窗格

默认情况下,当在 Access 2019 中打开数据库时,将出现导航窗格。图 3-14 所示为数据库中的导航窗格,数据库中的对象(表、窗体、报表、查询、宏等)出现在导航窗格中。

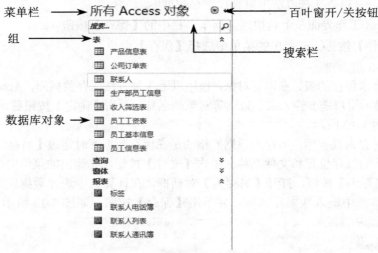

图 3-14 导航窗格中显示数据库对象

导航窗格主要由菜单栏、百叶窗开/关按钮、搜索栏、组和数据库对象等部分组成。

▽ 菜单栏:用于设置或更改导航窗格对数据库对象分组所依据的类别。右击该菜单栏可以执行其他任务,如选择【导航选项】命令,如图 3-15 所示,可以在弹出的对话框中进行相关设置。单击该菜单栏,弹出下拉菜单,菜单的上半部分为类别,下半部分为组,如图 3-16 所示。当选择不同的类别时,组将发生更改,当选择不同的组或类别时,菜

单栏标题也将发生更改。例如，如果选择【表和相关视图】类别，则 Access 将创建名为【所有表】的组，并且该组名将成为菜单标题。

图 3-15　选择【导航选项】命令

图 3-16　显示的对象类别和组

▽ 百叶窗开/关按钮：用来展开或折叠导航窗格。单击 按钮折叠窗格；单击 » 按钮展开导航窗格(折叠和展开导航窗格的键盘快捷键为 F11)。

▽ 搜索栏：通过输入部分或全部对象名称，可在数据库中快速查找对象。在搜索栏中输入文本时，导航窗格将隐藏任何不包含与搜索文本匹配的对象的组。

▽ 组：默认情况下，导航窗格会将可见的组显示为多组栏。如果要展开或关闭组，单击向上键 ⌃ 或向下键 ⌄ 即可。更改类别时，组名会随着发生更改。

▽ 数据库对象：显示数据库中的表、窗体、报表、查询以及其他对象。如果一个对象基于多个表，则该对象将出现在为每个表创建的组中。例如，如果一个报表从两个表中获取数据，则该报表将出现在为每个表创建的组中。

3.3.2　打开数据库对象

打开数据库对象的方法主要有以下 3 种。

▽ 在导航窗格中双击需要打开的表、查询、报表或其他对象。

▽ 在导航窗格中选中对象，按下 Enter 键。

▽ 在导航窗格中选中并拖动对象到工作区的空白处。

使用导航窗格打开宏和模块时，需要注意以下两点。

▽ 用户可以从导航窗格运行宏，但是可能看不到可见的结果，并且根据宏执行的操作，可能会造成错误。

▽ 不能从导航窗格执行 Visual Basic for Applications (VBA)代码模块。双击模块(或选择模块并按下 Enter 键)，只会启动 Visual Basic 编辑器。

3.3.3 复制数据库对象

复制数据库对象指的是建立该对象的副本。用户既可以将对象复制到同一个数据库中，也可以将其复制到不同的数据库中。

在导航窗格中选择要复制的对象后，右击鼠标，在弹出的快捷菜单中选择【复制】命令，如图 3-17 所示，或者按下 Ctrl+C 组合键，即可复制数据库对象。此时，在导航窗格中选择要粘贴的目标数据库，按下 Ctrl+V 组合键，将打开如图 3-18 所示的【粘贴为】对话框，在该对话框中输入复制后的对象名称，单击【确定】按钮，即可将复制的数据库对象粘贴至指定位置。

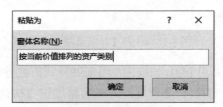

图 3-17 选择【复制】命令   图 3-18 【粘贴为】对话框

3.3.4 重命名和删除数据库对象

要在导航窗格中重命名和删除数据库对象，可执行如下操作。

▽ 重命名：右击要重命名的对象，在弹出的快捷菜单中选择【重命名】命令，然后输入新的数据库对象名称并按 Enter 键。

▽ 删除：右击要删除的对象，在弹出的快捷菜单中选择【删除】命令；或者选中对象，然后按下 Delete 键。

3.3.5 排列和搜索数据库对象

默认情况下，Access 将在导航窗格中根据对象类型将对象按字母升序排列，如果用户要修改这样的排列顺序，可以在导航窗格中右击如图 3-19 所示的对象，在弹出的快捷菜单中执行【排序依据】子菜单中的相关命令。

当用户在导航窗格的搜索栏中输入文本时，将在类别中搜索包含符合搜索条件的对象或对象快捷方式的所有组。不包含匹配项的所有组都将被折叠起来。

如果用户要执行其他搜索，可以单击搜索栏右侧的【清除搜索字符串】按钮清除搜索栏中输入的字符，以便重新输入新的搜索字符，如图 3-20 所示。

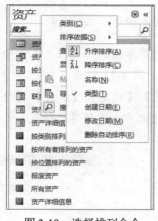

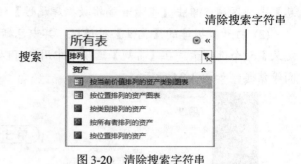

图 3-19 选择排列命令   图 3-20 清除搜索字符串

3.3.6 隐藏数据库对象

若用户需要限制对象或组的访问权限，可以将对象和组在导航窗格中隐藏。具体操作方法如下。

若要隐藏组，在导航窗格中右击需要隐藏的组后，在弹出的快捷菜单中选择【隐藏】命令即可，如图 3-21 所示。若要隐藏组中的某个对象，则右击该对象，在弹出的快捷菜单中选择【在此组中隐藏】命令即可。

导航窗格中被隐藏的对象和组呈灰色显示，表示未启用。若要使对象或组可用，用户可以执行以下操作。

在导航窗格中右击需要取消隐藏的组，在弹出的快捷菜单中选择【取消隐藏】命令，即可取消组的隐藏状态，如图 3-22 所示。如果要取消对象的隐藏状态，可右击对象，在弹出的快捷菜单中选择【取消在此组中隐藏】命令即可。

图 3-21 选择【隐藏】命令   图 3-22 选择【取消隐藏】命令

3.3.7 查看数据库属性

在 Access 中通过查看数据库属性，用户可以了解数据库的相关信息，包括数据库的类型、存放位置、大小、内容等。

计算机基础与实训教材系列

【例 3-3】 打开数据库的【属性】对话框查看数据库属性。 🎬视频

(1) 启动 Access 2019，单击【文件】按钮，在弹出的菜单中选择【信息】命令，显示【信息】选项区域，单击【查看和编辑数据库属性】链接，如图 3-23 所示。

(2) 打开数据库的【属性】对话框，其中包括【常规】【摘要】【统计】【内容】和【自定义】5 个选项卡。在【常规】选项卡中用户可以查看数据库文件的存放位置、大小和创建时间等信息，如图 3-24 所示。

图 3-23　单击链接

图 3-24　【常规】选项卡

(3) 选择【摘要】选项卡，在其中用户可以设置标题、主题、作者、主管等摘要信息，如图 3-25 所示。

(4) 选择【统计】选项卡，在该选项卡中用户可以查看数据库的创建时间、修改时间等信息，如图 3-26 所示。

图 3-25　【摘要】选项卡

图 3-26　【统计】选项卡

(5) 选择【内容】选项卡，在该选项卡中，用户可以查看当前数据库包含的所有对象，如图 3-27 所示。

(6) 选择【自定义】选项卡，在该选项卡中用户可以设置数据库的名称、类型等信息，如图 3-28 所示。

图 3-27　【内容】选项卡

图 3-28　【自定义】选项卡

3.4　实例演练

本章的实例演练为创建和管理"销售渠道"数据库，用户通过练习从而巩固本章所学知识。

3.4.1　创建"销售渠道"数据库

【例 3-4】　使用自带的模板创建一个基于【销售渠道】模板的数据库。　视频

(1) 启动 Access 2019，选择【新建】命令，在搜索文本框中输入"销售渠道"，按 Enter 键搜索模板，如图 3-29 所示。

(2) 搜索完毕后，选择【销售渠道】模板，如图 3-30 所示。

图 3-29　搜索模板

图 3-30　选择模板

(3) 打开如图 3-34 所示的【销售渠道】对话框,单击【文件名】文本框右侧的【打开】按钮🖼,如图 3-31 所示。

(4) 打开【文件新建数据库】对话框,设置文件的保存路径,并在【文件名】文本框中输入"销售渠道",单击【确定】按钮,如图 3-32 所示。

图 3-31 单击【打开】按钮

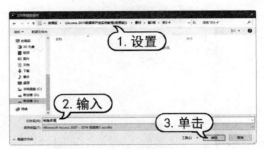

图 3-32 设置保存路径和名称

(5) 返回【销售渠道】对话框后,查看数据库的名称和路径,然后单击【创建】按钮,如图 3-33 所示,开始下载"销售渠道"模板。

(6) 稍等片刻,系统将自动完成数据库的创建,效果如图 3-34 所示。此时,可以看到"销售渠道"数据库中,系统自动创建了表、查询、窗体、报表等对象。

计算机基础与实训教材系列

图 3-33 单击【创建】按钮

图 3-34 创建"销售渠道"数据库

3.4.2 管理"销售渠道"数据库

【例 3-5】 打开"销售渠道"数据库,在其中练习隐藏数据库对象等操作。 🎬视频

(1) 启动 Access 2019,在打开的启动屏幕左侧窗格中选择【打开】命令,如图 3-35 所示。

(2) 在中间的窗格中选择【浏览】选项,如图 3-36 所示。

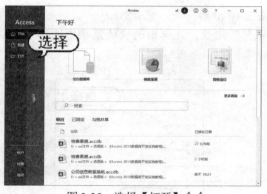

图 3-35 选择【打开】命令

图 3-36 选择【浏览】选项

(3) 打开【打开】对话框,打开数据库的保存路径。选择"销售渠道"数据库,单击【打开】按钮,打开数据库文档,如图 3-37 所示。

图 3-37 打开数据库

(4) 单击"有效机会列表"数据表标签上的【关闭】按钮×,关闭该窗体,结果如图 3-38 所示。

(5) 在导航窗格中展开"员工"组。然后右击"员工详细信息"表,在弹出的快捷菜单中选择【在此组中隐藏】命令,如图 3-39 所示。

图 3-38 关闭对象

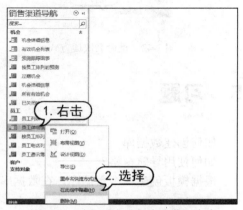

图 3-39 选择【在此组中隐藏】命令

(6) 此时，"员工详细信息"表将被隐藏，如图 3-40 所示。

(7) 在导航窗格的"员工"组中右击"员工通讯簿"选项，在弹出的快捷菜单中选择【重命名快捷方式】命令，如图 3-41 所示。

图 3-40　隐藏表

图 3-41　选择【重命名快捷方式】命令

(8) 在显示的编辑框中输入"员工家庭住址"，然后按下 Enter 键，如图 3-42 所示。

(9) 单击快速访问工具栏上的【保存】按钮保存修改后的数据库。然后单击【文件】按钮，选择【关闭】命令，如图 3-43 所示，关闭"销售渠道"数据库。

图 3-42　重命名快捷方式

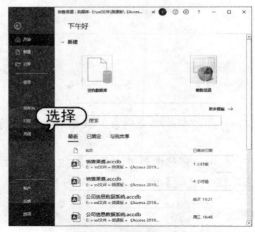

图 3-43　关闭数据库

3.5　习题

1. 如何创建数据库？
2. 如何使用导航窗格？
3. 根据模板创建一个数据库，在数据库中练习打开、复制和删除数据库对象。

第4章

创建表和字段

表是 Access 存储数据的基本单位。在 Access 中，表从属于某个数据库，在 Access 中建立好数据库之后，可以通过直接输入数据、使用表模板、使用字段模板等多种方法来创建表。本章主要介绍创建表的方法，以及编辑数据表、设置字段属性等内容。

本章重点

- 建立新表
- 设定主键
- 设置字段类型
- 输入掩码

二维码教学视频

4.1 表的概述

表是关系数据库系统的基本结构，是特定主题的数据集合，是数据库中用来存储和管理数据的对象。

4.1.1 表的概念和结构

表是特定主题的数据集合，它将具有相同性质或相关联的数据存储在一起，以行和列的形式来记录数据。

作为数据库中其他对象的数据源，表结构设计的好坏直接影响数据库的性能，也直接影响整个系统设计的复杂程度。因此，设计一个结构、关系良好的数据表在信息系统开发中是相当重要的。在 Access 中，表是一个满足关系模型的二维表，即由行和列组成的表格。表存储在数据库中并以唯一的名称识别，表名可以使用汉字或英文字母等。

1. 表的结构

与其他数据库管理系统一样，Access 中的表由结构和数据两部分组成，即所有的数据表都包括结构和数据两部分。表的结构由字段名称、字段类型和字段属性组成。

▽ 字段名称是指二维表中某一列的名称。字段的命名必须符合以下规则：可以使用字母、汉字、数字、空格和其他字符，长度为 1~64 个字符，但不能包含句点(.)、叹号(!)、方括号([])等。

▽ 字段类型是指字段取值的数据类型，即表中每列数据的类型，可以使用文本型、数字型、备注型、日期/时间型、逻辑型等多种数据类型。

▽ 字段属性是指字段特征值的集合，用来控制字段的操作方式和显示方式。

2. 表的设计原则

创建表结构，主要就是定义表的字段。数据表的结构设计应该具备如下几点。

▽ 将信息划分到基于主题的表中，以减少冗余数据。

▽ 向 Access 提供根据需要连接表中信息时所需要的信息。

▽ 可帮助支持和确保信息的准确性和完整性。

▽ 可满足数据处理和报表需求。

4.1.2 表的视图模式

在 Access 数据库中，视图是一个十分重要的概念。每种对象都有不同的视图模式，在不同的视图模式下，可对一个对象进行不同的操作。

Access 数据库有两种视图模式：数据表视图和设计视图。

▽ 数据表视图：这是 Access 默认的视图模式，在数据表视图中用户可以查看表中所有的数据记录，也可对记录进行添加、更新和删除等操作，如图 4-1 所示。

▽ 设计视图：该视图不显示详细的数据记录。通过该视图，用户可以修改字段名称、修改
　　数据类型、设置属性等，如图 4-2 所示。

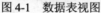

图 4-1　数据表视图

图 4-2　设计视图

若用户要在不同的视图之间进行切换，可以执行以下 3 种操作。

▽ 选择【开始】选项卡，在【视图】组中单击【视图】按钮，在弹出的列表中选择相应的
　　视图模式。

▽ 在工作区中右击数据表标签，从弹出的快捷菜单中选择视图模式。

▽ 单击 Access 状态栏右侧的【数据表视图】按钮 或【设计视图】按钮 。

4.1.3　字段的数据类型

不同的数据类型，不仅数据的存储方式可能不同，而且占用的计算机存储空间也不同，同时
所能保存的信息长度也是不同的。以数字类型的字段为例，根据字段的大小属性还可细分为字节
型、整型、长整型、单精度型和双精度型 5 种类型。字节型占 1 字节，它能表示 0～255 的整数；
整型占 2 字节，它能表示的数值的范围为-32 768～32 767，而长整型要占 4 字节，它能表示的整
型范围更大一些。具体使用哪种类型，根据实际需要而定。

Access 2019 定义了 12 种数据类型，用户可以通过在数据表视图中单击【单击以添加】下拉
按钮(或在设计视图中单击【数据类型】按钮)，为字段设置数据类型。有关数据类型的详细说明
可参见表 2-1。

4.2　创建表

作为整个数据库的基本单位，表结构设计的好坏直接影响数据库的性能。因此，设计结构和
关系良好的数据表在系统开发中是相当重要的。

4.2.1　在数据表视图中创建表

在数据表视图中可以创建一个空表，可以直接在新表中进行字段的添加和编辑。

【例 4-1】 在"公司信息数据系统"数据库中，创建"产品信息表"数据表。 视频

(1) 启动 Access 2019，打开创建的"公司信息数据系统"空白数据库。

(2) 打开【创建】选项卡，在【表格】组中单击【表】按钮，创建一个名为"表 1"的空白数据表，如图 4-3 所示。

(3) 单击【单击以添加】下拉按钮，从弹出的下拉菜单中选择【短文本】命令，为字段设置数据类型，并自动添加"字段 1"字段。此时"字段 1"单元格中的字段名称处于可编辑状态，如图 4-4 所示。

图 4-3 新建空白数据表

图 4-4 添加字段

(4) 在"字段 1"单元格中直接输入"产品编号"。按 Enter 键，此时自动在右侧的【单击以添加】列中弹出快捷菜单，继续选择【短文本】命令，如图 4-5 所示。

(5) 使用同样的方法，设置数据类型，并创建"产品名称""库存数量""单价"和"备注"字段，然后直接在单元格中输入多条产品信息记录，此时表中的数据如图 4-6 所示。

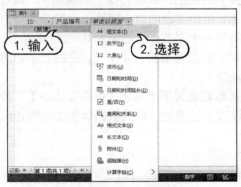
图 4-5 选择【短文本】命令

图 4-6 输入表格数据

提示

ID 字段为自动编号字段。用户在其他字段中输入数据时，Access 会按顺序自动填充该列数据。每添加一条新记录，这个字段值将依次加 1。

(6) 单击数据表右上角的【关闭】按钮 ×，打开如图 4-7 所示的提示框，单击【是】按钮。

(7) 打开【另存为】对话框，在【表名称】文本框中输入文字"产品信息表"。单击【确定】按钮，完成对数据表的保存操作，如图 4-8 所示。

图 4-7　Microsoft Access 提示框

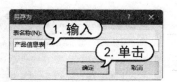

图 4-8　【另存为】对话框

（8）此时，在 Access 左侧导航窗格的"表"组中显示创建的"产品信息表"数据表，双击即可打开该表，如图 4-9 所示。

4.2.2　使用模板创建表

使用模板创建表是一种快速建表的方式。这是由于 Access 在模板中内置了一些常见的示例表，如联系人、任务等，这些表中都包含足够多的字段名，用户可根据需要在数据表中添加和删除字段。

图 4-9　打开数据表

【例 4-2】　在"公司信息数据系统"数据库中，使用模板创建"联系人"表。 🎬视频

（1）启动 Access 2019，打开"公司信息数据系统"数据库。

（2）打开【创建】选项卡，在【模板】组中单击【应用程序部件】按钮，从弹出的列表中选择【联系人】选项，如图 4-10 所示。

（3）打开【创建关系】对话框，选中【不存在关系】单选按钮，单击【创建】按钮，如图 4-11 所示。

图 4-10　选择【联系人】选项

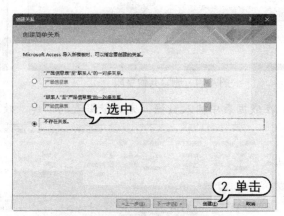

图 4-11　【创建关系】对话框

（4）这样就创建了一个"联系人"数据表。此时双击左侧导航窗格中的"联系人"对象，可打开该数据表，如图 4-12 所示。

（5）右击【公司】字段，在弹出的快捷菜单中选择【删除字段】命令，如图 4-13 所示。

图 4-12　打开数据表　　　　　　　　　　　　图 4-13　选择【删除字段】命令

（6）使用同样的方法，删除【姓氏】【名字】【职务】【住宅电话】【城市】【省/市/自治区】【国家/地区】【网页】【附件】【联系人姓名】和【另存档为】字段，数据表的效果如图 4-14 所示。

（7）右击【电子邮件地址】字段，在弹出的快捷菜单中选择【插入字段】命令，此时在【电子邮件地址】字段左侧插入一列，该列字段名为【字段 1】，重命名 ID 列和【字段 1】列，分别设置字段名为"联系人编号"和"联系人姓名"，此时该数据表部分字段如图 4-15 所示。

图 4-14　删除其他字段　　　　　　　　　　　图 4-15　插入新字段

（8）在数据表中输入数据，完成数据表的创建，效果如图 4-16 所示。

图 4-16　在数据表中输入数据

(9) 在快速访问工具栏中单击【保存】按钮 🖫 ，快速保存"联系人"数据表。

4.2.3 使用设计视图创建表

使用设计视图来创建表主要是设置表的各种字段属性，它创建的仅仅是表的结构，各种数据记录还需要在数据表视图中输入。

【例 4-3】 在"公司信息数据系统"数据库中，使用设计视图创建"员工信息表"。 📹 视频

(1) 启动 Access 2019，打开"公司信息数据系统"数据库。

(2) 打开【创建】选项卡，在【表格】组中单击【表设计】按钮，打开如图 4-17 所示的表设计窗口。

(3) 在【字段名称】列中输入字段名"员工编号"，按下 Enter 键。此时该字段的【数据类型】单元格自动定义为【短文本】格式，如图 4-18 所示。

图 4-17 打开的表设计窗口

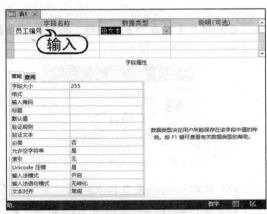

图 4-18 自动生成的数据类型格式

(4) 根据表 4-1 所示的数据表的字段信息继续建立"员工信息表"，此时表设计窗口效果如图 4-19 所示。

表 4-1 "员工信息表"的字段信息

字 段 名 称	数 据 类 型	字 段 大 小	备　　注
员工编号	短文本	5	关键字
员工姓名	短文本	4	
性别	短文本	1	
年龄	数字	长整型	
职务	短文本	10	
电子邮箱	短文本	30	
联系方式	短文本	11	

(5) 在"员工编号"字段名称单元格中右击，在弹出的快捷菜单中选择【主键】命令，将"员工编号"字段设置为主键，如图 4-20 所示。

计算机基础与实训教材系列

图 4-19　设置字段信息

图 4-20　选择【主键】命令

(6) 在状态栏上单击【数据表视图】按钮，在打开的提示框中单击【是】按钮，如图 4-21 所示。

(7) 打开【另存为】对话框。在【表名称】文本框中输入表名称"员工信息表"，然后单击【确定】按钮，如图 4-22 所示。

图 4-21　Microsoft Access 提示框

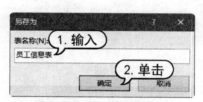

图 4-22　【另存为】对话框

(8) 此时，切换至数据表视图，在其中直接输入数据。输入数据后的表效果如图 4-23 所示。

(9) 在快速访问工具栏中单击【保存】按钮，保存"员工信息表"数据表。

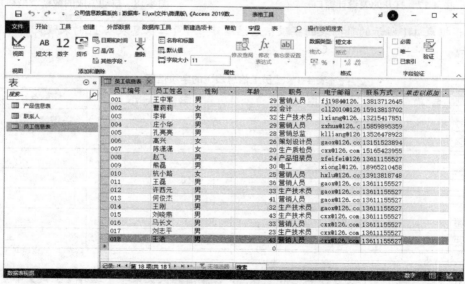

图 4-23　输入数据后的表效果

4.2.4 使用字段模板创建表

Access 2019 可以通过 Access 自带的字段模板创建数据表。模板中已经设计好了各种字段属性，用户可以直接使用该字段模板中的字段。

【例 4-4】 在"公司信息数据系统"数据库中，使用字段模板创建"公司订单表"。 视频

(1) 启动 Access 2019，打开"公司信息数据系统"数据库。

(2) 打开【创建】选项卡，在【表格】组中单击【表】按钮，即可在数据库中插入一个名为"表 1"的新表。

(3) 按 Ctrl+S 快捷键，打开【另存为】对话框。在【表名称】文本框中输入"公司订单表"，单击【确定】按钮，保存数据表，如图 4-24 所示。

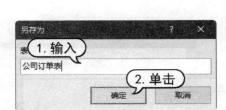

图 4-24 创建"公司订单表"数据表

(4) 打开【表格工具】的【字段】选项卡，在【添加和删除】组中，单击【短文本】按钮。在【属性】组的【字段大小】微调框中输入 8，新建一个字段列，如图 4-25 所示。

(5) 右击新建的字段列，从弹出的快捷菜单中选择【重命名字段】命令，如图 4-26 所示，输入字段名后按 Enter 键。

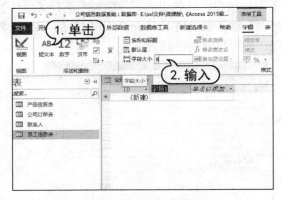

图 4-25 添加字段 图 4-26 选择【重命名字段】命令

(6) 根据表 4-2 所示的数据表字段信息继续添加字段，设计完成后的数据表效果如图 4-27 所示。

计算机基础与实训教材系列

65

表4-2　　"公司订单表"的字段信息

字 段 名 称	数 据 类 型	字 段 大 小	备 注
订单号	文本	8	关键字
订单日期	时间/日期	短日期	
产品编号	文本	8	
联系人编号	数字	长整型	
签署人	文本	4	
是否执行完毕	是/否	是/否	

(7) 在数据表中输入数据,完成数据表的创建,效果如图4-28所示。

图4-27　添加其他字段

图4-28　输入订单表记录

(8) 在快速访问工具栏中单击【保存】按钮,保存数据表。

4.2.5　使用 SharePoint 列表创建表

用户可以在数据库中创建从 SharePoint 列表导入的或链接到 SharePoint 列表的表,还可以使用预定义模板创建新的 SharePoint 列表。Access 中的预定义模板包括联系人、任务、问题和事件等。使用 SharePoint 列表创建表的方法为:启动 Access 2019,打开目标数据库,打开【创建】选项卡,在【表格】组中单击【SharePoint 列表】下拉按钮,从弹出的下拉列表中选择【事件】选项,如图4-29所示,然后在打开的【创建新列表】对话框中输入 SharePoint 网站的 URL、名称和说明等,如图4-30所示,单击【确定】按钮,即可打开创建的表。

图4-29　选择【事件】选项

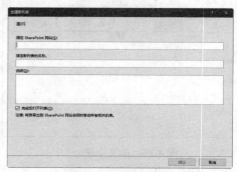

图4-30　【创建新列表】对话框

4.3　设置字段属性

在设计视图中，用户可以为字段设置属性。在 Access 数据表中，每一个字段的可用属性取决于为该字段选择的数据类型。本节将详细地讲述字段属性的设置方法。

4.3.1　选择数据格式

利用设计视图中的【字段属性】面板，用户可以对字段属性进行设置。【字段属性】面板中可设置的属性根据数据类型的不同而不同。【字段属性】面板中包含【常规】和【查阅】两个选项卡。在【常规】选项卡中可以设置字段的大小、格式、验证规则等属性，如图 4-31 所示。选择【查阅】选项卡，在【显示控件】下拉列表中可以设置控件的类型，不同类型的控件显示不同的属性设置，如图 3-30 所示为【组合框】控件可设置的属性。

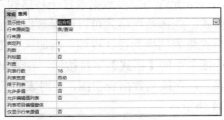

图 4-31　【常规】选项卡　　　　　　　　图 4-32　【查阅】选项卡

【常规】选项卡中主要属性的具体说明如表 4-3 所示，【查阅】选项卡中常用属性的具体说明如表 4-4 所示。

表 4-4　【常规】选项卡中常见属性

属　　性	说　　明
字段大小	不同的数据类型大小范围不一样，例如"短文本"类型的默认值不超过 255 个字符
格式	限定字段数据在视图中的显示格式
输入掩码	显示编辑字符以引导数据输入
标题	在数据表视图中要显示的列名，默认的列名为字段名
小数位数	指定显示数字时要使用的小数位数
默认值	添加新记录时自动向字段分配该指定值
验证规则	提供一个表达式，从而限定输入的数据，Access 只在满足相应的条件时才能输入数据
验证文本	该属性可以输入一些要通知使用者的提示信息，当输入的数据有错误或不符合公式时，自动弹出提示信息
必需	该属性取值为"是"时，表示必须填写该字段；取值为"否"时，字段可以为空
Unicode 压缩	为了使一个产品在不同国家的各种语言下都能正常运行而编写的一种文字代码。该属性取值为"是"时，表示本字段可以存储和显示多种语言的文本
索引	决定是否将该字段定义为表中的索引字段。通过创建和使用索引，可加快字段中数据的读取速度
文本对齐	指定控件内文本的默认对齐方式

表 4-4 【查阅】选项卡中的常见属性

属 性	说 明
显示控件	窗体上用来显示字段的控件类型
行来源类型	控件的数据来源类型
行来源	控件的数据源
列数	设置列数
列标题	是否用字段名、标题或数据的首行作为列标题
列表行数	在组合框列表中显示行的最大数目
限于列表	是否只在与所列的选择之一相符时才接收文本
允许多值	一次查阅是否允许多值
仅显示行来源值	是否仅显示与行来源匹配的数值

计算机基础与实训教材系列

Access 允许为字段数据选择一种格式,【数字】【日期/时间】和【是/否】等字段都可以选择数据格式。选择数据格式可以确保数据表示方式的一致性。

首先将表切换为设计视图,例如选中【订单日期】的【数据类型】所在的单元格。单击【常规】选项卡中的【格式】下拉按钮,在弹出的下拉列表中选择【中日期】选项,如图 4-33 所示。保存表后,切换到数据表视图,此时表中的【订单日期】字段均更改为【中日期】格式,效果如图 4-34 所示。

图 4-33 选择数据格式

图 4-34 改变效果

4.3.2 更改字段大小

Access 2019 允许更改字段默认的字段大小。改变字段大小可以保证字符数目不超过特定限制,从而减少数据输入错误。

【例 4-5】 在"产品信息表"数据表中,将"产品编号"字段的字段大小设置为 6,将"产品名称"字段的字段大小设置为 18。 📷视频

(1) 启动 Access 2019,打开"公司信息数据系统"数据库,然后打开"产品信息表"数据表。
(2) 单击状态栏上的【设计视图】按钮 ，切换至设计视图窗口。

(3) 选中记录【产品编号】，在【常规】选项卡的【字段大小】文本框中输入 6，如图 4-35 所示。

(4) 使用同样的方法，将【产品名称】字段的字段大小设置为 18，如图 4-36 所示。

(5) 在快速访问工具栏中单击【保存】按钮进行保存。

图 4-35　更改【产品编号】的字段大小

图 4-36　更改【产品名称】的字段大小

4.3.3　输入掩码

输入掩码用于设置字段、文本框，以及组合框中的数据格式，并可对允许输入的数值类型进行控制。要设置字段的【输入掩码】属性，可以使用 Access 自带的【输入掩码向导】来完成。例如，设置电话号码字段时，可以使用输入掩码引导用户准确地输入格式为：( )-_____。

数据表中的输入掩码必须按照一定的格式进行设置。输入掩码表达式的格式如表 4-5 所示。

表 4-5　输入掩码字符表

字　符	说　　明	输入掩码示例	示　例　数　据
0	数字，0~9，必选项，不允许使用加号和减号	0000-00000000	0538-87880692
9	数字或空格，非必选项，不允许使用加号和减号。当用户移动光标通过该位置而没有输入任何字符时，Access 将不存储任何内容	(999)999-9999	(20)555-3002
#	数字或空格，非必选项，允许使用加号和减号。当用户移动光标通过该位置而没有输入任何字符时，Access 将默认为空格	#999	−328
A	字母或数字，必选项	(000)AAA-AAAA	(087)555-TELE
L	字母，A~Z，必选项	L0L0L0	a3B4C4
?	字母 A~Z，可选项。当用户移动光标通过该位置而没有输入任何字符时，Access 将不存储任何内容	??????	Amira
&	任一字符或空格，必选项	&&&	4xy
C	任一字符或空格，可选项。当用户移动光标通过该位置而没有输入任何字符时，Access 将不存储任何内容	CCC	3x
<	使其后所有的字符转换为小写	>L<????????	Maria
>	使其后所有的字符转换为大写	>L0L0L0	A1B2C3

计算机基础与实训教材系列

(续表)

字　符	说　明	输入掩码示例	示例数据
\	使其后的字符显示为原义字符。可用于将该表中的任何字符显示为原义字符(例如，\A 显示为 A)	\T000	T123
. : ; - /	小数点占位符和千位分隔符、日期和时间的分隔符。实际显示的字符将根据 Windows 控制面板的【区域和语言】中的设置而定	000,000	113,547
Password	文本框中键入的任何字符都按字面字符保存，但显示为星号(*)		

🎗 提示

　　输入掩码可以要求用户输入遵循特定国家/地区惯例的日期，如 YYYY/MM/DD。当在含有输入掩码的字段中输入数据时，就会发现可以用输入的值替换占位符，但无法更改或删除输入掩码中的分隔符，即可以填写日期，修改 YYYY、MM 和 DD，但无法更改分隔日期各部分的连字符。

👉 【例 4-6】 为"公司订单表"的"订单日期"字段设置掩码。 🎦视频

　　(1) 启动 Access 2019，打开"公司信息数据系统"数据库，然后打开"公司订单表"数据表。
　　(2) 单击状态栏上的【设计视图】按钮，切换至设计视图窗口。
　　(3) 选中【订单日期】行，然后在【常规】选项卡的【输入掩码】文本框中单击，并在其右侧单击⋯按钮，如图 4-37 所示。
　　(4) 打开【输入掩码向导】对话框。在列表框中选择【中日期】选项，单击【尝试】文本框，文本框中显示掩码格式。单击【下一步】按钮，如图 4-38 所示。

图 4-37　单击按钮

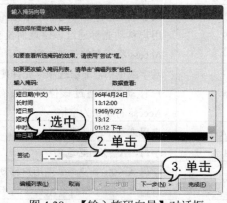

图 4-38　【输入掩码向导】对话框

　　(5) 打开如图 4-39 所示的对话框，保持对话框中的默认设置，单击【尝试】文本框，文本框中显示默认的掩码格式，单击【下一步】按钮，如图 4-39 所示。

(6) 打开如图 4-44 所示的对话框，单击【完成】按钮，如图 4-40 所示。

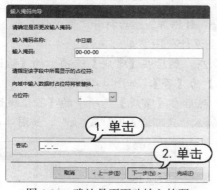

图 4-39　确认是否更改输入掩码

图 4-40　单击【完成】按钮

(7) 此时，设计视图中的【输入掩码】文本框效果如图 4-41 所示。

(8) 在快速访问工具栏中单击【保存】按钮，保存修改的字段属性。

(9) 切换到数据表视图，在数据表已有记录的下方添加一条记录。当输入到【订单日期】字段时，出现如图 4-42 所示的掩码输入格式。

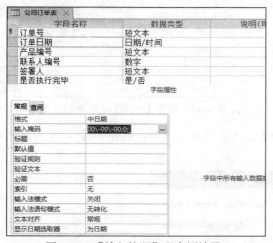

图 4-41　【输入掩码】文本框效果

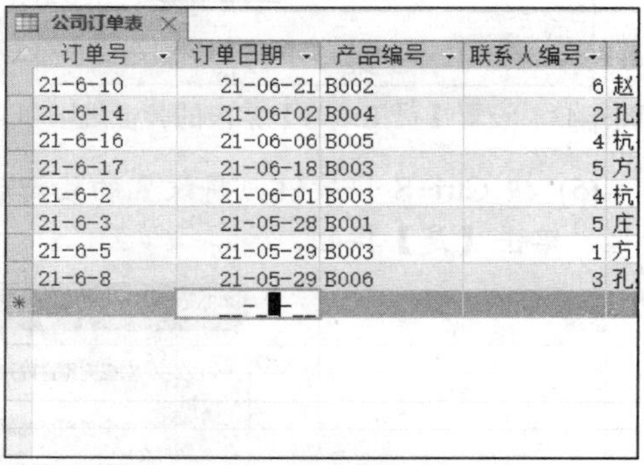

图 4-42　显示掩码格式

4.3.4　验证规则和验证文本

当输入数据时，有时会输入错误的数据。例如，将薪资多输入一个 0，或输入一个不合理的日期。事实上，这些错误可以利用【验证规则】和【验证文本】这两个属性来避免。

【验证规则】属性可输入公式(可以是比较运算或逻辑运算组成的表达式)，用于将来输入数据时，对该字段上的数据进行查核，如查核是否输入数据、数据是否超过范围等；【验证文本】属性可以输入一些要通知使用者的提示信息，当输入的数据有错误或不符合公式时，自动弹出提示信息。

【例 4-7】为"员工信息表"的"员工编号"和"性别"字段设置验证规则和验证文本。 🎬 视频

(1) 启动 Access 2019，打开"公司信息数据系统"数据库，然后打开"员工信息表"数据表。

(2) 单击状态栏上的【设计视图】按钮，切换至设计视图窗口。

(3) 选中【员工编号】单元格，使其处于编辑状态，然后在【常规】选项卡的【验证规则】文本框中输入"Is Not Null"，设置【允许空字符串】为【否】，如图 4-43 所示。

(4) 选中【性别】单元格，使其处于编辑状态，然后在【常规】选项卡的【验证规则】文本框中输入""男" Or "女""，在【验证文本】文本框中输入"只可输入"男"或"女""，如图 4-44 所示。

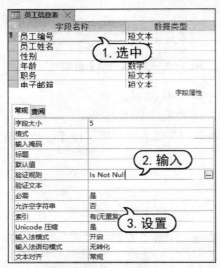

图 4-43　设置【员工编号】字段的验证规则和文本

图 4-44　设置【性别】字段的验证规则和文本

(5) 按 Ctrl+S 快捷键，将设置的验证规则和验证文本保存。此时，打开如图 4-45 所示的提示框，单击【是】按钮。

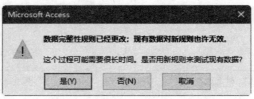

图 4-45　Microsoft Access 提示框

(6) 在状态栏中单击【数据表视图】按钮，切换到数据表视图。

(7) 当在【员工编号】字段中删除一个数据时，此时将打开如图 4-46 所示的提示框，提示员工编号不能为空。

(8) 按下 Ctrl+Z 组合键，撤销对数据表所做的修改。

(9) 当在【性别】字段中修改某一个数据(如将"男"修改为"公")时，将打开如图 4-47 所示的提示框，提示用户该字段只可输入"男"或"女"。

(10) 参照步骤(8)，撤销对数据表所做的修改。

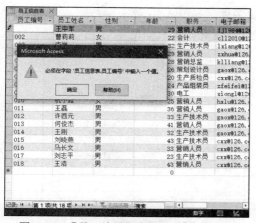

图 4-46 【员工编号】字段显示的验证文本

图 4-47 【性别】字段显示的验证文本

4.3.5 设定主键

主键是表中的一个字段或多个字段，它为 Access 2019 中的每一条记录提供了一个唯一的标识符。它是为提高 Access 在查询、窗体和报表中的快速查找能力而设计的。主键的作用主要包括以下 3 点。

▽ Access 可以根据主键执行索引，以提高查询和其他操作的速度。

▽ 当用户打开一个表时，记录将以主键顺序显示记录。

▽ 指定主键可为表与表之间的联系提供可靠的保证。

【例 4-8】 删除"产品信息表"的数据表中的 ID 字段，然后将"产品编号"字段设置为主键。 📹 视频

(1) 启动 Access 2019，打开"公司信息数据系统"数据库，然后打开"产品信息表"数据表。

(2) 单击状态栏上的【设计视图】按钮，切换至设计视图窗口。

(3) 在设计窗口中选中 ID 字段，在【设计】选项卡的【工具】组中单击【删除行】按钮，如图 4-48 所示。

(4) 在打开的 Microsoft Access 提示框中单击【是】按钮，如图 4-49 所示。

图 4-48 单击【删除行】按钮

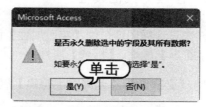

图 4-49 询问是否删除字段和数据

计算机基础与实训教材系列

(5) 再次打开提示框，询问用户是否删除该主键字段，如图 4-50 所示。

(6) 单击【是】按钮，此时设计视图窗口中的 ID 行消失，效果如图 4-51 所示。

图 4-50　询问是否删除主键　　　　　图 4-51　删除主键行

(7) 选中【产品编号】单元格，打开【表格工具】的【设计】选项卡，在【工具】组中单击【主键】按钮，此时【产品编号】字段左侧出现标志，如图 4-52 所示。

图 4-52　设置主键

> **提示**
>
> 当选定某个字段作为主键时，Access 会自动将该字段的索引属性设为【有(无重复)】选项，以使该字段的值不重复，并且将该字段设置为默认的排序依据。一张数据表中可以设置多个主键，必要时也可以是多个字段的组合。

(8) 在快速访问工具栏中单击【保存】按钮，保存为数据表设置的主键。

> **提示**
>
> 删除主键的操作步骤和创建主键的操作步骤相同。在设计视图中选择要删除的主键，然后打开【表格工具】的【设计】选项卡，在【工具】组中单击【主键】按钮，即可删除主键。在执行删除主键操作时，删除的主键必须没有参与任何"表关系"，如果要删除的主键和某个表建立表关系，Access 会提示必须先删除该表才能删除主键。

4.3.6　字段的其他属性

在表设计视图窗口的【字段属性】面板中，还有多种属性可以设置，如【必需】属性、【允许空字符串】属性、【标题】属性等。本节将对这些属性进行介绍。

1. 【必需】和【允许空字符串】属性

【必需】属性用来设置该字段是否一定要输入数据，该属性只有【是】和【否】两种选择。

当【必需】属性设置为【否】且未在该字段输入任何数据时,该字段便存入了一个 Null 值(空值);如果将该属性设置为【是】且未在该字段输入任何数据时,当将光标移开时,系统会出现提示信息。

【空字符串】就是长度为 0 的字符串,在 Access 中以不带空格的双引号(" ")来表示,用户可以在数据表中直接输入""""表示字段的内容为空字符串。

对于设置字段的空字符串属性和字段必填属性,以及相应的用户操作和 Access 显示的存储值,用户可以参照表 4-6 所示的说明加以理解。

表 4-6　字符串属性设置说明

允许空字符串	必　需	用户的操作	存　储　值
否	否	按下 Enter 键	Null 值
		按下 Space 键	Null 值
		输入空字符串" "	不允许
否	是	按下 Enter 键	不允许
		按下 Space 键	不允许
		输入空字符串" "	不允许
是	否	按下 Enter 键	Null 值
		按下 Space 键	Null 值
		输入空字符串" "	空字符串
是	是	按下 Enter 键	不允许
		按下 Space 键	空字符串
		输入空字符串" "	空字符串

2. 【标题】属性

【标题】属性主要用来设定浏览表内容时该字段的标题名称。例如,将"员工信息表"数据表的【联系方式】字段的【标题】属性更改为"移动电话",如图 4-53 所示。此时,"员工信息表"数据表视图中【联系方式】字段将更改为【移动电话】,显示效果如图 4-54 所示。

图 4-53　设置【标题】属性

图 4-54　字段名称显示效果

4.4 实例演练

本章的实例演练为制作"仓库管理系统"数据库这个综合实例,其中包含多个数据表,用户通过练习从而巩固本章所学知识。

【例4-9】 制作"仓库管理系统"数据库。 📹视频

(1) 启动 Access 2019,创建一个空白数据库,并将其命名为"仓库管理系统",在该数据库中默认会创建【表1】数据表,如图4-55所示。

(2) 单击状态栏中的【设计视图】按钮，切换至设计视图。

(3) 在【字段名称】列中输入字段名称,在【数据类型】下拉列表中设置相应的数据类型,如图4-56所示。

图4-55 创建数据库和表

图4-56 设置字段名称和数据类型

(4) 在【商品编号】字段上右击鼠标,从弹出的快捷菜单中选择【主键】命令,设置该字段为主键,如图4-57所示。

(5) 选中【本月结存】字段,在设计视图下方的【常规】选项卡的【验证规则】和【验证文本】文本框中输入表达式及文本,设置该字段的属性,如图4-58所示。

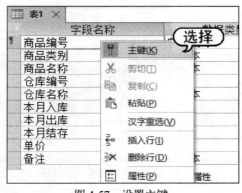

图4-57 设置主键

图4-58 设置验证规则和验证文本

(6) 单击快速访问工具栏中的【保存】按钮,打开【另存为】对话框,在【表名称】文本

框中输入"库存信息表"，然后单击【确定】按钮，如图 4-59 所示。

(7) 使用同样的方法，创建"仓库信息表"，设置【仓库编号】字段为主键，如图 4-60 所示。

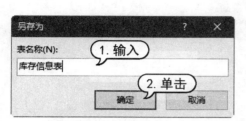

图 4-59　【另存为】对话框

图 4-60　创建表和设置主键

(8) 创建"出库记录表"，设置【出库编号】字段为主键，如图 4-61 所示。

(9) 创建"入库记录表"，设置【入库编号】字段为主键，如图 4-62 所示。

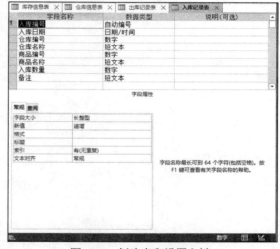

图 4-61　创建表和设置主键

图 4-62　创建表和设置主键

4.5　习题

1. 在 Access 2019 中如何创建表？

2. 在 Access 2019 中如何添加字段和设置数据格式？

3. 创建名为"学校作业"的数据库，添加"课程表""课后作业表"和"预习复习表"等数据表，创建记录和数据。

第 5 章

表的操作技巧

表是 Access 数据库中最常用的对象之一，Access 中的所有数据都保存在表对象中。因此，对表之间的关系和表中数据的操作是数据库中最基本的操作。本章主要介绍格式化数据表，查找、替换和筛选数据，创建表之间的关系等操作技巧。

➡ 本章重点

- ◉ 编辑数据记录
- ◉ 检索数据
- ◉ 设置表格式
- ◉ 创建表关系

➡ 二维码教学视频

5.1 编辑数据记录

在表创建完成后，可以对表中的数据进行编辑，如进行添加、修改、删除等操作，使用户更加方便地管理数据。

5.1.1 添加或修改记录

表是数据库中存储数据的唯一对象，对数据库添加或删除数据，就是要向表中添加或删除记录。使用数据库时，向表中添加与修改数据是数据库最基本的操作之一。

【例 5-1】 在"产品信息表"数据表中添加一条新记录，然后修改该条记录。 🎬 视频

(1) 启动 Access 2019，打开"公司信息数据系统"数据库，然后打开"产品信息表"数据表。

(2) 在右侧工作区的数据表中单击空白单元格，直接输入要添加的记录，如图 5-1 所示。

(3) 单击【洗衣机】单元格，直接修改记录为"涡轮洗衣机"，如图 5-2 所示。按 Enter 键进行确认。

图 5-1 添加记录　　　　　　　图 5-2 修改记录

(4) 在快速访问工具栏中单击【保存】按钮，保存修改后的数据表。

5.1.2 选定与删除记录

在操作数据库时，选定与删除表中的记录也是必不可少的操作之一。

【例 5-2】 在"产品信息表"数据表中选定与删除记录。 🎬 视频

(1) 启动 Access 2019，打开"公司信息数据系统"数据库，然后打开"产品信息表"数据表。

(2) 将鼠标指针指向最后一条记录的行首，待鼠标指针变成➡形状时，单击即可选定整行，如图 5-3 所示。

(3) 打开【开始】选项卡，在【记录】组中单击【删除】下拉按钮，从弹出的下拉菜单中选择【删除记录】命令，如图 5-4 所示。

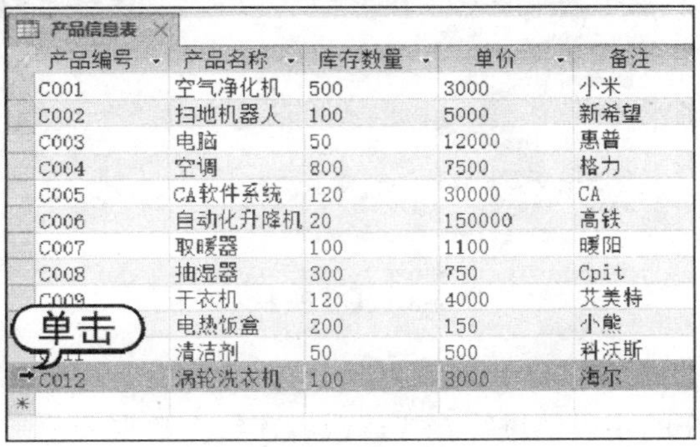

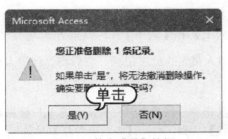

图 5-3 选定记录

图 5-4 选择【删除记录】命令

(4) 此时，打开信息提示框。提示用户正准备删除记录，删除后无法撤消删除操作，单击【是】按钮，如图 5-5 所示。

(5) 即可删除该条记录，删除记录后的数据表效果如图 5-6 所示。

图 5-5 单击【是】按钮

图 5-6 删除记录

提示

选定记录的方法与在 Excel 表格中选定数据的方法类似。将鼠标指针指向行标，待指针变成➡形状时，单击即可选定整行；将鼠标指针指向列标，待指针变成⬇形状时，单击即可选定整列；将鼠标指针指向某个单元格，待指针变成✚形状时，单击即可选定该单元格，拖动可选取区域。

5.2 检索数据

在表中输入数据后，可以对表中的数据进行检索，如进行查找、替换、排序和筛选等操作，以便更有效地查看和管理数据。

5.2.1 数据的查找和替换

当需要在数据库中查找所需要的特定信息，或替换某个数据时，就可以使用 Access 提供的查找和替换功能来实现。图 5-7 和图 5-8 所示分别为【查找和替换】对话框的【查找】选项卡和【替换】选项卡。

图 5-7　【查找】选项卡　　　　　　　图 5-8　【替换】选项卡

在该对话框中，部分选项的含义如下。

▽ 【查找范围】下拉列表：在当前鼠标所在的字段里进行查找，或者在整个数据表范围内进行查找。

▽ 【匹配】下拉列表：有 3 个字段匹配选项可供选择。其中【整个字段】选项表示字段内容必须与【查找内容】文本框中的文本完全符合；【字段任何部分】选项表示【查找内容】文本框中的文本可包含在字段中的任何位置；【字段开头】选项表示字段必须是以【查找内容】文本框中的文本开头，但后面的文本可以是任意的。

▽ 【搜索】下拉列表：该列表中包含【全部】【向上】和【向下】3 种搜索方式。

【例 5-3】 查找"员工信息表"数据表中的"营销人员"的员工记录，然后将"营销人员"替换为"销售人员"。 视频

(1) 启动 Access 2019，打开"公司信息数据系统"数据库，然后打开"员工信息表"数据表。

(2) 打开【开始】选项卡，在【查找】组中单击【查找】按钮，打开【查找和替换】对话框。

(3) 打开【查找】选项卡，在【查找内容】文本框中输入查找内容"营销人员"；在【查找范围】下拉列表中选择【当前文档】选项；在【匹配】下拉列表中选择【整个字段】选项；在【搜索】下拉列表中选择【全部】选项，如图 5-9 所示。

(4) 依次单击【查找下一个】按钮。此时，数据表中逐个显示查找到的内容，如图 5-10 所示。

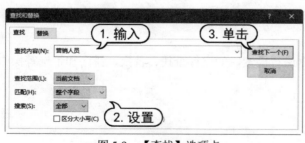

图 5-9　【查找】选项卡

图 5-10　逐个显示查找到的内容

(5) 返回【查找和替换】对话框，打开【替换】选项卡。在【替换为】文本框中输入"销售人员"，单击【全部替换】按钮，如图 5-11 所示。

(6) 此时，系统弹出信息提示框，提示用户无法撤销替换操作，单击【是】按钮，如图 5-12 所示。

图 5-11　【替换】选项卡

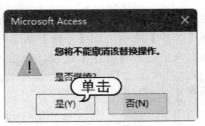

图 5-12　单击【是】按钮

(7) 单击【关闭】按钮，关闭对话框。此时，即可将数据"营销人员"替换为"销售人员"，数据表效果如图 5-13 所示。

员工编号	员工姓名	性别	年龄	职务	电子邮箱	联系方式	单击
001	王中军	男	29	销售人员	fj1984@126.	13813712645	
002	曹莉莉	女	22	会计	cll2010@126	15913813702	
003	李祥	男	32	生产技术员	lxiang@126.	13215417851	
004	庄小华	男	29	销售人员	zxhua@126. c	15859895359	
005	孔亮亮	男	28	营销总监	klliang@126	13526478923	
006	高兴	女	26	策划设计员	gaox@126.co	13151523894	
007	陈潇潇	女	20	生产质检员	cxx@126.co	15165423955	
008	赵飞	男	24	产品组装员	zfeifei@126	13611155527	
009	熊磊	男	30	电工	xiongl@126.	18965210458	
010	杭小路	男	25	销售人员	hxlu@126.co	13913818748	
011	王磊	男	36	销售人员	gaox@126.co	13611155527	
012	许西元	男	33	生产技术员	gaox@126.co	13611155527	
013	何俊杰	男	41	生产技术员	gaox@126.co	13611155527	
014	王刚	男	32	生产技术员	gaox@126.co	13611155527	
015	刘晓燕	男	43	生产技术员	cxx@126.com	13611155527	
016	马长文	男	33	销售人员	cxx@126.com	13611155527	
017	刘志平	男	23	生产技术员	cxx@126.com	13611155527	
018	王浩	男	43	销售人员	cxx@126.co	13611155527	
*			0				

图 5-13　替换文本后的数据表效果

5.2.2　数据排序

数据排序是最常用的数据处理方法，也是最简单的数据分析方法。表中的数据有两种排列方式，一种是升序排序，另一种是降序排序。升序排序就是将数据从小到大排列，而降序排列是将数据从大到小排列。

在 Access 中对数据进行排序操作，和在 Excel 中的排序操作是类似的。Access 提供了强大的排序功能，用户可以按照文本、数值或日期值进行数据的排序。对数据的排序主要有两种方法，一种是利用工具栏进行简单排序；另一种就是利用窗口进行高级排序。

简单排序的操作方法很简单，在数据表中选择要排序的列后，在【开始】选项卡的【排序和筛选】组中单击【升序】按钮 ↓↑升序 或【降序】按钮 ↓↑降序 即可。

当需要将数据表中两个不相邻的字段进行排序，且分别为升序或降序排列时，就需要使用 Access 的高级排序功能。下面将以实例来介绍利用窗口进行高级排序的方法。

【例 5-4】 将"员工信息表"中的记录按职务降序排列，职务相同的按年龄升序排列。 👁视频

(1) 启动 Access 2019，打开"公司信息数据系统"数据库，然后打开"员工信息表"数据表。

(2) 在【开始】选项卡的【排序和筛选】组中单击【高级】按钮，在弹出的菜单中选择【高级筛选/排序】命令，打开【员工信息表筛选 1】窗口，如图 5-14 所示。

(3) 在【字段】第 1 列的下拉列表中选择【职务】选项，并在其下方的【排序】下拉列表中选择【降序】选项；在【字段】第 2 列的下拉列表中选择【年龄】选项，并在其下方的【排序】下拉列表中选择【升序】选项，如图 5-15 所示。

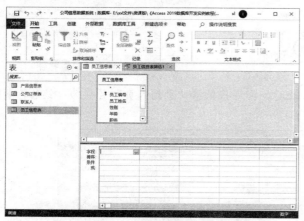

图 5-14 【员工信息表筛选 1】窗口

图 5-15 设置筛选条件

(4) 在【排序和筛选】组中单击【切换筛选】按钮 ▼，单击【关闭】按钮，关闭【员工信息表筛选 1】窗口。此时，数据表按照指定的排序方式进行排列，效果如图 5-16 所示。

员工编号	员工姓名	性别	年龄	职务	电子邮箱	联系方式	单击
005	孔亮亮	男	28	营销总监	klliang@126	13526478923	
010	杭小路	女	25	销售人员	hxlu@126.co	13913818748	
001	王中军	男	29	销售人员	fj1984@126.	13813712645	
004	庄小华	男	29	销售人员	zxhua@126.c	15859895359	
016	马长文	男	33	销售人员	cxx@126.com	13611155527	
011	王磊	男	36	销售人员	gaox@126.co	13611155527	
013	何俊杰	男	41	销售人员	gaox@126.co	13611155527	
018	王浩	男	43	销售人员	cxx@126.com	13611155527	
007	陈潇潇	女	20	生产质检员	cxx@126.com	15165423955	
017	刘志平	男	23	生产技术员	cxx@126.com	13611155527	
014	王刚	男	32	生产技术员	gaox@126.co	13611155527	
003	李祥	男	32	生产技术员	lxiang@126.	13215417851	
012	许西元	男	33	生产技术员	gaox@126.co	13611155527	
015	刘晓燕	男	43	生产技术员	cxx@126.com	13611155527	
002	曹莉莉	女	22	会计	cll2010@126	15913813702	
009	熊磊	男	30	电工	xiongl@126.	18965210458	
008	赵飞	男	24	产品组装员	zfeifei@126	13611155527	
006	高兴	女	26	策划设计员	gaox@126.co	13151523894	
*						0	

图 5-16 排序后的数据表效果

要取消"员工信息表"中设置的排序操作，将其更改为默认的排序格式，可以进行如下操作：打开"员工信息表"的数据表视图窗口，在【开始】选项卡的【排序和筛选】组中单击【高级】按钮，在弹出的菜单中选择【高级筛选/排序】命令，打开【员工信息表筛选 1】窗口；在【员工信息表筛选 1】窗格的空白区域右击，在弹出的快捷菜单中选择【清除网格】命令；此时，表列表区域下方的网格区被清空，在【排序和筛选】组中单击【切换筛选】按钮即可。

5.2.3 数据筛选

数据筛选就是将表中符合条件的记录显示出来，不符合条件的记录暂时隐藏。Access 提供了使用筛选器筛选、基于选定内容筛选和使用窗体筛选等筛选方式。

1. 使用筛选器筛选

除了 OLE 对象字段和显示计算值的字段以外，所有字段类型都提供了筛选器。可用筛选列表取决于所选字段的数据类型和值。

选定要筛选列的任意一个单元格，打开【开始】选项卡，在【排序和筛选】组中单击【筛选器】按钮，打开如图 5-17 所示的筛选器。

图 5-17 打开筛选器

提示

如果选择两列或更多列，则筛选器不可用。如果要按多列进行筛选，则必须单独选择并筛选每列，或使用高级筛选。

▽ 如果要筛选特定值，可用使用筛选器中的复选框列表，该列表显示当前在字段中显示的所有值。

▽ 如果要筛选某一范围的值，可以在【数字筛选器】子菜单下选择需要的筛选命令，然后指定所需的值。

2. 基于选定内容筛选

如果当前已选择了要用作筛选依据的值，则可以通过【排序和筛选】组中的【选择】按钮进行快速筛选，如图 5-18 所示。可用的命令将因所选值的数据类型的不同而异。另外，字段右键菜单中也提供了这些命令，右击某个字段，在弹出的如图 5-19 所示的菜单中的进行筛选操作。

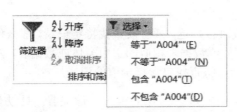

图 5-18 使用【选择】按钮进行筛选

图 5-19 使用字段右键菜单筛选

【例 5-5】 在"员工信息表"中筛选出不属于生产技术员的员工信息。 视频

(1) 启动 Access 2019，打开"公司信息数据系统"数据库，然后打开"员工信息表"数据表。

(2) 在"职务"列中，选中第一个"生产技术员"单元格。打开【开始】选项卡，在【排序和筛选】组中单击【选择】按钮 。从弹出的菜单中选择【不等于"生产技术员"】命令，如图 5-20 所示。

(3) 此时，数据表中显示所有不属于生产技术员的员工信息，如图 5-21 所示。

计算机基础与实训教材系列

图 5-20　选择筛选命令　　　　　　　图 5-21　筛选出不属于生产技术员的记录

(4) 在【排序和筛选】组中单击【高级】按钮，在弹出的菜单中选择【高级筛选/排序】命令，打开【员工信息表筛选 1】窗口。在【条件】单元格中显示条件表达式，如图 5-22 所示。

图 5-22　显示筛选条件

> **提示**
> 筛选条件"<>"生产技术员""显示在【条件】文本框中。它是"[职务]<>"生产技术员""的省略写法，含义就是要筛选出"职务"字段内容不为"生产技术员"的记录。

(5) 关闭"员工信息表"数据表并保存对表的更改。当再次打开该表并单击【切换筛选】按钮时，表中将显示此次筛选的结果。

3. 使用窗体筛选

如果想要按窗体或数据表中的若干字段进行筛选，或者要查找特定记录，那么使用窗体筛选的方法会非常有用。Access 将创建与原始窗体或数据表相似的空白窗体或数据表，然后让用户根据需要填写任意数量的字段。完成后，Access 将查找包含指定值的记录。

👉【例 5-6】在"公司订单表"中筛选出由方俊在 2021 年 5 月份签署，且没有执行完毕的订单记录。🎬视频

(1) 启动 Access 2019，打开"公司信息数据系统"数据库，然后打开"公司订单表"数据表。
(2) 在【排序和筛选】组中单击【高级】按钮，在弹出的菜单中选择【按窗体筛选】命令，打开【公司订单表：按窗体筛选】窗格，如图 5-23 所示。
(3) 在【订单日期】列表中输入表达式 "Format\$([公司订单表].[订单日期],"中日期") Like "21-05*""；在【签署人】下拉列表中选择【方俊】选项；在【是否执行完毕】列表中首先选中复选框，然后取消选中的状态，如图 5-24 所示。

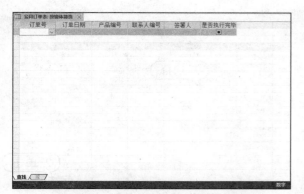

图 5-23　【公司订单表：按窗体筛选】窗格

图 5-24　设置筛选条件

提示

在设置筛选条件时，之所以要首先选中【是否执行完毕】下面的复选框，然后再取消其选中状态，是因为如果直接保持未选中状态，系统将不对其做出任何条件选择。

(4) 单击【切换筛选】按钮，此时表中显示所有符合条件的记录，如图 5-25 所示。

图 5-25　筛选出的记录

(5) 关闭 "公司订单表" 数据表，保存筛选结果。

5.2.4　数据的导入和导出

在操作数据库的过程中，经常需要将 Access 表中的数据转换成其他的文件格式，如文本文件(.txt)、Excel 文档(.xlsx)、XML 文件、PDF 文件或 XPS 文件等。Access 也可以通过导入功能，直接应用其他应用软件中的数据。

1. 数据的导出

导出操作有两个概念：一是将 Access 表中的数据转换成其他的文件格式；二是将当前表输出到 Access 的其他数据库使用。

【例 5-7】 将 "公司信息数据系统" 数据库的 "联系人" 表导出到 "联系" 数据库中。 视频

(1) 启动 Access 2019，打开 "公司信息数据系统" 数据库，然后打开 "联系人" 数据表。

(2) 打开【外部数据】选项卡，在【导出】组中单击【Access】按钮，打开【导出-Access 数据库】对话框，单击【浏览】按钮，如图 5-26 所示。

(3) 打开【保存文件】对话框，在该对话框中选择目标数据库【联系】，单击【保存】按钮，如图 5-27 所示。

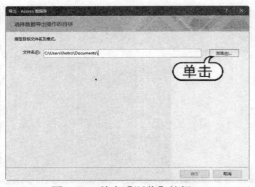

图 5-26　单击【浏览】按钮　　　　　　　　　　图 5-27　【保存文件】对话框

(4) 返回【导出-Access 数据库】对话框，然后单击【确定】按钮，打开【导出】对话框，保持对话框中的默认设置，单击【确定】按钮，如图 5-28 所示。

(5) 此时，打开【导出-Access 数据库】对话框，显示导出成功信息，单击【关闭】按钮，如图 5-29 所示。

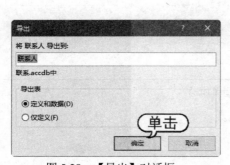

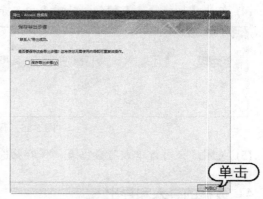

图 5-28　【导出】对话框　　　　　　　　　　图 5-29　单击【关闭】按钮

(6) 打开"联系"数据库，导航窗格显示导入的"联系人"数据表，如图 5-30 所示。

图 5-30　显示导入的数据表

计算机基础与实训教材系列

2. 数据的导入

导入是将其他表或其他格式文件中的数据应用到 Access 当前打开的数据库中。当文件导入数据库之后，系统将以表的形式将其保存。

【例 5-8】 将"工资表"Excel 文件导入"公司信息数据系统"数据库中。　视频

(1) 启动 Access 2019，打开"公司信息数据系统"数据库。

(2) 打开【外部数据】选项卡，在【导入并链接】组中单击【Excel】按钮，打开【获取外部数据-Excel 电子表格】对话框，单击【浏览】按钮，如图 5-31 所示。

(3) 在打开的【打开】对话框中，选择"工资表"Excel 文件，单击【打开】按钮，如图 5-32 所示。

图 5-31　单击【浏览】按钮

图 5-32　【打开】对话框

(4) 返回对话框，保持其他设置，单击【确定】按钮。

(5) 打开【导入数据表向导】对话框，保持选中【显示工作表】单选按钮，单击【下一步】按钮，如图 5-33 所示。

(6) 在打开的列标题设置向导对话框中，选中【第一行包含列标题】复选框，单击【下一步】按钮，如图 5-34 所示。

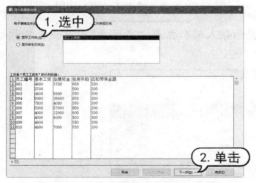
图 5-33　【导入数据表向导】对话框

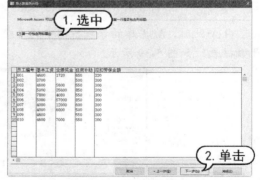
图 5-34　设置列标题

(7) 在打开的字段信息设置向导对话框中，设置字段名称为【员工编号】，数据类型为【短文本】，【索引】为【有(无重复)】，然后单击【下一步】按钮，如图 5-35 所示。

(8) 在打开的主键设置向导对话框中，选中【我自己选择主键】单选按钮，并在其右侧的下

计算机基础与实训教材系列

拉列表中选择【员工编号】选项,单击【下一步】按钮,如图 5-36 所示。

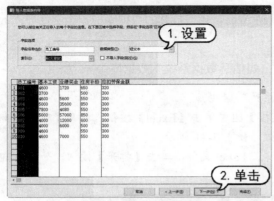

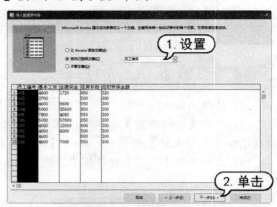

图 5-35 设置字段信息   图 5-36 设置主键

(9) 打开如图 5-37 所示的对话框,在【导入到表】文本框中输入表名称"工资表",单击【完成】按钮。

(10) 打开【获取外部数据-Excel 电子表格】对话框,显示完成导入文件信息,单击【关闭】按钮,如图 5-38 所示。

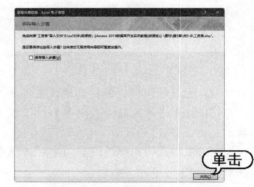

图 5-37 输入表名称并单击【完成】按钮   图 5-38 单击【关闭】按钮

(11) 此时,数据库的导航窗格中的【表】组中显示导入的数据表"工资表",双击表名称打开数据表,如图 5-39 所示。

图 5-39 打开数据表

5.3　设置表格式

在数据表视图中,用户可以根据需要对表的格式进行设置,如调整表的行高和列宽、改变字段的前后顺序、隐藏和显示字段、设置数据的字体格式和冻结列等。

5.3.1　设置表的行高和列宽

Access 2019 以默认的行高和列宽显示所有的行和列,用户可以改变行高和列宽来满足实际操作的需要。

调整行高和列宽主要有两种方法:一种是通过【开始】选项卡的【记录】组设置,另一种是直接拖动进行调整。

【例 5-9】 调整"联系人"数据表的行高和列宽。　　🎬视频

(1) 启动 Access 2019,打开"公司信息数据系统"数据库,然后打开"联系人"数据表。

(2) 选中【电子邮件地址】字段,在【开始】选项卡的【记录】组中单击【其他】按钮,在弹出的菜单中选择【字段宽度】命令,如图 5-40 所示。

(3) 打开【列宽】对话框,在【列宽】文本框中输入 30,单击【确定】按钮,如图 5-41 所示。

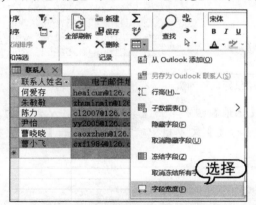

图 5-40　选择【字段宽度】命令

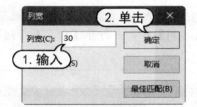

图 5-41　【列宽】对话框

(4) 此时【联系人】数据表的【电子邮件地址】字段列宽调整后的效果如图 5-42 所示。

联系人编号	联系人姓名	电子邮件地址	商务电话	移动电话
1	何爱存	heaicun@126.com	025-83415140	15912345
2	朱敏敏	zhuminmin@126.com	025-83210020	13812345
3	陈力	cl2007@126.com	025-83415141	13987654
4	尹怡	yy2005@126.com	025-83415142	13765412
5	曹晓晓	caoxzhen@126.com	025-83210023	13815418
6	曹小飞	cxf1984@126.com	025-83210024	15895895
(新建)				

图 5-42　调整列宽后的字段效果

(5) 选中【电子邮件地址】字段右侧的连续 5 列字段，打开【列宽】对话框。单击【最佳匹配】按钮，使字段的宽度达到与数据最匹配的效果，如图 5-43 所示。

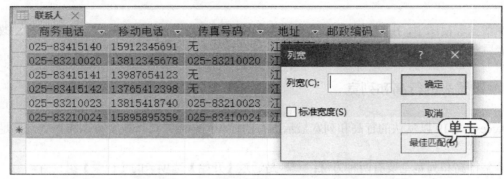

图 5-43 调整列宽为最佳匹配的效果

(6) 将鼠标指针放置在【联系人姓名】字段名称和【联系人编号】字段名称之间的边框线上，向左拖动，拖动到适当位置时释放鼠标。此时【联系人姓名】字段列宽如图 5-44 所示。

联系人编号	联系人	电子邮件地址	商务电话	移动电话
1	何爱存	heaicun@126.com	025-83415140	15912345691
2	朱敏敏	zhuminmin@126.com	025-83210020	13812345678
3	陈力	cl2007@126.com	025-83415141	13987654123
4	尹怡	yy2005@126.com	025-83415142	13765412398
5	曹晓晓	caoxzhen@126.com	025-83210023	13815418740
6	曹小飞	cxf1984@126.com	025-83210024	15895895359
(新建)				

图 5-44 使用鼠标调整列宽

(7) 选中所有记录，在【开始】选项卡的【记录】组中单击【其他】按钮，从弹出的菜单中选择【行高】命令，打开【行高】对话框，在【行高】文本框中输入 20，单击【确定】按钮，如图 5-45 所示。

图 5-45 设置数据表的行高

(8) 在快速访问工具栏中单击【保存】按钮，将所做的修改保存。

5.3.2　调整字段顺序

字段在数据表中的显示顺序是以用户输入的先后顺序决定的。在表的编辑过程中，用户可以根据需要调整字段的显示位置。在字段较多的表中，调整字段顺序可以方便用户浏览到最常用的字段信息。

例如，选中【联系人姓名】字段，拖动该字段到【联系人编号】字段的右侧，在拖动过程中将出现如图 5-46 所示的黑线，释放鼠标，此时【联系人编号】字段排列到【联系人姓名】字段的左侧，如图 5-47 所示。

图 5-46　拖动字段的过程　　　　　　　　图 5-47　拖动字段后的效果

5.3.3　隐藏和显示字段

在数据表视图中，Access 会显示数据表中的所有字段。当表中的字段较多或者数据较长时，需要单击字段滚动条才能浏览到全部字段。这时，可以将不重要的字段隐藏，当需要查看这些数据时再将它们显示出来。

首先选中字段，打开【开始】选项卡，在【记录】组中单击【其他】按钮，在弹出的菜单中选择【隐藏字段】命令，如图 5-48 所示，即可隐藏该字段。

要重新显示字段，可以在【开始】选项卡的【记录】组中单击【其他】按钮，从弹出的菜单中选择【取消隐藏字段】命令，打开【取消隐藏列】对话框。在该对话框的【列】列表框内选中已隐藏字段前面的复选框，单击【关闭】按钮，如图 5-49 所示。此时，该字段将显示在表中。

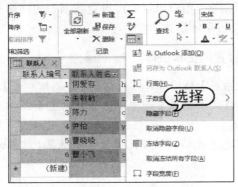

图 5-48　选择【隐藏字段】命令

图 5-49　【取消隐藏列】对话框

5.3.4 冻结和取消冻结字段

当表中的字段较多时，由于屏幕宽度的限制无法在窗口上显示所有的字段，但又想让有的字段留在窗口上，可以使用冻结功能来实现。

【例5-10】 冻结【联系人】数据表中的【联系人编号】和【联系人姓名】字段。 视频

(1) 启动 Access 2019，打开【公司信息数据系统】数据库，然后打开【联系人】数据表。

(2) 选中【联系人编号】和【联系人姓名】字段，选择【开始】选项卡。在【记录】组中，单击【其他】按钮，从弹出的下拉列表中选择【冻结字段】选项，如图5-50所示。

(3)【联系人编号】和【联系人姓名】字段将被冻结，拖动窗口下方的水平滚动条，【联系人编号】和【联系人姓名】字段始终显示在窗口中，如图5-51所示。

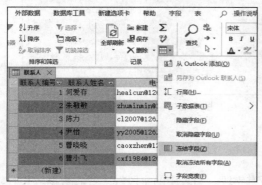

图5-50 选择【冻结字段】选项

图5-51 冻结效果

(4) 将鼠标指针插入【联系人编号】和【联系人姓名】字段中的任意单元格中。在【开始】选项卡的【记录】组中单击【其他】按钮，在弹出的下拉列表中选择【取消冻结所有字段】选项，即可取消字段的冻结效果。

5.3.5 设置网格和字体

在数据表视图中，通常会在行和列之间显示网格。用户可以通过设置数据表的网格和背景来更好地区分记录。用户同样可以为表中的数据设置字体格式。

【例5-11】 在【产品信息表】数据表中设置网格和字体。 视频

(1) 启动 Access 2019，打开【公司信息数据系统】数据库，然后打开【产品信息表】数据表。

(2) 选中第一条记录，在【开始】选项卡的【文本格式】组中单击【背景色】按钮，在弹出的菜单中选择【绿色5】选项，如图5-52所示。

(3) 此时，数据表中【产品编号】为奇数的记录单元格将被填充设置的新颜色，效果如图5-53所示。

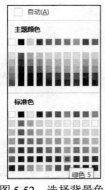

图 5-52　选择背景色

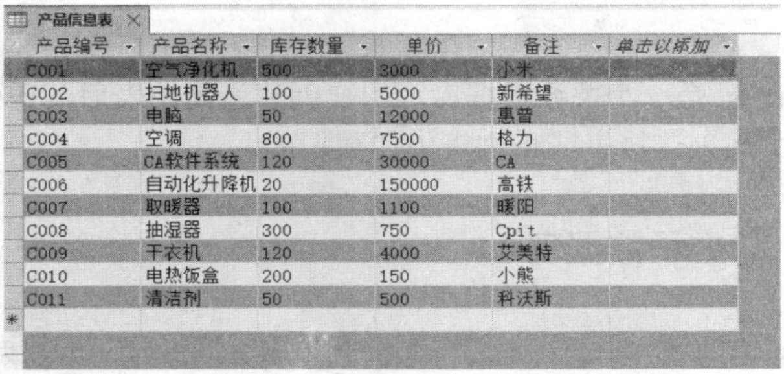

图 5-53　为单元格填充颜色

(4) 单击【文本格式】组右下方的对话框启动器按钮，打开【设置数据表格式】对话框。

(5) 在【网格线显示方式】选项区域中取消选中【水平】复选框，单击【网格线颜色】下拉按钮，在弹出的颜色面板中选择【紫色 5】选项，如图 5-54 所示。

(6) 单击【确定】按钮后，数据表效果如图 5-55 所示。

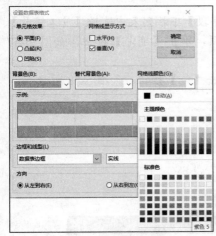

图 5-54　设置网格线属性

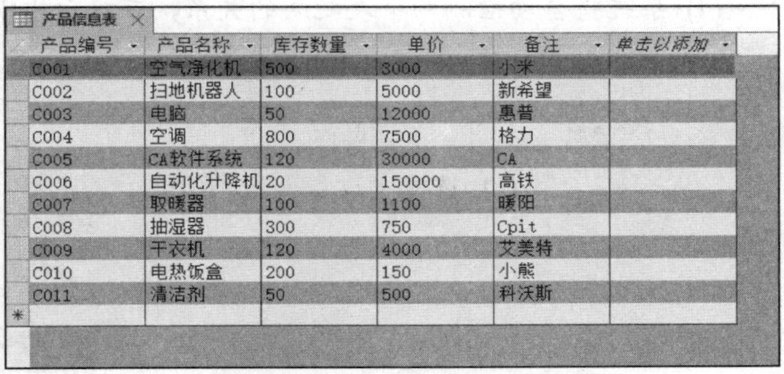

图 5-55　数据表效果

(7) 单击数据表左上角的【全选】按钮，选中所有的记录，然后在【文本格式】组中单击【字体颜色】下拉按钮，在弹出的颜色面板中选择【红色】选项，此时数据表效果如图 5-56 所示。

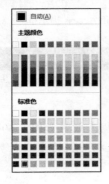

图 5-56　设置字体颜色

5.4　创建表之间的关系

Access 是一个关系数据库，用户创建所需的表后，还要建立表之间的关系。Access 就是凭借这些关系来连接表或查询表中的数据的。

5.4.1　建立子数据表

Access 2019 允许用户在数据表中插入子数据表。子数据表可以帮助用户浏览与数据源中某条记录相关的数据记录，而不是只查看数据源中的单条记录信息。

【例 5-12】　为【员工信息表】数据表添加【工资表】子数据表。　👀视频

(1) 启动 Access 2019，打开【公司信息数据系统】数据库，然后打开【员工信息表】数据表。

(2) 打开【开始】选项卡，在【记录】组中单击【其他】按钮，在弹出的菜单中选择【子数据表】|【子数据表】命令，打开【插入子数据表】对话框。

(3) 在【表】列表中选择【工资表】选项，在【链接子字段】下拉列表中选择【员工编号】选项，在【链接主字段】下拉列表中选择【员工编号】选项，单击【确定】按钮，如图 5-57 所示。

(4) 系统将自动检测两个表之间的关系，在提示框中单击【是】按钮，如图 5-58 所示。

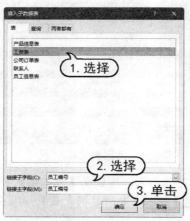

图 5-57　【插入子数据表】对话框

图 5-58　Microsoft Access 提示框

📎 **提示**

子数据表和子窗体一样，都是和另外一个对象(表和窗体)建立了主次链接关系。与子数据表相对应的就是主数据表。

(5) 自动创建表之间的关系。此时完成插入子数据表操作，数据表效果如图 5-59 所示。

(6) 单击符号+，将显示一个子数据表。该子数据表列出了与之相关联的【工资表】中的数据，如图 5-60 所示。

图 5-59　添加子数据表后的效果

图 5-60　显示的子数据表

💡 提示

子数据表创建完成后，用户可以对子数据表进行折叠和展开操作。单击【记录】组中的【其他】按钮，在弹出的菜单中选择【子数据表】|【全部展开】或【子数据表】|【全部折叠】命令即可；要删除子数据表，单击【记录】组中的【其他】按钮，在弹出的菜单中选择【子数据表】|【删除】命令即可。

5.4.2　表关系的类型

两个表之间的关系是通过一个相关联的字段建立的，在两个相关表中，起着定义相关字段取值范围作用的表称为父表，这样的字段称为主键；而另一个引用父表中相关字段的表称为子表，这样的字段称为子表的外键。根据父表和子表中关联字段间的相互关系，Access 数据表间的关系可以分为 3 种：一对一关系、一对多关系和多对多关系。

▽　一对一关系：父表中的每一条记录只能与子表中的一条记录相关联。在这种表关系中，父表和子表都必须以相关联的字段为主键。

▽　一对多关系：父表中的每一条记录可与子表中的多条记录相关联。在这种表关系中，父表必须根据相关联的字段建立主键。

▽　多对多关系：父表中的记录可与子表中的多条记录相关联，而子表中的记录也可与父表中的多条记录相关联。在这种表关系中，父表与子表之间的关联实际上是通过一个中间数据表来实现的。

5.4.3　表的索引

索引的作用就如同书的目录一样，通过它可以快速地查找所需的章节。对于一张数据表来说，建立索引就是要指定一个或多个字段，以便于按照字段中的值来检索或排序数据。

👉【例 5-13】 将【公司订单表】的【联系人编号】字段设置为索引。 🎬视频

(1) 启动 Access 2019，打开【公司信息数据系统】数据库，然后打开【公司订单表】数据表。

(2) 切换至设计视图。打开【表格工具】的【设计】选项卡，在【显示/隐藏】组中单击【索引】按钮，打开【索引：公司订单表】窗格，如图 5-61 所示。该窗格中显示主键字段，该字段

计算机基础与实训教材系列

默认为索引。

(3) 在【索引名称】列中输入"联系人编号",在【字段名称】下拉列表中选择【联系人编号】选项,如图 5-62 所示。

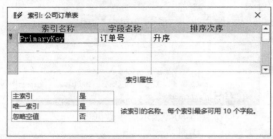

图 5-61 【索引:公司订单表】窗格

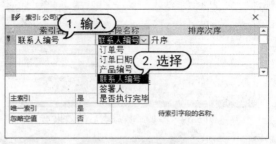

图 5-62 在窗格中设置索引

(4) 保存设置的索引后,切换到数据表视图。此时,数据表按照【索引:公司订单表】窗格中设置的索引和排序方式重新排列,如图 5-63 所示。

图 5-63 重新排列的数据表

> **提示**
> 在 Access 中不能为备注、超链接或者 OLE 对象等数据类型的字段设置索引功能。

5.4.4 创建表关系

在表之间创建关系,可以确保 Access 将某一表中的改动反映到相关联的表中。一个表可以和多个其他表相关联,而不是只能与另一个表组成关系。

【例 5-14】 在【公司信息数据系统】数据库中的 5 个数据表之间建立关系。 📹视频

(1) 启动 Access 2019,打开【公司信息数据系统】数据库。

(2) 打开【数据库工具】选项卡,在【关系】组中单击【关系】按钮,打开【关系】窗口,如图 5-64 所示。

(3) 在【关系】组中单击【添加表】按钮,打开【添加表】窗格。选中数据库中的 5 个数据表,单击【添加所选表】按钮,如图 5-65 所示。

图 5-64　【关系】窗口

图 5-65　【添加表】窗格

(4) 单击【关闭】按钮，关闭【添加表】窗格。返回【关系】窗口，显示添加的 5 个数据表，效果如图 5-66 所示。

(5) 在【公司订单表】中拖动【产品编号】字段到【产品信息表】的【产品编号】字段上，释放鼠标。此时，打开【编辑关系】对话框，单击【创建】按钮，如图 5-67 所示。

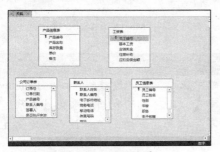

图 5-66　显示关系

图 5-67　【编辑关系】对话框

(6) 系统完成创建【公司订单表】和【产品信息表】中字段关系的过程，创建的结果如图 5-68 所示。

(7) 使用同样的方法，将【公司订单表】的【签署人】字段拖动到【员工信息表】的【员工姓名】字段上，创建关系后的效果如图 5-69 所示。

图 5-68　显示两表间的关系

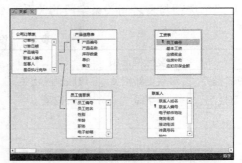

图 5-69　建立【签署人】与【员工姓名】字段的关系

提示

要建立两表之间的关系，必须通过两表的共同字段来创建。共同字段是指两表都拥有的字段，它们的字段名称不一定相同，只要字段的类型和内容一致，就可以正确地创建关系。

(8) 将【公司订单表】的【联系人编号】字段拖动到【联系人】的【联系人编号】字段上。将【员工信息表】的【员工编号】字段拖动到【工资表】的【员工编号】字段上。创建关系后的效果如图 5-70 所示。

(9) 在【关系】窗口中关闭【关闭】按钮，打开如图 5-71 所示的提示框。单击【是】按钮，保存创建的表关系。

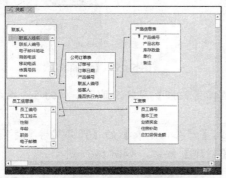

图 5-70　5 个表之间的关系

图 5-71　Microsoft Access 提示框

提示

本例创建的表关系为永久性关系。在【关系】窗口中选中关系的连接线，按下 Delete 键或右击选中的连接线，在弹出的快捷菜单中选择【删除】命令，即可删除表间的永久性关系。在【关系】窗口中，只要一个表的关系字段为【主键】，则不管拖动的方向如何，该表必定为主表。

5.4.5　设置参照完整性

参照完整性是一种系统规则，Access 可以用它来确保关系表中的记录是有效的，并且确保用户不会在无意间删除或改变重要的相关数据。

参照完整性的设置，可以通过【编辑关系】对话框中的 3 个复选框组来实现。表 5-1 说明了设置复选框选项与表之间关系字段的关系。

表 5-1　设置参照完整性

复选框选项			关系字段的数据关系
实施参照完整性	级联更新相关字段	级联删除相关记录	
√			两表中关系字段的内容都不允许更改或删除
√	√		当更改主表中关系字段的内容时，子表的关系字段会自动更改。但仍然拒绝直接更改子表的关系字段内容
√		√	当删除主表中关系字段的内容时，子表的相关记录会一起被删除。但直接删除子表中的记录时，主表不受其影响
√	√	√	当更改或删除主表中关系字段的内容时，子表的关系字段会自动更改或删除

【例 5-15】 选中【实施参照完整性】复选框和【级联更新相关字段】复选框，修改【产品信息表】和【公司订单表】中关键字段的内容，观察两个表的变化。 📹视频

(1) 启动 Access 2019，打开【公司信息数据系统】数据库。

(2) 打开【数据库工具】选项卡，在【关系】组中单击【关系】按钮，打开【关系】窗口。

(3) 选中【产品信息表】和【公司订单表】之间的关系连接线，右击，在弹出的快捷菜单中选择【编辑关系】命令，如图 5-72 所示。

(4) 打开【编辑关系】对话框，选中【实施参照完整性】复选框，单击【确定】按钮，如图 5-73 所示。

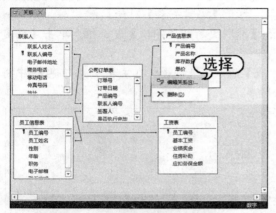

图 5-72 选择【编辑关系】命令

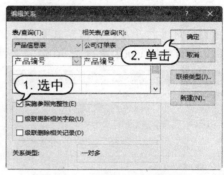

图 5-73 【编辑关系】对话框

(5) 此时，连接线上出现一对多关系的标志(只有当表遵循参照完整性时，才会出现 ∞ 符号和 1)，如图 5-74 所示。

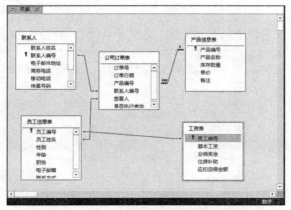

图 5-74 显示表之间的一对多关系

(6) 关闭【关系】窗口，同时打开【产品信息表】和【公司订单表】的数据表视图。

(7) 在主表(产品信息表)中删除产品编号为 C001 的数据。此时，系统将打开如图 5-75 所示的提示框，提醒用户不能删除该记录，单击【确定】按钮。

(8) 在子表(公司订单表)中将产品编号为 C001 的数据更改为 C0010。此时，系统同样将打开提示框，提醒用户不能更改该记录，如图 5-76 所示。

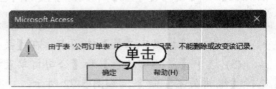

图 5-75　删除数据后的提示信息　　　　　　图 5-76　更改信息后的提示信息

(9) 重新打开【关系】窗口，选中【产品信息表】和【公司订单表】之间的关系连接线，右击，在弹出的快捷菜单中选择【编辑关系】命令，打开【编辑关系】对话框。

(10) 同时选中【实施参照完整性】复选框和【级联更新相关字段】复选框，单击【确定】按钮，如图 5-77 所示。

(11) 同时打开【产品信息表】和【公司订单表】的数据表视图。在主表(产品信息表)中将关系字段中的数据 C001 更改为 A001，如图 5-78 所示。

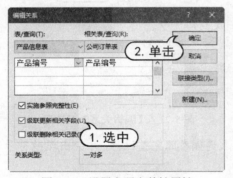

图 5-77　设置参照完整性属性　　　　　　图 5-78　在主表中更改数据

(12) 此时，子表关系字段中的数据 C001 更改为 A001，如图 5-79 所示。

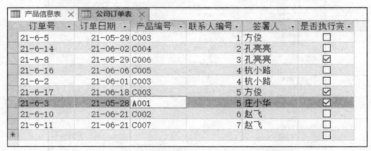

图 5-79　子表数据跟随主表数据更改

(13) 切换至主表中，按下 Ctrl+Z 组合键，撤销对数据表的更改。

5.5　实例演练

本章的实例演练为在【仓库管理系统】数据库中创建表关系这个综合实例，用户通过练习从而巩固本章所学知识。

【例 5-16】　在【仓库管理系统】数据库中创建表关系。⊙视频

(1) 启动 Access 2019，打开【仓库管理系统】数据库。

(2) 打开【数据库工具】选项卡，在【关系】组中单击【关系】按钮，打开【关系】窗口，如图 5-80 所示。

(3) 在【关系】组中，单击【添加表】按钮，打开【添加表】窗格。选中所有表，单击【添加所选表】按钮，如图 5-81 所示。

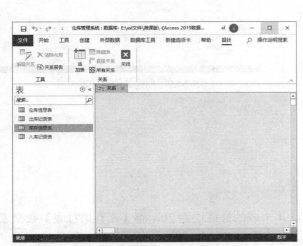

图 5-80　打开【关系】窗口

图 5-81　【添加表】窗格

(4) 将表添加到【关系】窗口中，然后关闭【添加表】窗格。此时，【关系】窗口效果如图 5-82 所示。

(5) 将【出库记录表】中的【商品编号】字段拖动至【库存信息表】中的【商品编号】字段上，打开【编辑关系】对话框，选中【实施参照完整性】【级联更新相关字段】和【级联删除相关记录】复选框，然后单击【创建】按钮，如图 5-83 所示。

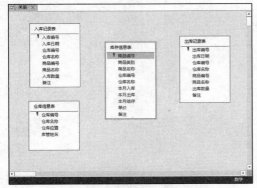

图 5-82　显示表

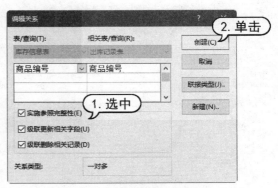

图 5-83　【编辑关系】对话框

(6) 此时，将创建【库存信息表】和【出库记录表】之间的一对多关系，如图 5-84 所示。

(7) 重复以上操作，创建其他表的表关系，效果如图 5-85 所示。

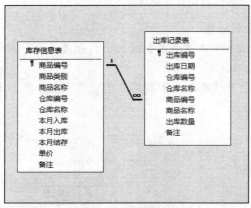

图 5-84　创建表关系

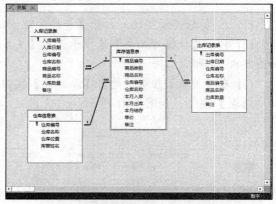

图 5-85　创建其他表的表关系

5.6　习题

1. 如何查找和替换数据？

2. 如何冻结字段？

3. 打开【仓库管理系统】数据库，设置 4 个表的行高均为 20。将【库存信息表】数据表中的【商品名称】字段移到【商品类别】字段前。

第6章

创建查询

查询是 Access 数据库的重要对象。运用查询用户可以从按主题划分的数据表中检索出需要的数据，并以数据表的形式显示出来。表和查询的这种关系，构成了关系数据库的工作方式。本章主要介绍查询的创建方法和使用技巧。

➡ 本章重点

- ◎ 创建选择查询
- ◎ 创建参数查询

- ◎ 创建交叉表查询
- ◎ 创建操作查询

➡ 二维码教学视频

【例 6-1】使用简单查询向导
【例 6-2】使用查询设计视图
【例 6-3】使用查找重复项查询向导
【例 6-4】查找不匹配项查询向导
【例 6-5】查询中使用计算
【例 6-6】创建交叉表查询

【例 6-7】创建参数查询
【例 6-8】创建生成表查询
【例 6-9】创建追加查询
【例 6-10】创建更新查询
【例 6-11】创建删除查询
本章其他视频参见视频二维码列表

6.1 查询的概述

查询作为 Access 数据库中的一个重要对象，可以让用户根据指定条件对数据库进行检索，筛选出符合条件的记录，构成一个新的数据集合。从而方便用户对数据库进行查看和分析。

6.1.1 查询的功能

使用查询可以按照不同的方式查看、更改和分析数据，同时也可以将查询作为窗体、报表和数据访问页的记录源。查询包括以下基本功能。

▽ 选择要查询的基本表或查询(一个或多个)。

▽ 选择想要在结果集中见到的字段。

▽ 使用准则来限制结果集中要出现的记录。

▽ 对结果集中的记录进行统计(求和、总计等)。

▽ 将结果集汇集成一个新的基本表。

▽ 将结果作为数据源创建窗体和报表。

▽ 根据结果建立图表，得到直观的图像信息。

▽ 在结果集中进行新的查询。

▽ 查找不符合指定条件的记录。

▽ 建立交叉表形式的结果集。

▽ 在其他数据库软件包生成的基本表中进行查询。

▽ 批量地在数据表中添加、删除或修改数据。

从某种意义上说，能够进行查询是使用数据库管理系统来管理大量数据区别于用电子表格 Excel 管理数据最显著的特点。

6.1.2 查询的类型

根据对数据源的操作方式以及查询结果，Access 2019 提供的查询可以分为 5 种类型，分别是选择查询、交叉表查询、参数查询、操作查询和 SQL 查询。

1. 选择查询

选择查询是最常用的查询类型，它能够根据用户所指定的查询条件，从一个或多个数据表中获取数据并显示结果；还可以利用查询条件对记录进行分组，并进行总计、计数和求平均值等运算。选择查询产生的结果是一个动态记录集，不会改变数据表中的数据。

2. 交叉表查询

交叉表查询可以计算并重新组织数据表的结构，还可以方便地分析数据。交叉表查询将源数据或查询中的数据分组，一组在数据表的左侧，另一组在数据表的上部。数据表内行与列的交叉单元格处显示表中数据的某个统计值。

3. 参数查询

参数查询为用户提供了更加灵活的查询方式，通过参数来设计查询准则。在执行查询时，会出现一个已经设计好的对话框，由用户输入查询条件并根据此条件返回查询结果。

4. 操作查询

操作查询是指在查询中对源数据表进行操作，可以对表中的记录进行追加、修改、删除和更新。操作查询包括删除查询、更新查询、追加查询和生成表查询。

- ▽ 删除查询：可以从一个或多个表中删除一组记录。使用删除查询时，通常会删除整个记录，而不只是记录中所选择的字段。
- ▽ 更新查询：可以对一个或多个表中的一组记录做全局的更改。使用更新查询时，可以更改已有表中的数据。
- ▽ 追加查询：将一个或多个表中的一组记录添加到一个或多个表的末尾。
- ▽ 生成表查询：可以根据一个或多个表中的全部或部分数据新建表，生成表查询有助于创建表以导出到其他 Microsoft Access 数据库或包含所有旧记录的历史表。

5. SQL 查询

SQL 查询是指使用结构化查询语言 SQL 创建的查询。在 Access 中，用户可以使用查询设计器创建查询，在查询创建完成后系统会自动产生一个对应的 SQL 语句。除此之外，用户还可以使用 SQL 语句创建查询，实现数据的查询和更新操作。

某些 SQL 查询，称为 SQL 特定查询，即 SQL 特有的查询，该类查询由 SQL 语句组成。传递查询、数据定义查询和联合查询都是 SQL 特有的查询。

- ▽ 传递查询：用于直接向 ODBC 数据库服务器发送命令。通过使用传递查询，可以直接使用服务器上的表，而不用让 Microsoft Jet 数据库引擎处理数据。
- ▽ 数据定义查询：包含数据定义语言(DDL)语句的 SQL 特有查询，这些语句可用来创建或更改 Access、SQL 服务器或其他服务器数据库中的对象。
- ▽ 联合查询：可将来自一个或多个表或查询的字段(列)组合为查询结果中的一个查询。

6.1.3　查询的视图

查询共有 5 种视图，分别是设计视图、数据表视图、SQL 视图、数据透视表视图和数据透视图视图。

1. 设计视图

设计视图就是查询设计器视图，通过设计视图可以创建各种类型的查询。

2. 数据表视图

数据表视图是查询的数据浏览器，用于浏览查询的结果。数据表视图可被看成虚拟表，它并不代表任何的物理数据，只是用来查看数据的视窗而已。

3. SQL 视图

SQL 视图是用于查看和编辑 SQL 语句的窗口。

4. 数据透视表视图和数据透视图视图

在数据透视表视图和数据透视图视图中，用户可以根据需要生成数据透视表和数据透视图，从而对数据进行分析，得到直观的分析结果。

6.2 创建选择查询

选择查询是最常见的一类查询，很多数据库查询功能均可以用它来实现。"选择查询"就是从一个或多个有关系的表中将满足要求的数据选择出来，并把这些数据显示在新的查询数据表中。而其他的方法，如"交叉表查询""参数查询"和"操作查询"等，都是"选择查询"的扩展。

6.2.1 使用简单查询向导创建查询

借助【简单查询向导】可以从一个表、多个表或已有查询中选择要显示的字段，也可对数值型字段的值进行简单汇总计算。如果查询中的字段来自多个表，应确保这些表之间已经建立了关系。简单查询的功能有限，不能指定查询条件或查询的排序方式，但它是学习建立查询的基本方法。因此，使用【简单查询向导】创建查询，用户可以在向导的指示下选择表和表中的字段，快速、准确地建立查询。

【例 6-1】 使用【简单查询向导】查询【公司信息数据系统】数据库中的员工姓名，以及对应的工资记录。 视频

(1) 启动 Access 2019，打开【公司信息数据系统】数据库。

(2) 打开【创建】选项卡，在【查询】组中单击【查询向导】按钮，打开【新建查询】对话框。

(3) 选择【简单查询向导】选项，单击【确定】按钮，如图 6-1 所示。

(4) 打开【简单查询向导】对话框，在【表/查询】下拉列表中选择【表：员工信息表】选项，在【可用字段】列表框中选择【员工姓名】选项，单击 按钮，将其添加到【选定字段】列表框中，如图 6-2 所示。

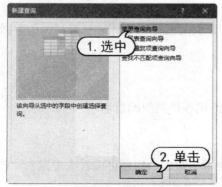

图 6-1 【新建查询】对话框

图 6-2 在向导中添加字段

(5) 在【表/查询】下拉列表中选择【表：工资表】选项。在【可用字段】列表框中依次选择
【员工编号】和【基本工资】字段，单击 按钮，将其添加到【选定字段】列表框中。单击【下
一步】按钮，如图 6-3 所示。

(6) 打开如图 6-4 所示的对话框，选中【明细(显示每个记录的每个字段)】单选按钮，然后
单击【下一步】按钮。

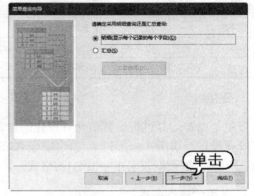

图 6-3　添加另一张表中的字段　　　　　　　　　图 6-4　确定采用明细查询

(7) 打开如图 6-5 所示的对话框，在【请为查询指定标题】文本框中输入文字"工资向导查
询"，单击【完成】按钮。

(8) 完成查询设计，自动打开查询结果窗口，效果如图 6-6 所示。

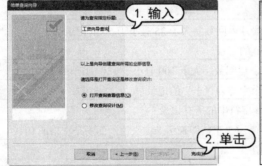

工资向导查询	✕	
员工姓名 ▾	员工编号 ▾	基本工资 ▾
王中军	001	4600
曹莉莉	002	3700
李祥	003	4600
庄小华	004	5000
孔亮亮	005	7800
高兴	006	5000
陈潇潇	007	4000
赵飞	008	4000
熊磊	009	4600
杭小路	010	4600
*		

图 6-5　设置查询标题　　　　　　　　　　图 6-6　显示查询结果

6.2.2　使用查询设计视图创建查询

对于简单的查询，使用向导比较方便，但是对于有条件的查询，则无法使用向导来创建，而
是需要在查询设计视图中创建。

通过在查询设计视图中设置条件可以实现条件查询，查询条件是通过输入表达式来表示的。

表达式是由操作数和运算符构成的可计算的式子。其中，操作数可以是常量、变量、函数，
甚至可以是另一个表达式(子表达式)；运算符是表示进行某种运算的符号，包括算术运算符、关
系运算符、逻辑运算符、连接运算符、特殊运算符等。表达式具有唯一的运算结果。

1. 常量

常量代表不会发生更改的值。按其类型的不同，有不同的表示方法，如表 6-1 所示。

表 6-1　常量的表示方法

类　　型	表　示　方　法	示　　例
数字型	直接输入数据	123，-4，56.7
日期时间型	以"#"为定界符	#2020-9-18#
文本型	以半角的单引号或双引号作为定界符	"Hello Word"
是/否型	用系统定义的符号表示	True,False,或 Yes,No,或 On,Off,或-1,0

2. 变量

变量是指在运算过程中其值允许变化的量。在查询的条件表达式中使用变量就是通过字段名对字段变量进行引用，一般需要使用[字段名]的格式，如[姓名]。如果需要指明该字段所属的数据源，则要写成[数据表名]![字段名]的格式。其他类型变量及其引用参见 VBA 编程部分的内容。

3. 常用的查询条件

查询条件类似于一种公式，它是由引用的字段、运算符和常量组成的字符串。在 Access 2019 中，查询条件也称为表达式。表 6-2 列举了常用查询条件的例子。

表 6-2　常用的查询条件

条　　件	说　　明
>25 And <50	此条件适用于数字字段，返回数字大于 25 且小于 50 的记录
100 Or 150	返回数字为 100 或 150 的记录
Between 100 And 150	等于">100 And <150"，返回数字大于 100 且小于 150 的记录
Like "李*"	查询对应字段中第一个字符为"李"的记录
Not " China"	返回字段不包含 China 字符串的所有记录
Is Null	判断字段是否为"空值"（"空值"表示未定义值，而不是空格或 0）
Is Not Null	判断字段是否"非空值"
>#2/28/2021#	返回所有日期字段值在 2021 年 2 月 28 日以后的记录
<=150	返回对应的数字型字段值小于或等于 150 的记录
Date()	返回对应的日期字段值为今天的记录

【例 6-2】　使用查询设计视图创建查询，查询【产品信息表】中【产品编号】【产品名称】和【库存数量】这 3 个字段的记录，然后查询【产品编号】为 C002、C003、C005 和 C006 的记录。 视频

(1) 启动 Access 2019，打开【公司信息数据系统】数据库。

(2) 打开【创建】选项卡，在【查询】组中单击【查询设计】按钮，打开如图 6-7 所示的查询设计视图窗口和【添加表】窗格和【属性表】窗格。

(3) 在【添加表】窗格中选择【产品信息表】选项，单击【添加所选表】按钮，如图6-8所示。

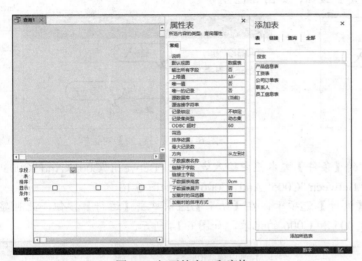

图6-7　打开的窗口和窗格

图6-8　【添加表】窗格

(4) 关闭【添加表】窗格，显示查询设计视图窗口，在【产品信息表】列表中拖动【产品编号】字段到下方的【字段】文本框中，添加查询字段，如图6-9所示。

(5) 在【产品信息表】列表中双击【产品名称】字段，将其添加到字段文本框中。

(6) 在【字段】下拉列表中选择【库存数量】选项，将其添加到字段文本框中，如图6-10所示。

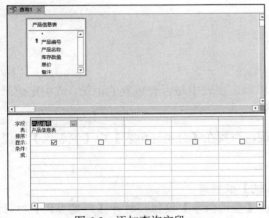

图6-9　添加查询字段

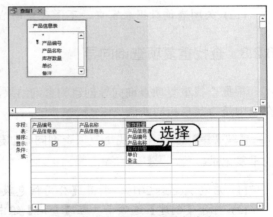

图6-10　使用下拉列表选择字段

> **提示**
>
> 如果要将表中的所有字段添加到下方的【字段】文本框中，可以双击表的标题栏，选中表的全部字段，然后进行拖动即可。

计算机基础与实训教材系列

(7) 打开【查询工具】的【设计】选项卡，在【显示/隐藏】组中单击【属性表】按钮，此时打开【属性表】窗格。

(8) 在【说明】文本框中输入字段名称"库存数量"，如图6-11所示。

(9) 按Ctrl+S快捷键，打开【另存为】对话框。在【查询名称】文本框中输入查询名称"产品信息表-字段查询"，单击【确定】按钮，如图6-12所示。

图6-11　输入字段名称

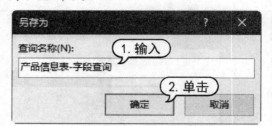

图6-12　【另存为】对话框

(10) 在【产品编号】列下方的【条件】文本框中输入表达式"Between "C002" And "C003""，在【或】文本框中输入表达式"Between "C005" And "C006""，如图6-13所示。

(11) 打开【查询工具】的【设计】选项卡，在【结果】组中单击【运行】按钮，此时显示【产品编号】为C002、C003、C005和C006的记录，如图6-14所示。

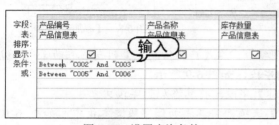

图6-13　设置查询条件

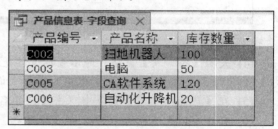

图6-14　显示查询结果

(12) 关闭查询数据表窗口，不保存查询结果。

6.2.3　查找重复项查询向导

根据查找重复项查询向导创建的查询结果，可以确定在表中是否有重复的记录，或确定记录在表中是否共享相同的值。

【例6-3】　使用查找重复项查询向导创建查询，查找在【公司订单表】中【签署人】字段的重复记录。 📹视频

(1) 启动Access 2019，打开【公司信息数据系统】数据库。

(2) 打开【创建】选项卡，在【查询】组中单击【查询向导】按钮，打开【新建查询】对话框，选择【查找重复项查询向导】选项，单击【确定】按钮，如图6-15所示。

(3) 打开【查找重复项查询向导】对话框，在【表】列表中选择【表：公司订单表】选项，单击【下一步】按钮，如图6-16所示。

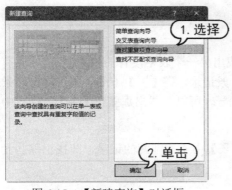

图 6-15 【新建查询】对话框

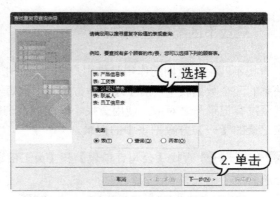

图 6-16 【查找重复项查询向导】对话框

(4) 在打开的对话框的【可用字段】列表中选择【签署人】选项,单击 ﹥ 按钮,将其添加到【重复值字段】列表中,单击【下一步】按钮,如图 6-17 所示。

(5) 打开如图 6-18 所示的对话框。该对话框用于添加其他需要显示的字段,这里不做任何设置,单击【下一步】按钮。

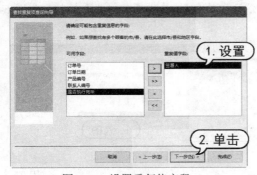

图 6-17 设置重复值字段

图 6-18 单击【下一步】按钮

(6) 在打开的对话框的【请指定查询的名称】文本框中输入"查找公司订单表的重复项",单击【完成】按钮,如图 6-19 所示。

(7) 此时自动显示如图 6-20 所示的查询结果(【NumberOfDups】字段显示的是相同数据在同一表中共出现的次数)。

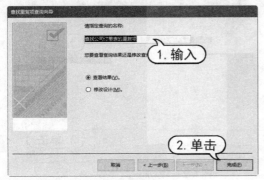

图 6-19 设置查询名称

图 6-20 显示查询重复项的结果

6.2.4 查找不匹配项查询向导

查找不匹配项查询的作用是供用户在一个表中找出另一个表中没有的相关记录。在具有一对多关系的两个数据表中，对于【一】方的表中的每一条记录，在【多】方的表中可能有一条或多条甚至没有记录与之对应。使用查找不匹配项查询向导，可以查找出那些在【多】方的表中没有对应记录的【一】方数据表中的记录。

【例 6-4】 查找【公司订单表】和【员工信息表】中不相匹配的记录，即找出那些没有签署订单的员工记录。 视频

(1) 启动 Access 2019，打开【公司信息数据系统】数据库。

(2) 打开【创建】选项卡，在【查询】组中单击【查询向导】按钮，打开【新建查询】对话框，选择【查找不匹配项查询向导】选项，单击【确定】按钮。

(3) 在打开的【查找不匹配项查询向导】对话框的列表中选择【表：员工信息表】选项，单击【下一步】按钮，如图 6-21 所示。

(4) 在打开的对话框中选择参与查询的【表：公司订单表】，单击【下一步】按钮，如图 6-22 所示。

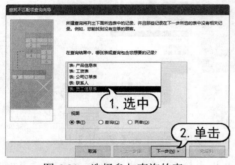

图 6-21 选择参与查询的表

图 6-22 选择表

(5) 打开如图 6-63 所示的对话框，设置匹配字段，保持默认设置，单击【下一步】按钮。

(6) 在打开的对话框中添加选定字段，单击【下一步】按钮，如图 6-64 所示。

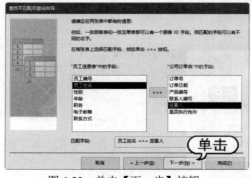

图 6-23 单击【下一步】按钮

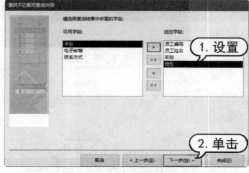

图 6-24 添加选定字段

(7) 在打开的对话框的【请指定查询名称】文本框中输入"员工信息表与公司订单表不匹配

项"，如图 6-25 所示。

(8) 单击【完成】按钮，此时显示如图 6-26 所示的查询结果。

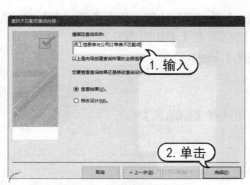

图 6-25 设置查询的标题

员工编号	员工姓名	职务	性别
001	王中军	销售人员	男
002	曹莉莉	会计	女
003	李祥	生产技术员	男
006	高兴	策划设计员	女
007	陈潇潇	生产质检员	女
009	熊磊	电工	男
011	王磊	销售人员	男
012	许西元	生产技术员	男
013	何俊杰	销售人员	男
014	王刚	生产技术员	男
015	刘晓燕	生产技术员	女
016	马长文	销售人员	男
017	刘志平	生产技术员	男
018	王浩	销售人员	男

图 6-26 显示查询结果

6.2.5 运行和编辑查询

查询创建完成后，将保存在数据库中。运行查询后才能看到查询结果。在设计视图中打开要修改的查询可以进行修改操作。

1. 运行查询

运行查询的方法有以下几种：

▽ 在【查询工具】的【设计】选项卡的【结果】组中单击【运行】按钮。

▽ 在导航窗格中双击要运行的查询。

▽ 在导航窗格中右击要运行的查询，在弹出的快捷菜单中选择【打开】命令。

▽ 在查询设计视图窗口中右击标题栏，在弹出的快捷菜单中选择【数据表视图】命令。

2. 编辑查询中的字段

无论是利用向导创建的查询，还是利用设计视图建立的查询，建立后均可以对查询进行编辑修改。在设计视图中打开要修改的查询，可以进行添加字段、删除字段、移动字段和重命名查询字段操作，具体操作步骤如下：

▽ 添加字段：从字段表中选定一个或多个字段，并将其拖曳到查询定义窗口的相应列中。若需要的字段列表不在查询中，可以先添加一个包含该字段列表的表或查询。

▽ 删除字段：单击列选定器选定相应的字段，然后按 Delete 键。

▽ 移动字段：先选定要移动的列，可以单击列选定器来选择一列，也可以通过相应的列选定器来选定相邻的数列，然后将字段拖曳到新的位置。

▽ 重命名查询字段：若希望在查询结果中使用用户自定义的字段名称替代表中的字段名称，可以对查询字段进行重命名。将光标移动到查询定义窗口中需要重命名的字段左边，输入新名称后输入英文冒号(:)即可。

3. 编辑查询中的数据源

(1) 添加表或查询。操作步骤如下：

① 在【设计视图】中打开要修改的查询。

② 在【设计】选项卡的【查询设置】组中，单击【添加表】按钮，弹出【添加表】对话框。

③ 在相应的选项卡中单击要加入的表或查询，然后单击【添加所选表】按钮。

④ 选择完所有要添加的表或查询后，单击【关闭】按钮。

(2) 移除表或查询。操作步骤如下：

① 在【设计视图】中打开要修改的查询；

② 右击要移除的表或查询，在弹出的快捷菜单中选择【删除表】命令。

6.2.6 在查询中进行计算

Access 常见的运算符包括算术、比较、逻辑、连接、引用和日期/时间这 6 类。在查询中使用运算符，可以帮助用户查询到相关的准确信息。

【例 6-5】 使用【工资表】查询每个员工的应缴税金(基本工资*0.05)，并查询每个员工的实际收入，使查询结果显示实际收入在 6 000~20 000 元的记录。

(1) 启动 Access 2019，打开【公司信息数据系统】数据库。

(2) 打开【创建】选项卡，在【查询】组中单击【查询设计】按钮，打开查询设计视图窗口和【添加表】对话框，选择【工资表】选项，单击【添加所选表】按钮，如图 6-27 所示。

(3) 在查询设计视图窗口中添加【工资表】，然后将【工资表】列表框中的【员工编号】字段添加到【字段】文本框中，如图 6-28 所示。

图 6-27 添加表

图 6-28 添加字段

(4) 在第 2 和第 3 个字段文本框中分别输入表达式 "应缴税金: [基本工资]*0.05" 和 "实际收入: [基本工资]+[业绩奖金]+[住房补助]-[应扣劳保金额]-[基本工资]*0.05"。

(5) 在第 3 个字段的【条件】文本框中输入条件 ">6000 And <20000"，如图 6-29 所示。

(6) 打开【查询工具】的【设计】选项卡，在【结果】组中单击【运行】按钮，此时显示查询结果，如图 6-30 所示。

字段	员工编号	应缴税金：[基本工资	实际收入：[基本工资
表:	工资表		
排序:			
显示:	☑	☑	☑
条件:			>6000 And <20000
或:			

图 6-29　输入表达式和条件

查询1		
员工编号 ▾	应缴税金 ▾	实际收入 ▾
001	230	6420
003	230	10220
005	390	11740
007	200	16100
008	200	10000
010	230	11620
*		

图 6-30　显示的查询结果

(7) 在快速访问工具栏中单击【保存】按钮，将该查询以文件名"工资查询"进行保存。

6.3　创建交叉表查询

交叉表查询通常以一个字段作为表的行标题，以另一个字段的取值作为列标题，在行和列的交叉点单元格处获得数据的汇总信息，以达到统计数据的目的。交叉表查询既可以通过交叉表查询向导来创建，也可以在设计视图中创建。

【例 6-6】 使用交叉表查询向导创建查询。 🎬 视频

(1) 启动 Access 2019，打开【公司信息数据系统】数据库。

(2) 打开【创建】选项卡，在【查询】组中单击【查询向导】按钮，打开【新建查询】对话框，选择【交叉表查询向导】选项，单击【确定】按钮，如图 6-31 所示。

(3) 在打开的【交叉表查询向导】对话框中的【视图】选项区域中选中【查询】单选按钮。在列表框中选择【查询：工资向导查询】选项，单击【下一步】按钮，如图 6-32 所示。

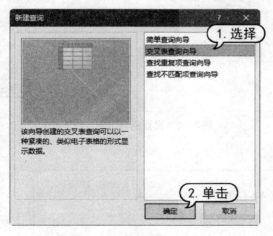

图 6-31　【新建查询】对话框

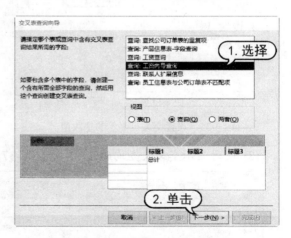

图 6-32　【交叉表查询向导】对话框

(4) 打开如图 6-33 所示的对话框，在【可用字段】列表中选中【员工编号】字段，单击 `>` 按钮，将它添加到【选定字段】列表中。单击【下一步】按钮。

(5) 打开用于设置列标题的对话框，选择【员工姓名】字段，单击【下一步】按钮，如图 6-34 所示。

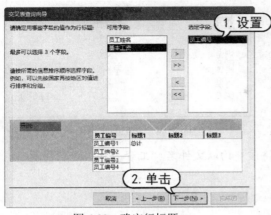
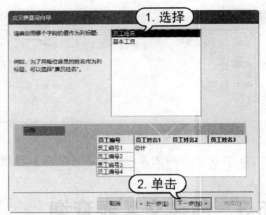

图 6-33　确定行标题　　　　　　　　　　　　　　图 6-34　设置列标题

(6) 打开设置行列交叉点显示字段的对话框，在【字段】列表中选择【基本工资】选项，在【函数】列表中选择【最后】选项，并取消选中【是，包括各行小计】复选框，单击【下一步】按钮，如图 6-35 所示。

(7) 打开的对话框用于设置查询的名称。在【请指定查询的名称】文本框中输入文字"交叉表查询"，单击【完成】按钮，如图 6-36 所示。

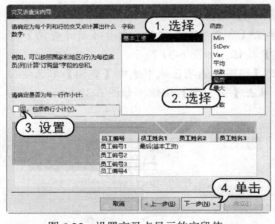
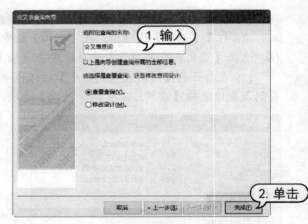

图 6-35　设置交叉点显示的字段值　　　　　　　　图 6-36　设置查询名称

(8) 此时显示交叉表查询的结果，如图 6-37 所示。

员工编号	曹莉莉	陈潇潇	高兴	杭小路	孔亮亮	李祥	王中军	熊磊	赵飞	庄小华
001							4600			
002	3700									
003						4600				
004										5000
005					7800					
006			5000							
007		4000								
008									4000	
009								4600		
010				4600						

图 6-37　交叉表查询结果

提示

在图 6-36 所示的对话框中，当选中【修改设计】单选按钮后再单击【完成】按钮，则将打开如图 6-38 所示的交叉表查询设计视图窗口，该视图窗口出现【总计】和【交叉表】属性。

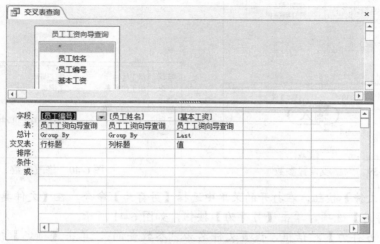

图 6-38　交叉表查询设计视图窗口

提示

如果要直接在视图窗口中创建交叉表查询，可以在设计视图窗口中添加数据源后，在【查询工具】的【设计】选项卡的【查询类型】组中单击【交叉表】按钮。

6.4　创建参数查询

参数查询是一种动态查询，可以在每次运行查询时输入不同的条件值，系统根据给定的参数值确定查询结果。这种查询完全由用户控制，能在一定程度上适应应用的变化需求，提高查询效率。用户可以创建一个参数提示的单参数查询，也可以创建多个参数提示的多参数查询。

【例 6-7】　创建参数查询。　　视频

(1) 启动 Access 2019，打开【公司信息数据系统】数据库。

(2) 在导航窗格中右击【工资向导查询】选项，在弹出的快捷菜单中选择【设计视图】命令，打开查询设计视图窗口。

(3) 在【员工编号】字段的【条件】文本框中输入参数 "[code]"，如图 6-39 所示。

(4) 将参数[code]修改为 "[请输入 001-010 中任意一个员工编号:]"，如图 6-40 所示。

提示

[code]是参数，用户可以任意命名，中英文皆可。接下来重新设置参数，使该参数具有提示信息。

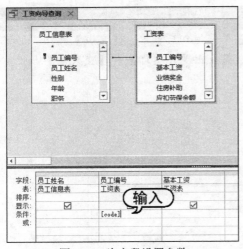

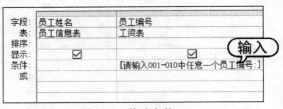

图 6-39　为字段设置参数　　　　　　　　图 6-40　修改参数

(5) 单击【文件】按钮，在打开的菜单中选择【另存为】命令，在【文件类型】选项区域中选择【对象另存为】选项，单击【另存为】按钮，如图 6-41 所示。

(6) 打开【另存为】对话框，设置文件名为"参数查询"，单击【确定】按钮，如图 6-42 所示。

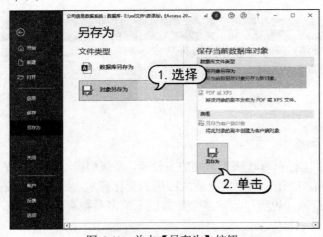

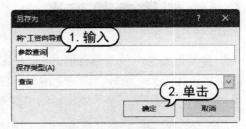

图 6-41　单击【另存为】按钮　　　　　　　图 6-42　【另存为】对话框

(7) 打开【查询工具】的【设计】选项卡，在【结果】组中单击【运行】按钮，打开如图 6-43 所示的【输入参数值】对话框。

(8) 在文本框中输入一个员工编号 001，单击【确定】按钮，即可显示结果，如图 6-44 所示。

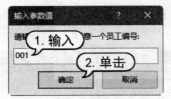

图 6-43　【输入参数值】对话框　　　　　　图 6-44　查询结果

6.5 操作查询

操作查询是在选择查询的基础上创建的，可以对表中的记录进行追加、修改、删除和更新。操作查询包括生成表查询、追加查询、更新查询和删除查询。

6.5.1 生成表查询

生成表查询可以使查询的运行结果以表的形式存储，生成一个新表，这样就可以利用一个或多个表或已知的查询再创建表，实现数据资源的多次利用及重组数据集合。

【例 6-8】 创建生成表查询。 视频

(1) 启动 Access 2019，打开【公司信息数据系统】数据库。

(2) 选择【创建】选项卡，单击【查询设计】按钮，打开【添加表】窗格，选择需要查询的表：【公司订单表】和【联系人】，然后单击【添加所选表】按钮，如图 6-45 所示。

(3) 在每个表中，双击查询中需要使用的字段，并添加到【字段】行的单元格中，如图 6-46 所示。

图 6-45 添加表

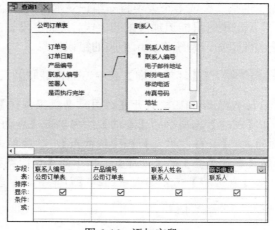

图 6-46 添加字段

(4) 在【条件】行中输入条件，例如设置【联系人编号】为"3"，然后单击【设计】选项卡的【查询类型】组中的【生成表】按钮，如图 6-47 所示。

(5) 在打开的【生成表】对话框中，输入【表名称】为"订单查询"，然后单击【确定】按钮，如图 6-48 所示。

(6) 单击【结果】组中的【运行】按钮，在打开的提示框中单击【是】按钮，如图 6-49 所示。

(7) 此时，将在导航窗格中创建一个名为"订单查询"的表，双击该表，可以查看生成表的内容，如图 6-50 所示。

(8) 以"生成表查询"为名另存该查询。

计算机基础与实训教材系列

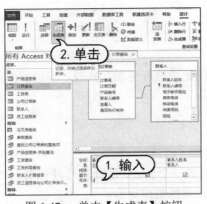

图 6-47　单击【生成表】按钮

图 6-48　【生成表】对话框

图 6-49　单击【是】按钮

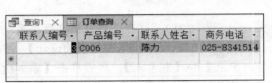

图 6-50　生成表结果

6.5.2　追加查询

追加查询从一个或多个表中将一组记录追加到一个或多个表的尾部,可以大大提高输入数据的效率。追加记录时只能追加匹配的字段,其他字段将被忽略,被追加的数据表必须是存在的表,否则无法实现追加,系统将显示相应的错误信息。

【例 6-9】 在【订单查询】表中追加曹姓联系人的订单查询。　视频

(1) 启动 Access 2019,打开【公司信息数据系统】数据库。

(2) 在【创建】选项卡的【查询】组中单击【查询设计】按钮,打开【添加表】窗格,选择需要查询的表:【公司订单表】和【联系人】,然后单击【添加所选表】按钮,如图 6-51 所示。

(3) 在【查询工具】的【设计】选项卡的【查询类型】组中单击【追加】按钮,打开【追加】对话框,从【表名称】下拉列表中选择【订单查询】表,单击【确定】按钮,如图 6-52 所示。

图 6-51　添加表

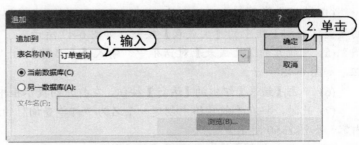

图 6-52　【追加】对话框

(4) 此时在设计网格中显示【追加到】行，在每个表中，双击查询中需要使用的字段，并添加到【字段】行的单元格中，然后在【联系人姓名】字段的【条件】行中输入 "Like "曹*""，如图 6-53 所示。

(5) 以 "追加查询" 为名另存查询，在【设计】选项卡的【结果】组中单击【运行】按钮，此时弹出提示框，单击【是】按钮，如图 6-54 所示。

字段：	联系人编号	产品编号	联系人姓名	商务电话
表：	公司订单表	公司订单表	联系人	联系人
排序：				
追加到：	联系人编号	产品编号	联系人姓名	商务电话
条件：			Like "曹*"	
或：				

图 6-53 添加字段并输入条件

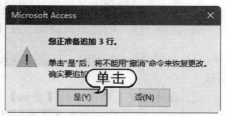

图 6-54 单击【是】按钮

(6) 在导航窗格中双击打开【订单查询】表，可以看到追加查询的结果，如图 6-55 所示。

联系人编号	产品编号	联系人姓名	商务电话
3	C006	陈力	025-8341514
6	C002	曹小飞	025-8321002
5	C003	曹晓晓	025-8321002
5	C001	曹晓晓	025-8321002

图 6-55 查看追加结果

6.5.3 更新查询

在数据库操作中，如果只对表中的少量数据进行修改，可以直接在表的【数据表视图】下通过手工进行修改。如果需要成批修改数据，可以使用 Access 提供的更新查询功能来实现。更新查询可以对一个或多个表中符合查询条件的数据进行批量修改。

使用更新查询时应注意以下事项。

1. 不能添加新记录

不能使用更新查询向表中添加新记录，但可以将现有的 Null 值更改为非 Null 值。若要向一个或多个表中添加新记录，可以使用追加查询。

2. 不能删除整个记录

不能使用更新查询从表中删除整个记录(行)，但可以将现有的非 Null 值更改为 Null 值。若要删除整个记录，则可以使用删除查询。

3. 更改记录

可以使用更新查询更改一组记录中的所有记录。但不能对以下类型的字段进行更新查询。

▽ 通过计算获得结果的字段。计算字段中的值不会永久驻留于表中。Access 计算出的值仅存在于计算机的临时内存中。由于计算字段没有永久性存储位置，因此不能更新。

▽ 使用总计查询或交叉表查询作为记录源的字段。

▽ 不能更新【自动编号】字段。在创建数据表时，【自动编号】字段中的值仅在用户向表中添加记录时才会更改。

▽ 联合查询中的字段。

▽ 唯一值查询和唯一记录查询(返回无重复的值或记录的查询)中的字段。

【例 6-10】 创建更新查询，在【工资表】中为每人添加 800 元高温补贴费。 视频

(1) 启动 Access 2019，打开【公司信息数据系统】数据库。在【工资表】中添加【津贴】字段。

(2) 在【创建】选项卡的【查询】组中单击【查询设计】按钮，打开【添加表】窗格，选择【工资表】选项，然后单击【添加所选表】按钮，如图 6-56 所示。

(3) 在【设计】选项卡的【查询类型】组中单击【更新】按钮，进入更新查询的设计视图，将【津贴】字段添加到【字段】行中，在【更新为】行中输入表达式"[高温费]"，如图 6-57 所示。

图 6-56　添加表

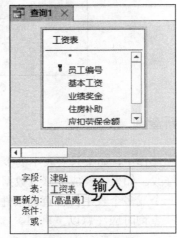

图 6-57　设置字段

(4) 以"更新查询"为名另存该查询，单击【结果】组中的【运行】按钮，在打开的【输入参数值】对话框中输入"800"，单击【确定】按钮，如图 6-58 所示。

(5) 此时弹出提示框，单击【是】按钮，如图 6-59 所示。

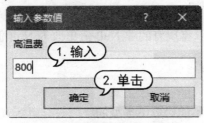

图 6-58　【输入参数值】对话框

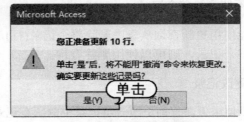

图 6-59　单击【是】按钮

(6) 在导航窗格中双击打开【工资表】，在其中可以看到【津贴】字段的数据更新为 800，如

图 6-60 所示。

员工编号	基本工资	业绩奖金	住房补助	应扣劳保金	津贴	单击以添加
001	4600	800	650	320	800	
002	3700	800	500	300	800	
003	4600	800	550	300	800	
004	5000	800	850	300	800	
005	7800	800	550	300	800	
006	5000	800	850	300	800	
007	4000	800	600	300	800	
008	4000	800	500	300	800	
009	4600	800	550	300	800	
010	4600	800	550	300	800	

图 6-60　更新查询结果

6.5.4　删除查询

删除查询又称为删除记录的查询，可以从一个或多个数据表中删除记录。使用删除查询可以删除整条记录，而非只删除记录中的字段值。记录一经删除将不能恢复，因此在删除记录前要做好数据备份。删除查询设计完成后，需要运行查询才能将需要删除的记录删除。

如果要从多个表中删除相关记录，必须满足以下几点：已定义了相关表之间的关系；在相应的编辑关系对话框中已选中【实施参照完整性】复选框和【级联删除相关记录】复选框。

【例 6-11】　删除【工资表】中所有基本工资小于 4500 的记录信息。

(1) 启动 Access 2019，打开【公司信息数据系统】数据库。

(2) 在【创建】选项卡的【查询】组中单击【查询设计】按钮，打开【添加表】窗格，选择【工资表】选项，然后单击【添加所选表】按钮，如图 6-61 所示。

(3) 在【查询工具】的【设计】选项卡的【查询类型】组中单击【删除】按钮，将【基本工资】字段添加到【字段】行中，在对应的【条件】行中输入"<4500"，如图 6-62 所示。

图 6-61　添加表

图 6-62　设置删除条件

(4) 以"删除查询"为名另存查询，在【设计】选项卡的【结果】组中单击【运行】按钮，此时弹出提示框，单击【是】按钮，如图 6-63 所示。

(5) 在导航窗格中双击打开【工资表】，查看删除后的结果，如图 6-64 所示。

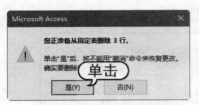

图 6-63　单击【是】按钮

图 6-64　删除后的结果

6.6　实例演练

本章的实例演练为创建连接查询和嵌套查询两个综合实例,用户通过练习从而巩固本章所学知识。

6.6.1　连接查询

通过连接运算符可以实现多个表查询,使用连接查询可以查询存放在多个表中的不同数据。

【例 6-12】 创建连接查询。 视频

(1) 启动 Access 2019,打开【公司信息数据系统】数据库。

(2) 打开【创建】选项卡,在【查询】组中单击【查询设计】按钮,打开【添加表】窗格。选择【公司订单表】和【员工信息表】选项,然后单击【添加所选表】按钮。

(3) 在【字段】文本框中依次添加【员工信息表】的【员工编号】字段、【公司订单表】的【签署人】字段和【订单号】字段,如图 6-65 所示。

(4) 双击表的连接线,打开【联接属性】对话框。选中【包括"公司订单表"中的所有记录和"员工信息表"中联接字段相等的那些记录。】单选按钮,单击【确定】按钮,如图 6-66 所示。

图 6-65　添加字段

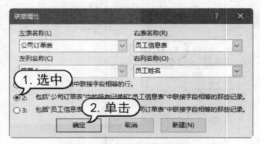

图 6-66　设置联接属性

(5) 关闭【联接属性】对话框。此时,查询设计视图窗口中表之间的连接线添加了箭头,如图 6-67 所示。

(6) 打开【查询工具】的【设计】选项卡。在【结果】组中单击【运行】按钮,显示如图 6-68 所示的查询结果。

(7) 在快速访问工具栏中单击【保存】按钮,将查询以文件名 "连接查询" 进行保存。

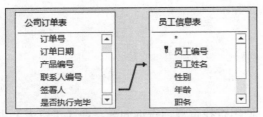

图 6-67　表的连接线添加了箭头

员工编号	签署人	订单号
008	赵飞	21-6-10
005	孔亮亮	21-6-14
010	杭小路	21-6-16
	方俊	21-6-17
010	杭小路	21-6-2
004	庄小华	21-6-3
	方俊	21-6-5
005	孔亮亮	21-6-8
008	赵飞	21-6-11

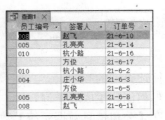

图 6-68　查询结果

6.6.2　嵌套查询

在查询设计视图中，将一个查询作为另一个查询的数据源，从而达到使用多个表创建查询的效果，这样的查询称为嵌套查询。

【例 6-13】　将【工资查询】查询中的数据作为数据源之一，创建嵌套查询。 视频

(1) 启动 Access 2019，打开【公司信息数据系统】数据库。

(2) 打开【创建】选项卡，在【查询】组中单击【查询设计】按钮，打开查询设计窗口和【添加表】窗格。选择【员工信息表】和【工资表】选项，单击【添加所选表】按钮，将【员工信息表】和【工资表】添加到查询设计视图窗口中，如图 6-69 所示。

(3) 在【添加表】窗格中选择【查询】选项卡，在【查询】列表中选择【工资查询】选项，单击【添加所选表】按钮，如图 6-70 所示。

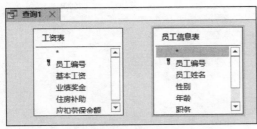

图 6-69　添加表

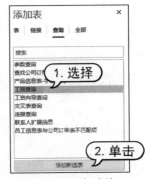

图 6-70　添加查询

(4) 将查询添加到窗口中，依次在【字段】文本框中添加如图 6-71 所示的字段。

(5) 以“嵌套查询”为名另存查询，在【设计】选项卡的【结果】组中单击【运行】按钮，查询结果如图 6-72 所示。

图 6-71　添加字段

员工编号	员工姓名	基本工资	应扣劳保金	应缴税金	实际收入
001	王中军	4600	320	230	6420
003	李祥	4600	300	230	10220
005	孔亮亮	7800	300	390	11740
007	陈潇潇	4000	300	200	16100
008	赵飞	4000	300	200	10000
010	杭小路	4600	300	230	11620

图 6-72　嵌套查询结果

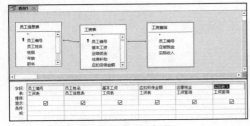

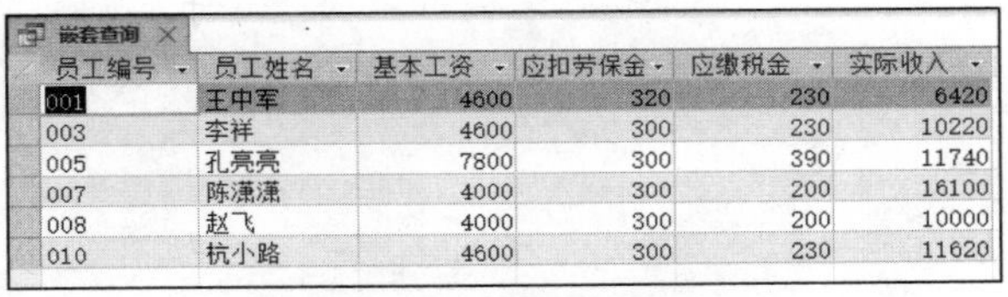

6.7 习题

1. 简述查询的类型。
2. 如何创建生成表查询?
3. 在【公司信息数据系统】数据库中,使用查找重复项查询向导,在【工资表】中查找出基本工资和住房补助都相同的员工。

第7章

SQL查询的操作

　　SQL 查询是使用 SQL 语言创建的一种查询。在 Access 中每个查询都对应着一个 SQL 查询命令。当用户使用查询向导或查询设计器创建查询时，系统会自动生成对应的 SQL 命令，可以在 SQL 视图中查看。本章主要介绍 SQL 查询的创建方法和使用技巧。

➡ 本章重点

- ● SQL 语言的数据类型
- ● 嵌套查询
- ● 数据查询语句
- ● SQL 数据定义查询

➡ 二维码教学视频

7.1 认识 SQL

SQL 是一种用于处理多组事实和事实之间关系的计算机语言。市面上常见的关系数据库管理系统都支持使用 SQL，因此底层结构完全不同的数据库系统，可以使用相同的 SQL 语言作为数据输入与管理的接口。

7.1.1 SQL 语言的特点

SQL(Structured Query Language，结构化查询语言)是标准的关系数据库语言。SQL 语言的功能包括数据定义、数据查询、数据操纵和数据控制 4 个部分。其特点如下：

▽ 高度综合：SQL 语言集数据定义、数据查询、数据操纵和数据控制于一体，语言风格统一，可以实现数据库的全部操作。

▽ 高度非过程化：SQL 语言在进行数据操作时，只需说明"做什么"，而不必指明"怎么做"，其他工作由系统完成。用户无须了解对象的存取路径，大大减轻了用户负担。

▽ 交互式与嵌入式相结合：用户可以将 SQL 语句当作一条命令直接使用，也可以将 SQL 语句当作一条语句嵌入高级语言程序中，两种方式的语法结构一致，为程序员提供了方便。

▽ 简洁易用：SQL 语言结构简洁，只用 9 个命令动词就可以实现数据库的所有功能，方便用户学习和使用，如表 7-1 所示。

表 7-1 SQL 命令动词

功 能 分 类	命 令 动 词	具 体 功 能
数据查询	SELECT	数据查询
数据定义	CREATE	创建对象
	DROP	删除对象
	ALTER	修改对象
数据操纵	INSERT	插入数据
	UPDATE	更新数据
	DELETE	删除数据
数据控制	GRANT	定义访问权限
	REVOKE	回收访问权限

7.1.2 SQL 语言的数据类型

Access 数据库中的 SQL 数据类型主要包括 13 种。Access 中的类型是由数据库引擎以及与这些数据类型对应的若干有效同义词定义的。表 7-2 列出了 SQL 语言主要的数据类型。

表 7-2　SQL 语言的主要数据类型

数 据 类 型	存 储 大 小	说　　　　　明
BINARY(二进制)	每个字符占 1 字节	任何类型的数据都可以存储在此类型的字段中。不需要进行数据转换
BIT(位型)	1 字节	"是"和"否"值以及只包含其中一个值的字段
MONEY(货币型)	8 字节	介于-922 337 203 685 477.5808 和 922 337 203 685 477.5807 之间的小数
DATETIME(日期时间型)	8 字节	100 和 9 999 之间的日期或时间数值
UNIQUEID ENTIFIER(其他)	128 位	与远程过程调用一起使用的唯一一标识号
REAL(浮点型)	4 字节	单精度浮点值，其范围为-3.402823E38 到-1.401298E-45(负值)、1.401298E-45 到 3.402823E38(正值)和 0
FLOAT(浮点型)	8 字节	双精度浮点值，其范围为-1.79769313486232E308 到-4.94065645841247E-324(负值)、4.94065645841247E-324 到 1.79769313486232E308(正值)和 0
SMALLINT(整数型)	2 字节	-32 768 和 32 767 之间的整数
INTEGER(整数型)	4 字节	-2 147 483 648 和 2 147 483 647 之间的长整数
NUMERIC(精确数值型)	17 字节	定义精度和小数位数。默认精度和小数位数分别是 18 和 0
TEXT(文本型)	每个字符占 2 字节	零到最大 2.14GB
IMAGE(图像型)	视实际需要而定	零到最大 2.14GB，用于 OLE 对象
CHARACTER(字符型)	每个字符占 2 字节	0~255 个字符

7.1.3　SQL 视图

SQL 视图是用于显示和编辑 SQL 查询的窗口，主要用于以下两种场合。

▽　查看或修改已创建的查询：当已经创建了一个查询时，如果要查看或修改该查询对应的 SQL 语句，可以先在查询视图中打开该查询，然后在【设计】选项卡的【结果】组中单击【视图】按钮的下拉箭头，在弹出的下拉菜单中选择【SQL 视图】命令，如图 7-1 所示。

图 7-1　打开查询的 SQL 视图

▽　通过 SQL 语句直接创建查询：可以按照常规方法新建一个设计查询，打开查询设计视图窗口，在【设计】选项卡的【结果】组中单击【视图】按钮的下拉箭头，在弹出的下拉

菜单中选择【SQL 视图】命令,切换到 SQL 视图窗口,在该窗口中,即可通过输入 SQL
语句来创建查询。

7.2 SQL 数据查询

数据查询是 SQL 的核心功能,SQL 语言提供了 SELECT 语句,用于检索和显示数据库中表
的信息,该语句功能强大,使用方式灵活,可用一个语句实现多种方式的查询。

7.2.1 SELECT 语句

SQL 数据查询主要通过 SELECT 语句实现。

1. SELECT 语句的格式

> SELECT [ALL|DISTINCT] [TOP <数值> [PERCENT]]<目标列表达式 1> [AS <列标题 1>][,<目标列表达
> 式 2> [AS <列标题 2>]…]
> FROM <表或查询 1> [[AS]<别名 1>][,<表或查询 2> [[AS]<别名 2>]]
> [[INNER|LEFT[OUTER]|RIGHT[OUTER] JOIN <表或查询 3> [[AS]<别名 3>]ON <连接条件>]…]
> [WHERE <条件表达式 1> [AND|OR <条件表达式 2>…]]
> [GROUP BY <分组项> [HAVING <分组筛选条件>]]
> [ORDER BY <排序项 1> [ASC|DESC][,<排序项 2> [ASC|DESC]…]]

2. 语法描述的约定说明

“[ ]”内的内容为可选项;“<>”内的内容为必选项;“|”表示“或”,即前后的两个值“二
选一”。

3. SELECT 语句中各子句的意义

(1) SELECT 子句:指定要查询的数据,一般是字段名或表达式。

① ALL:表示查询结果中包括所有满足查询条件的记录,也包括值重复的记录,默认为 ALL。

② DISTINCT:表示在查询结果中内容完全相同的记录只能出现一次。

③ TOP <数值> [PERCENT]:限制查询结果中包括的记录条数为当前<数值>条或占记录总
数的百分比为<数值>。

④ AS <列标题 1>:指定查询结果中列的标题名称。

(2) FROM 子句:指定数据源,即查询所涉及的相关表或已有的查询。如果这里出现 JOIN…
ON 子句则表示要为多表查询指定多表之间的连接方式。AS <别名>表示为表指定别名。

① INNER|LEFT[OUTER]|RIGHT[OUTER] JOIN:表示内部|左(外部)|右(外部)连接。其中
OUTER 关键字为可选项,用来强调创建的是一个外部连接查询。

② JOIN 子句:指定多表之间的连接方式。

③ ON 子句:与 JOIN 子句连用,指定多表之间的关联条件。

(3) WHERE 子句:指定查询条件,在多表查询的情况下也可用于指定连接条件。

(4) GROUP BY 子句：对查询结果进行分组，可选项 HAVING 表示要提取满足 HAVING 子句指定条件的那些组。

(5) ORDER BY 子句：对查询结果进行排序。ASC 表示升序排列，DESC 表示降序排列。

SQL 数据查询语句与查询设计器中各选项间的对应关系如表 7-3 所示。

表 7-3　SQL 数据查询语句与查询设计器中各选项间的对应关系

SELECT 子句	查询设计器中的选项
SELECT<目标列>	【字段】栏
FROM<表或查询>	【显示表】对话框
WHERE<筛选条件>	【条件】栏
GROUP BY<分组项>	【总计】栏
ORDER BY<排序项>	【排序】栏

统计函数常用来计算 SELECT 语句查询结果集的统计值，例如，求一个结果集的平均值、最大值、最小值等。表 7-4 所示为一些常用的统计函数。

表 7-4　常用的统计函数

函　　数	功　　能
AVG(<字段名>)	求该字段的平均值
SUM(<字段名>)	求该字段的和
MAX(<字段名>)	求该字段的最大值
MIN(<字段名>)	求该字段的最小值
COUNT(<字段名>)	统计该字段值的个数
COUNT(*)	统计记录的个数

【例 7-1】　使用 SELECT 语句查询【工资表】中所有员工的基本工资之和。　[视频]

(1) 启动 Access 2019，打开【公司信息数据系统】数据库。

(2) 打开【创建】选项卡。在【查询】组中单击【查询设计】按钮，打开查询设计视图和【添加表】窗格，将【工资表】添加到查询设计视图窗口中。

(3) 打开【查询工具】的【设计】选项卡，在【结果】组中单击【视图】按钮，在弹出的下拉菜单中选择【SQL 视图】命令，打开 SQL 视图窗口，如图 7-2 所示。

(4) 在 SELECT 语句后输入 "SUM(工资表.基本工资) AS 基本工资之和"，如图 7-3 所示。

图 7-2　打开的 SQL 视图窗口

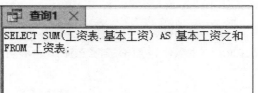

图 7-3　输入 SELECT 语句

计算机基础与实训教材系列

(5) 在状态栏中单击【设计视图】按钮，切换到查询设计视图窗口，此时该窗口效果如图7-4所示。

(6) 以"求和基本工资"为名保存该查询，在【设计】选项卡的【结果】组中单击【运行】按钮，查询结果如图7-5所示。

图7-4　设计视图窗口效果

图7-5　显示的查询结果

 提示

在状态栏中单击【SQL视图】按钮，同样可以快速切换至SQL视图窗口。

7.2.2　多数据源查询

若查询涉及两个及以上的表或查询，即当要查询的数据来自多个表或查询时，必须采用多数据源查询方法，该类查询方法也称为连接查询。连接查询是关系数据库最主要的查询功能。连接查询可以是两个表的连接，也可以是两个以上的表的连接，还可以是一个表自身的连接。

使用多数据源查询时必须注意以下几点：

▽ 在FROM子句中列出参与查询的表。

▽ 如果参与查询的表中存在同名的字段，并且这些字段要参与查询，必须在字段名前加表名。

▽ 必须在FROM子句中用JOIN或WHERE子句将多个表用某些字段或表达式连接起来，否则，将会产生笛卡儿积。

有以下两种方法可以实现多数据源的连接查询。

1. 用WHERE子句写连接条件

格式如下：

SELECT <目标列> FROM <表名1> [[AS] <别名1>],<表名2> [[AS] <别名2>],<表名3> [[AS] <别名3>]
WHERE <连接条件1> AND <连接条件2> AND <筛选条件>

【例 7-2】 输出所有订单的订单号、联系人编号、产品编号。　🎬 视频

(1) 启动 Access 2019，打开【公司信息数据系统】数据库。

(2) 在【创建】选项卡的【查询】组中单击【查询设计】按钮，打开查询设计视图窗口，不添加任何表或查询，在状态栏中单击【SQL 视图】按钮。

(3) 进入 SQL 视图，输入如下语句：

> SELECT 订单号,A.联系人编号,B.产品编号 FROM 联系人 AS A,产品信息表 AS B,公司订单表 AS C
> WHERE B.产品编号=C.产品编号 AND A.联系人编号=C.联系人编号

(4) 以"输出订单"为名另存该查询，在【查询工具】的【设计】选项卡的【结果】组中单击【运行】按钮，查询结果如图 7-6 所示。

输出订单 ×		
订单号 ▾	联系人编号 ▾	产品编号 ▾
21-6-10	6	C002
21-6-14	2	C004
21-6-16	4	C005
21-6-17	5	C003
21-6-2	4	C003
21-6-3	5	C001
21-6-5	1	C003
21-6-8	3	C006

图 7-6　显示查询结果

🔖 **提示**

由于查询的数据源来自 3 个表("联系人""产品信息表"和"公司订单表")，因此在 FROM 子句中列出 3 个表，同时使用 WHERE 子句指定连接表的条件。在涉及多表查询时，如果字段名在两个表中出现，应在所用字段的字段名前加上表名，但输入表名一般比较麻烦，因此在此语句的 FROM 子句中给相关表定义了别名，利于在查询语句的其他部分中使用。

2. 用 JOIN 子句写连接条件

在 Access 中 JOIN 连接主要分为 INNER JOIN 和 OUTER JOIN。

INNER JOIN 通过匹配表之间共有的字段值，从两个或多个表中检索行。

OUTER JOIN 用于从多个表中检索记录，同时保留其中一个表中的记录，即使其他表中没有匹配记录。Access 数据库引擎支持的 OUTER JOIN 有两种类型：LEFT OUTER JOIN 和 RIGHT OUTER JOIN。想象两个表彼此挨着：一个表在左边，一个表在右边。LEFT OUTER JOIN 选择右表中与关系比较条件匹配的所有行，同时也选择左表中的所有行，即使右表中不存在匹配项。RIGHT OUTER JOIN 恰好与 LEFT OUTER JOIN 相反，右表中的所有行都被保留。

格式如下：

> SELECT <目标列> FROM <表名 1> [[AS] <别名 1>] INNER|LEFT[OUTER]|RIGHT JOIN[OUTER]
> (<表名 2> [[AS] <别名 2>] ON <表名 1>.<字段名 1>=<表名 2>.<字段名 2> WHERE <筛选条件>

7.2.3 嵌套查询

在 SQL 语言中，当一个查询是另一个查询的条件时，即在一个 SELECT 语句的 WHERE 子句中出现另一个 SELECT 语句时，这种查询称为嵌套查询。通常把内层的查询语句称为子查询，外层的查询语句称为父查询。父查询与子查询之间用关系运算符(>、<、=、>=、<=、<>)进行连接，带有关系运算符的子查询只能返回单个值，如果返回多个值可以使用 ANY 或 ALL 等关键字。

嵌套查询的运行方式是由里向外，也就是说，每个子查询都先于它的父查询执行，而子查询的结果作为其父查询的条件。

子查询的 SELECT 语句中不能使用 ORDER BY 子句，ORDER BY 子句只能对最终查询结果排序。

嵌套查询根据内层查询是否依赖外层查询的条件，分为相关子查询和非相关子查询。内层查询依赖外层查询的条件，外层查询依赖于内层查询的结果的查询称为相关子查询，否则称为非相关子查询。

1. 返回单值的子查询

【例 7-3】 列出【产品名称】为【电脑】的所有的【订单号】。 🎬 视频

(1) 启动 Access 2019，打开【公司信息数据系统】数据库。

(2) 在【创建】选项卡的【查询】组中单击【查询设计】按钮，打开查询设计视图窗口，不添加任何表或查询，在状态栏中单击【SQL 视图】按钮。

(3) 进入 SQL 视图，输入如下语句：

```
SELECT 订单号 FROM 公司订单表 WHERE 产品编号=(SELECT 产品编号 FROM 产品信息表
WHERE 产品名称="电脑")
```

(4) 以"查询订单号"为名另存该查询，在【查询工具】的【设计】选项卡的【结果】组中单击【运行】按钮，查询结果如图 7-7 所示。

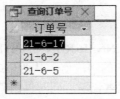

图 7-7　显示查询结果

🔖 提示

该语句的执行分两个阶段，首先在【产品信息表】中找出【产品名称】为【电脑】的【产品编号】，然后在【公司订单表】中找出相同产品编号的记录，并列出记录的【订单号】。

2. 返回一组值的子查询

若某个子查询的返回值不止一个，则必须指明在 WHERE 子句中应怎样使用这些返回值，通常使用条件运算符 ANY、ALL 和 IN。

计算机基础与实训教材系列

1) ANY 运算符

ANY 运算符可以找出满足子查询中任意一个值的记录，使用格式为：

> <字段> <比较符> ANY <子查询>

2) ALL 运算符

ALL 运算符可以找出满足子查询中所有值的记录，使用格式为：

> <字段> <比较符>ALL <子查询>

3) IN 运算符

IN 是属于的意思，等价于"=ANY"，即等于子查询中任何一个值。使用 IN 关键字的查询既可以是相关子查询，也可以是非相关子查询。

3. 带有 EXISTS 的嵌套查询

EXISTS 用于检查子查询是否至少会返回一行数据，该子查询实际上并不返回任何数据，而是返回值 True 或 False。使用 EXISTS 关键字的查询都是相关子查询，非相关子查询没有实际意义。

7.2.4　联合查询

联合查询可以将两个或多个独立查询的结果组合在一起。使用 UNION 连接的两个或多个 SQL 语句产生的查询结果要有相同的字段数目，但是这些字段的大小或数据类型不必相同。另外，如果需要使用别名，则仅在第一个 SELECT 语句中使用别名，别名在其他语句中将被忽略。如果在查询中有重复记录即所选字段值完全一样的记录，则联合查询只显示重复记录中的第一条记录；要想显示所有的重复记录，需要在 UNION 后加上关键字 ALL，即写成 UNION ALL。

其格式为：

> [UNION [ALL] <SELECT 语句>]

【例 7-4】 利用联合查询查找【员工信息表】中生产技术员的【员工编号】【员工姓名】和【性别】这 3 个字段，同时在【员工信息表与公司订单表不匹配项】查询中查询这 3 个字段的所有记录。 👁视频

(1) 启动 Access 2019，打开【公司信息数据系统】数据库。

(2) 在【创建】选项卡的【查询】组中单击【查询设计】按钮，打开查询设计视图窗口，不添加任何表或查询。

(3) 在【查询工具】的【设计】选项卡的【查询类型】组中单击【联合】按钮 ⊕联合，打开联合查询视图窗口，输入如下语句：

```
SELECT 员工编号,员工姓名,性别
FROM 员工信息表
WHERE [员工信息表].[职务]="生产技术员"
UNION SELECT 员工编号,员工姓名,性别
```

計算机基础与实训教材系列

FROM 员工信息表与公司订单表不匹配项

(4) 以"联合查询"为名另存该查询,在【查询工具】的【设计】选项卡的【结果】组中单击【运行】按钮,查询结果如图 7-8 所示。

员工编号	员工姓名	性别
001	王中军	男
002	曹莉莉	女
003	李祥	男
006	高兴	女
007	陈潇潇	女
009	熊磊	男
011	王磊	男
012	许西元	男
013	何俊杰	男
014	王刚	男
015	刘晓燕	男
016	马长文	男
017	刘志平	男
018	王浩	男

图 7-8 联合查询的结果

> **提示**
>
> 此外还有传递查询,传递查询使用服务器能接收的命令直接将命令发送到 ODBC 数据库,如 Microsoft Visual FoxPro。例如,用户可以使用传递查询来检索记录或更改数据。使用传递查询,可以不必链接到服务器上的表而直接使用它们。

7.3 SQL 数据操纵

SQL 中数据操纵的语句包括插入数据、更新数据和删除数据 3 种语句组成。

7.3.1 插入数据

INSERT INTO 语句用于在数据库表中插入数据。插入一条记录,其语法格式为:

INSERT INTO <表名>[(<字段名 1>[,<字段名 2>[,…]])] VALUES (<字段值 1>[,<字段值 2>[,…]])

其中,表名后面的括号中可以列出将要添加新值的字段的名称;VALUES 后面的字段值必须与数据表中相应字段所规定的字段的数据类型相符,如果不想对某些字段赋值,可以用空值NULL 替代,否则将会产生错误。

【例 7-5】 在【员工信息表】中使用 INSERT INTO 语句添加记录。 📹视频

(1) 启动 Access 2019,打开【公司信息数据系统】数据库。
(2) 在【创建】选项卡的【查询】组中单击【查询设计】按钮,打开查询设计视图窗口,不添加任何表或查询,在状态栏中单击【SQL 视图】按钮。
(3) 进入 SQL 视图,输入如下语句:

INSERT INTO
员工信息表(员工编号,员工姓名,性别,年龄,职务,电子邮箱,联系方式)
VALUES("019","顾里","男","25","生产技术员","guli@126.com","13816587809")

(4) 以"添加记录"为名另存该查询,在【查询工具】的【设计】选项卡的【结果】组中单击【运行】按钮,将打开如图 7-9 所示的提示框,单击【是】按钮。

(5) 打开【员工信息表】数据表,新记录已添加到表中。如图 7-10 所示。

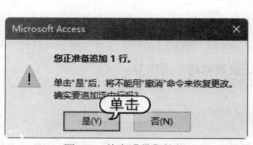

图 7-9　单击【是】按钮　　　　图 7-10　添加新记录

7.3.2　更新数据

UPDATE 语句用于修改记录中的字段,实现更新记录数据。

更新数据的语法格式为:

UPDATE <表名>SET <字段名 1>=<表达式 1>[,<字段名 2>=<表达式 2>[,…]][WHERE <条件>]

这个语法格式的含义是:更新数据表中符合 WHERE 条件的字段或字段集合的值。

【例 7-6】　在【工资表】数据表中使用 UPDATE 语句将基本工资大于 4500 的记录中【应扣劳保金额】字段的值加上 100。　视频

(1) 启动 Access 2019,打开【公司信息数据系统】数据库。

(2) 在【创建】选项卡的【查询】组中单击【查询设计】按钮,打开查询设计视图窗口,不添加任何表或查询,在状态栏中单击【SQL 视图】按钮。

(3) 进入 SQL 视图,输入如下语句:

UPDATE　工资表
SET　应扣劳保金额 = 应扣劳保金额+100
WHERE　基本工资>4500

(4) 以"更新数据"为名另存该查询,在【查询工具】的【设计】选项卡的【结果】组中单击【运行】按钮,将打开如图 7-11 所示的提示框,单击【是】按钮。

(5) 打开【工资表】数据表,此时工资表中【基本工资】大于 4500 元的记录中【应扣劳保金额】字段的值已加上 100,如图 7-12 所示。

计算机基础与实训教材系列

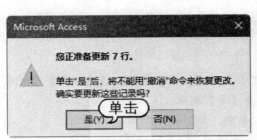

图 7-11　单击【是】按钮　　　　　　　　　图 7-12　更新数据

7.3.3　删除数据

DELETE 语句用于将记录从表中删除，删除的记录数据将不可恢复。
删除数据的语法格式为：

DELETE　FROM <表名> [WHERE <条件>]

该语句的意思是删除数据表中符合 WHERE 条件的记录。与 UPDATE 语句类似，DELETE 语句中的 WHERE 选项是可选的，如果不限定 WHERE 条件，DELETE 语句将删除数据表中的所有记录。

【例 7-7】 在【工资表】中删除【业绩奖金】字段值为空的所有记录。 视频

(1) 启动 Access 2019，打开【公司信息数据系统】数据库。

(2) 在【创建】选项卡的【查询】组中单击【查询设计】按钮，打开查询设计视图窗口，不添加任何表或查询，在状态栏中单击【SQL 视图】按钮。

(3) 进入 SQL 视图，输入如下语句：

```
DELETE  业绩奖金
FROM  工资表
WHERE  工资表.业绩奖金  IS NULL
```

(4) 以"删除记录"为名另存该查询，在【查询工具】的【设计】选项卡的【结果】组中单击【运行】按钮，将打开如图 7-13 所示的提示框，单击【是】按钮。

(5) 打开【工资表】数据表，此时，【业绩奖金】字段值为空的记录被删除，如图 7-14 所示。

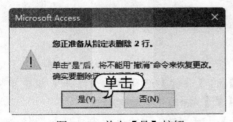

图 7-13　单击【是】按钮

图 7-14　删除记录

计算机基础与实训教材系列

7.4　SQL 数据定义查询

　　数据定义查询可以创建、删除或改变表，也可以在数据表中创建索引。有关数据定义的 SQL 语句分为三组，它们是建立数据库对象、修改数据库对象和删除数据库对象。每一组语句针对不同的数据库对象分别使用不同的语句。例如 CREATE TABLE、CREATE INDEX、ALTER TABLE 和 DROP，可分别用来创建表、创建索引、添加字段和删除字段。

7.4.1　建立表结构

　　数据表定义包含定义表名、字段名、字段数据类型、字段属性、主键、外键与参照表、表约束规则等。

　　在 SQL 语言中使用 CREATE TABLE 语句来创建数据表。使用 CREATE TABLE 定义数据表的格式为：

> CREATE TABLE <表名>(<字段名 1><字段数据类型> [(<大小>)] [NOT NULL] [PRIMARY KEY|UNIQUE][REFERENCES <参照表名>[(<外部关键字>)]][,<字段名 2>[…][,…][,主键])

　　语句中主要参数解释如下：

　　(1) PRIMARY KEY 将该字段定义为主键，被定义为主键的字段其取值唯一；UNIQUE 为该字段定义无重复索引。

　　(2) NOT NULL 不允许字段取空值，NULL 则允许空值。

　　(3) REFERENCES 子句定义外键并指明参照表及其参照字段。

　　(4) 当主键由多字段组成时，必须在所有字段都定义完毕后再通过 PRIMARY KEY 子句定义主键。

　　(5) 所有这些定义的字段或项目用逗号隔开，同一个项目内用空格分隔。

　　(6) 字段数据类型是用 SQL 标识符表示的，Access 主要数据类型及其 SQL 标识符参见表 7-5 所示。

表 7-5　Access 主要数据类型及其 SQL 标识符

表设计视图中的类型	SQL 标识符	表设计视图中的类型	SQL 标识符
文本	Char 或 Text	日期/时间	Datetime 或 Time 或 Date
数字[字节]	Byte	货币	Currency 或 Money
数字[整型]	Short 或 Smallint	自动编号	Counter 或 Autoincrement
数字[长整型]	Integer Long	是/否	Logical 或 Yes/No
数字[单精度]	Single 或 Real	OLE 对象	Oleobject 或 General
数字[双精度]	Float 或 Double	备注	Memo 或 Note 或 Longtext Longchar

计算机基础与实训教材系列

【例 7-8】 使用 CREATE TABLE 语句创建新表【员工基本信息】，要求数据表中包括【员工编号】【姓名】【性别】【学历】【出生日期】【职称】和【联系电话】字段。其中，【出生日期】为【日期/时间】型数据，其余字段为【文本】型。 📹 视频

(1) 启动 Access 2019，打开【公司信息数据系统】数据库。

(2) 在【创建】选项卡的【查询】组中单击【查询设计】按钮，打开查询设计视图窗口，不添加任何表或查询。

(3) 在【设计】选项卡的【查询类型】组中单击【数据定义】按钮 ⊠数据定义，打开数据定义查询视图窗口，输入如下语句：

> CREATE TABLE 员工基本信息(员工编号 TEXT(4),姓名 TEXT(8),性别 TEXT(2),学历 TEXT(4),出生日期 DATE,职称 TEXT(4),联系电话 TEXT(10))

(4) 以"建立新表"为名另存该查询，在【查询工具】的【设计】选项卡的【结果】组中单击【运行】按钮，打开【员工基本信息】数据表，效果如图 7-15 所示。

图 7-15　建立新表

7.4.2　修改表结构

ALTER TABLE 语句用于修改表的结构，主要包括增加字段、修改字段的类型和大小等。

1. 修改字段

(1) 为数据表增加字段，格式为：

> ALTER TABLE <表名>ADD <字段名>

(2) 修改字段的类型及大小，格式为：

> ALTER TABLE <表名>ALTER <字段名>

2. 删除数据表

DROP TABLE 语句用于删除表，格式为：

> DROP TABLE <表名>

3. 建立索引

CREATE INDEX 语句用于建立索引，格式为：

> CREATE [UNIQUE] INDEX <索引名称>ON <表名>(<索引字段 1>[ASC|DESC]

[,<索引字段 2>[ASC|DESC][,…]])[WITH PRIMARY]

使用可选项 UNIQUE 子句将建立无重复索引，可以定义多字段索引。ASC 表示升序，DESC 表示降序。WITH PRIMARY 子句将索引指定为主键。

4. 删除索引

DROP INDEX 用于删除索引，格式为：

DROP INDEX <索引名称>ON <表名>

7.5　实例演练

本章的实例演练为使用 SELECT INTO 语句这个综合实例，用户通过练习从而巩固本章所学知识。

👉 【例 7-9】 使用 SELECT INTO 语句将【员工信息表】中的【职务】字段为【销售人员】的员工记录重新生成新表【销售人员信息】。 🎬视频

(1) 启动 Access 2019，打开【公司信息数据系统】数据库。

(2) 在【创建】选项卡的【查询】组中单击【查询设计】按钮，打开查询设计视图窗口，不添加任何表或查询，在状态栏中单击【SQL 视图】按钮。

(3) 进入 SQL 视图，输入如下语句：

```
SELECT  员工编号,员工姓名,性别,职务,联系方式
INTO  销售人员信息
FROM  员工信息表
WHERE  职务="销售人员"
```

(4) 以 "重建新表" 为名另存该查询，在【查询工具】的【设计】选项卡的【结果】组中单击【运行】按钮，将打开如图 7-16 所示的提示框，单击【是】按钮。

(5) 此时，导航窗格中出现新表【销售人员信息】。打开该数据表，效果如图 7-17 所示。

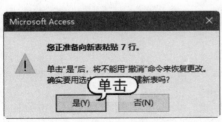

图 7-16　单击【是】按钮

图 7-17　数据表效果

计算机基础与实训教材系列

7.6 习题

1. 简述 SQL 查询语句中各子句的作用。
2. 简述 SQL 数据查询和 SQL 数据定义查询。
3. 使用 SQL 语句创建【新客户信息表】数据表，表中的字段有【客户号】【名称】【地址】【联系电话】和【联系人】字段。其中，【联系电话】字段类型为【数字】型。

第 8 章

窗体的操作

窗体是人机交互的界面。通过窗体可以将数据库对象组织起来形成一个应用系统，方便用户输入、编辑、查询、排序、筛选和显示数据。本章主要介绍创建各种窗体的方法、窗体的属性设置、窗体控件的应用，以及修饰窗体等内容。

本章重点

- ◎ 创建窗体
- ◎ 修饰窗体
- ◎ 添加窗体控件
- ◎ 切换面板

二维码教学视频

【例 8-1】使用【窗体】按钮创建窗体
【例 8-2】使用【分割窗体】按钮创建窗体
【例 8-3】使用多项目工具创建窗体
【例 8-4】使用窗体向导创建窗体
【例 8-5】使用空白窗体工具创建窗体
【例 8-6】使用设计视图创建窗体

【例 8-7】使用组合框控件
【例 8-8】使用列表框控件
【例 8-9】使用选项卡控件
【例 8-10】设置控件格式
【例 8-11】设置窗体和节
本章其他视频参见视频二维码列表

8.1 窗体的概述

窗体主要用于创建用户界面，它本身没有存储数据的功能，但是窗体中包含各种控件，通过这些控件可以打开报表或其他窗体、执行宏或 VBA 编写的代码程序，可以方便地编辑和显示数据。窗体都是建立在表或查询基础上的。

8.1.1 窗体的构成

窗体的设计视图中主要包含 3 类对象：节、窗体和控件。窗体由 5 部分构成，每一部分称为一个节。窗体的构成如图 8-1 所示。

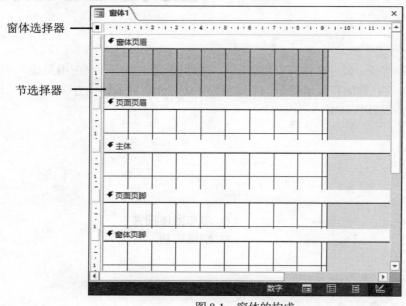

图 8-1　窗体的构成

1. 窗体页眉

窗体页眉用于显示窗体的标题和使用说明，或打开相关窗体或执行其他任务的命令按钮，显示在窗体视图中顶部或打印页的开头。

2. 页面页眉

页面页眉用于在窗体中每页的顶部显示标题、列标题、日期或页码。

3. 主体

主体用于显示窗体的主要部分，主体中通常包含绑定到记录源中字段的控件，但也可能包含未绑定控件，如字段或标签等。

4. 页面页脚

页面页脚用于在窗体中每页的底部显示汇总、日期或页码。

5. 窗体页脚

窗体页脚用于显示窗体的使用说明、命令按钮或接受输入的未绑定控件，它显示在窗体视图中的底部和打印页的尾部。

窗体主要有以下几个基本功能。

▽　数据操作：通过窗体可以清晰直观地显示一个表或者多个表中的数据记录，并可对数据进行输入或编辑。

▽　信息显示和打印：通过窗体可以根据需要灵活地显示提示信息，并能进行数据打印。

▽　控制应用程序流程：通过在窗体上放置各种命令按钮控件，用户可以通过控件做出选择并向数据库发出各种命令，窗体可以与宏一起配合使用，来引导过程动作的流程。

8.1.2　窗体的类型

在 Access 中，窗体的类型分为 6 种，分别是纵栏式窗体、表格式窗体、数据表窗体、主/子窗体、图表窗体、数据透视表窗体。

1. 纵栏式窗体

在纵栏式窗体界面中每次只显示表或查询中的一条记录，可以占一个或多个屏幕页，记录中各字段纵向排列。纵栏式窗体通常用于输入数据，每个字段的字段名称都放在字段左边。

2. 表格式窗体

在表格式窗体中显示表或查询中的记录。记录中的字段横向排列，记录纵向排列。每个字段的字段名称都放在窗体顶部做窗体页眉，可通过滚动条来查看其他记录。

3. 数据表窗体

从外观上看，与数据表或查询显示数据的界面相同，主要作用是作为一个窗体的子窗体。

4. 主/子窗体

窗体中的窗体称为子窗体，包含子窗体的窗体称为主窗体。主/子窗体通常用于显示多个表或查询的数据；这些表或查询中的数据具有一对多的关系。主窗体显示为纵栏式窗体，子窗体可以显示为数据表窗体，也可以显示为表格式窗体。子窗体中可以创建二级子窗体。

5. 图表窗体

Access 2019 提供了多种图表，包括折线图、柱形图、饼图、圆环图、面积图、三维条形图等，可以单独使用图表窗体，也可以将它嵌入其他窗体中作为子窗体。

6. 数据透视表窗体

数据透视表窗体是一种交互式表，可动态改变版面布置，以按不同方式计算、分析数据。

除了以上 6 种窗体类型外，还可以通过空白窗体自由创建窗体。根据实际需要可在空白窗体中添加各种控件。

8.1.3 窗体的视图

窗体有窗体视图、数据表视图、布局视图和设计视图 4 种视图。不同类型的窗体具有的视图类型有所不同。窗体在不同的视图中完成不同的任务。窗体在不同视图之间可以方便地进行切换。打开窗体后，单击选项卡中的【视图】下拉按钮，从打开的下拉菜单中选择所需的窗体视图选项，如图 8-2 所示。在状态栏右侧显示 4 种【视图】按钮，单击某一按钮可以进入相应的视图，如图 8-3 所示。

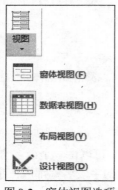

图 8-2　窗体视图选项

图 8-3　窗体视图按钮

1. 窗体视图

窗体视图是窗体运行时的显示形式，是完成对窗体设计后的结果。

2. 数据表视图

数据表视图是显示数据的视图，同样也是完成窗体设计后的结果。窗体的"数据表视图"与表和查询的数据表视图外观基本相似，稍有不同。在这种视图中，可以一次浏览多条记录，也可以使用滚动条或利用【导航】按钮浏览记录，其方法与在表和查询的数据表视图中浏览记录的方法相同。

3. 布局视图

在布局视图中可以调整和修改窗体设计，可以根据实际数据调整列宽，还可以在窗体上放置新的字段，并设置窗体及其控件的属性、调整控件的位置和宽度。切换到布局视图后，可以看到窗体的控件四周被虚线围住，表示这些控件可以调整位置和大小。

4. 设计视图

设计视图是 Access 数据库对象(包括表、查询、窗体和宏)都具有的一种视图。在设计视图中不仅可以创建窗体，更重要的是可以编辑、修改窗体。

　　布局视图比设计视图更加直观，在设计的同时可以查看数据。在布局视图中，窗体在每个控件中都显示记录源数据。因此可以更加方便地根据实际数据调整控件的大小、位置等。

8.2　创建窗体

　　在 Access 中，提供了 4 种创建窗体的方法：快速创建窗体、使用窗体向导创建窗体、使用空白窗体工具创建窗体和使用设计视图创建窗体。快速创建窗体和使用窗体向导创建窗体都是根据系统的引导完成创建窗体的过程，使用设计视图创建窗体则根据用户的需要自行设计窗体，这需要用户掌握面向对象程序设计的相关知识。

　　在【创建】选项卡的【窗体】组中，提供了多种创建窗体的功能按钮。其中包括【窗体】【窗体设计】和【空白窗体】3 个主要的按钮，还有【窗体向导】【导航】和【其他窗体】3 个辅助按钮，如图 8-4 所示。

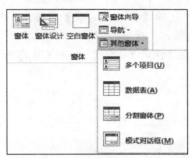

图 8-4　【创建】选项卡的【窗体】组

各个按钮的功能如下。

▽　窗体：最快速地创建窗体的工具，只需单击便可以创建窗体。使用这个工具创建窗体，来自数据源的所有字段都放置在窗体上。

▽　窗体设计：利用窗体设计视图设计窗体。

▽　空白窗体：这也是一种快捷的窗体构建方式，以布局视图的方式设计和修改窗体，尤其是当计划只在窗体上放置很少几个字段时，使用这种方法最为适宜。

▽　窗体向导：一种辅助用户创建窗体的工具。

▽　导航：用于创建导航窗体，即只包含导航控件的窗体。

▽　多个项目：使用【窗体】工具创建窗体时，所创建的窗体一次只显示一个记录。而使用多个项目则可创建显示多个记录的窗体。

▽　数据表：生成数据表形式的窗体。

▽　分割窗体：可以同时提供数据的两种视图，即窗体视图和数据表视图。分割窗体不同于主/子窗体的组合(主/子窗体将在后面介绍)，它的两个视图连接到同一数据源，并且总是相互保持同步的。如果在窗体的某个视图中选择了一个字段，则在窗体的另一个视图中选择相同的字段。

▽ 模式对话框：用于创建对话框窗体，运行时总是浮在系统界面的最上层，默认有【确认】和【取消】按钮，如不关闭对话框窗体，就不能进行其他操作。

8.2.1 快速创建窗体

Access 2019 提供了很多智能化的快速创建窗体的方法，在【创建】选项卡的【窗体】组中，单击窗体工具按钮，即可创建窗体。

1. 使用【窗体】按钮创建新窗体

在导航窗格中选中希望在窗体上显示数据的表或查询，在【创建】选项卡的【窗体】组中单击【窗体】按钮即可自动生成窗体。

☞ 【例8-1】 使用【窗体】按钮创建【员工信息】窗体。 🎬视频

(1) 启动 Access 2019，打开【公司信息数据系统】数据库。

(2) 在导航窗格的【表】组中选择【员工信息表】数据表，打开【创建】选项卡，在【窗体】组中单击【窗体】按钮，生成如图 8-5 所示的窗体。

(3) 在快速访问工具栏中单击【保存】按钮，打开【另存为】对话框。将窗体以文件名"员工信息"进行保存，如图 8-6 所示。

图 8-5　显示窗体

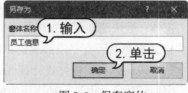

图 8-6　保存窗体

2. 使用分割窗体工具创建分割窗体

分割窗体可以在窗体中同时提供数据的两种视图：窗体视图和数据表视图。

☞ 【例8-2】 使用【分割窗体】按钮创建【订单明细】窗体。 🎬视频

(1) 启动 Access 2019，打开【公司信息数据系统】数据库。

(2) 在导航窗格的【表】组中选择【公司订单表】数据表。单击【创建】选项卡【窗体】组中的【其他窗体】下拉按钮，从弹出的下拉菜单中选择【分割窗体】命令按钮，生成如图 8-7 所示的窗体。

(3) 在快速访问工具栏中单击【保存】按钮，打开【另存为】对话框，将窗体以文件名"订单明细"进行保存。

图 8-7　创建的分割窗体

3. 使用多个项目工具创建显示多个记录的窗体

使用【窗体】按钮创建的窗体只能一次显示一条记录。如果需要一次显示多条记录，那么需要创建一个多个项目窗体。这个窗体的形式类似于一个数据表，但是比数据表的功能性要强很多。

👉 **【例 8-3】**　使用多个项目工具创建【产品信息】窗体。 🎬 视频

(1) 启动 Access 2019，打开【公司信息数据系统】数据库。

(2) 在导航窗格的【表】组中选中【产品信息表】数据表。单击【窗体】组中的【其他窗体】下拉按钮，从弹出的下拉菜单中选择【多个项目】命令，生成如图 8-8 所示的窗体。

(3) 在快速访问工具栏中单击【保存】按钮，打开【另存为】对话框，将窗体以文件名"产品信息"进行保存。

图 8-8　生成的窗体

4. 使用【数据表】工具创建窗体

使用【数据表】工具可以创建一个数据表窗体，该窗体与数据表对象的外观基本相同，通常作为一个窗体出现在其他窗体中。

选择一个表，在【创建】选项卡的【窗体】组中，单击【创建】选项卡【窗体】组中的【其他窗体】下拉按钮，从弹出的下拉菜单中选择【数据表】命令，此时，将根据所选的数据表自动创建一个数据表窗体，该窗体默认处于数据表视图模式，如图 8-9 所示。

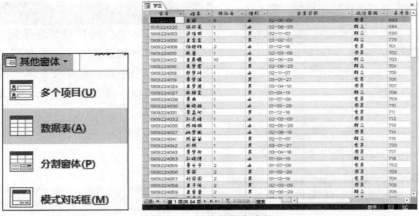

图 8-9　创建数据表窗体

8.2.2　使用窗体向导创建窗体

使用窗体向导也可以创建窗体，按照向导提示进行选择，最后完成窗体的初步创建。如果用户需要调整窗体对象的控件布局，可以切换到设计视图或者布局视图进行调整。

【例 8-4】 使用窗体向导创建【供应商信息】窗体。 视频

(1) 启动 Access 2019，打开【公司信息数据系统】数据库。

(2) 打开【创建】选项卡，在【窗体】组中单击【窗体向导】按钮，打开【窗体向导】对话框，在【表/查询】下拉列表中选择【表：联系人】选项，单击 >> 按钮，将【可用字段】列表中的所有字段添加到【选定字段】列表中，单击【下一步】按钮，如图 8-10 所示。

(3) 打开如图 8-11 所示的对话框。该对话框用来设置窗体布局，选中【纵栏表】单选按钮，单击【下一步】按钮。

图 8-10　选择表和字段

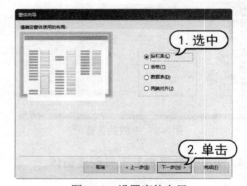

图 8-11　设置窗体布局

(4) 打开如图 8-12 所示的对话框，在【请为窗体指定标题】文本框中输入文字"供应商信息"，其他保持默认设置，单击【完成】按钮。

(5) 此时可以看到生成的【供应商信息】窗体，供应商信息显示在窗体列表中，如图 8-13 所示。

图 8-12　为窗体指定标题

图 8-13　创建的窗体效果

提示

如果要在窗体上包含多个表和查询中的字段，则应在如图 8-10 所示的窗体向导中选择了第一个表或查询中的字段后，再次选择需要的其他表或查询中的字段。然后，单击【下一步】按钮，按提示逐步完成创建窗体操作。

8.2.3　使用空白窗体创建窗体

如果窗体工具或窗体向导不符合创建窗体的需要，可以使用空白窗体工具创建窗体。当计划在窗体上放置很少几个字段时，这是一种快捷的窗体创建方式。

【例 8-5】 使用空白窗体工具创建窗体。　👁️视频

(1) 启动 Access 2019，打开【公司信息数据系统】数据库。

(2) 打开【创建】选项卡，在【窗体】组中单击【空白窗体】按钮。Access 在布局视图中打开一个空白窗体，并显示【字段列表】窗格，如图 8-14 所示。

(3) 在【字段列表】窗格中单击【显示所有表】链接，然后单击"员工信息表"左侧的按钮⊞，展开"员工信息表"中所有的字段列表，如图 8-15 所示。

图 8-14　打开的空白窗体和【字段列表】窗格

图 8-15　展开字段列表

(4) 在展开的列表中双击【员工编号】字段，自动将其添加到空白窗体中，如图 8-16 所示。

(5) 在【字段列表】窗格中，按住 Ctrl 键单击所需的多个字段，同时选中多个字段，将它们拖动到窗体中，如图 8-17 所示。

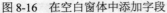

图 8-16　在空白窗体中添加字段　　　　　　　　图 8-17　拖动多个字段到窗体中

(6) 在【窗体布局工具】的【设计】选项卡中单击【页眉/页脚】组中的【日期和时间】按钮，打开【日期和时间】对话框，保持默认设置，单击【确定】按钮，如图 8-18 所示。

(7) 此时，窗体中显示日期，如图 8-19 所示。

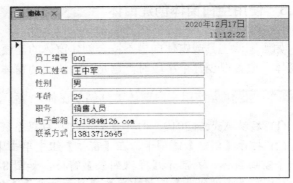

图 8-18　【日期和时间】对话框　　　　　　　图 8-19　设置窗体右上角显示日期

(8) 在快速访问工具栏中单击【保存】按钮，将窗体以文件名"空白窗体"进行保存。

8.2.4　使用设计视图创建窗体

很多情况下，使用向导或者其他方法创建的窗体只能满足一般的需要，不能满足创建复杂窗体的需要。如果要设计灵活复杂的窗体，需要使用设计视图创建窗体，或者使用向导及其他方法创建窗体，完成后在窗体设计视图中进行修改。在设计视图中创建窗体具有如下特点。

▽　不仅能创建窗体，还能修改窗体。无论是用哪种方法创建的窗体，生成的窗体如果不符合预期要求，均可以在设计视图中进行修改。

▽　支持可视化程序设计，用户可利用【窗体设计工具】中的【设计】和【排列】选项卡在窗体中创建与修改对象。

在【创建】选项卡的【窗体】组中，单击【窗体设计】按钮，打开窗体的设计视图。默认情况下，设计视图中只有主体节。如果需要添加其他节，在窗体中右击，在弹出的快捷菜单中选择【页面页眉/页脚】和【窗体页眉/页脚】命令，如图 8-20 所示。

图 8-20　选择命令

创建的窗体如果是用于显示或编辑数据表中的数据，必须为窗体设定数据源；创建的窗体若是用于切换面板的，则不必设定数据源。

窗体数据源的设定主要有以下两种方法。

▽　通过【字段列表】窗格指定窗体数据源。操作方法如下：在【设计】选项卡中单击【工具】组中的【添加现有字段】按钮，打开【字段列表】窗格，单击【显示所有表】链接，然后通过指定字段列表中的字段，确定数据源，如图 8-21 所示。

▽　通过【属性表】窗格指定窗体数据源，操作方法如下：在【设计】选项卡中单击【工具】组中的【属性表】按钮，打开【属性表】窗格，选择所需的【记录源】中的表数据源，如图 8-22 所示。

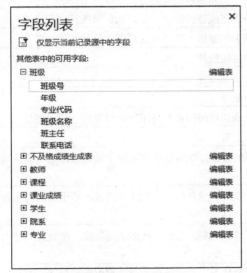

图 8-21　选择字段

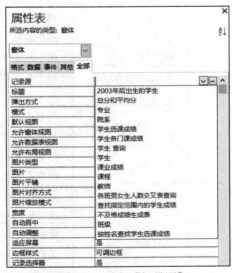

图 8-22　选择【记录源】

控件是窗体设计的"零部件"，打开一个窗体的设计视图时，自动打开【窗体设计工具】的【设计】选项卡显示【控件】组，如图 8-23 所示，以及打开【窗体设计工具】的【排列】选项卡，如图 8-24 所示。

计算机基础与实训教材系列

图 8-23　【窗体设计工具】的【设计】选项卡

图 8-24　【窗体设计工具】的【排列】选项卡

控件是窗体上的图形化对象，如文本框、复选框、滚动条或命令按钮等，用于显示数据和执行操作。【控件】组中各个控件的功能说明如表 8-1 所示。

表 8-1　【控件】中各个控件的功能

按　　钮	名　　称	功　能　说　明
	选择	用于选择控件、节或窗体
abl	文本框	最常用的控件，用于显示和编辑数据，也可以显示表达式运算后的结果和接收用户输入的数据
Aa	标签	用于显示说明性文本，例如窗体的标题
xxxx	按钮	也称为命令按钮，用于完成各种操作，如查找记录或筛选记录等
	选项卡控件	用于创建一个带选项卡的窗体，可以在选项卡中添加其他对象
	超链接	用于在窗体中插入超链接控件
	Web 浏览器控件	用于在窗体中插入浏览器控件
	导航控件	用于在窗体中插入导航条
XYZ	选项组	与复选框、选项按钮或切换按钮搭配使用，可以显示一组可选值
	插入分页符	指定多页窗体的分页位置
	组合框	结合列表框和文本框的特性，既可以在文本框中输入值，也可以从列表框中选择值
	直线	可以在窗体上绘制水平线、垂直线或对角线等直线，用于突出显示数据或隔离不同的数据
	切换按钮	单击时可以在开/关、真/假或是/否两种状态之间切换，使数据的输入更加直接、容易
	列表框	以固定的尺寸出现在窗体上，若可选项超出了列表框的尺寸，在列表的右侧会出现一个滚动条，只可选择其中列出的值
	矩形	用于绘制一个矩形方框，将一组相关的控件组织在一起
✓	复选框	表示"是/否"值的最佳控件，显示为一个方框，如果选中会显示一个标记，否则就是一个空白方框

(续表)

按　钮	名　称	功 能 说 明
	未绑定对象框	用于显示没有绑定到表的字段上的 OLE 对象或嵌入式图片，如 Excel 表格、Word 文档等
	附件	在窗体中插入附件控件
	选项按钮	又称为单选按钮，显示为一个圆圈，如果选中，中间会显示一个点，其作用与切换按钮类似
	子窗体/子报表	用于在主窗体中添加另一个窗体，即创建主/次窗体，显示来自多个表或查询的数据
	绑定对象框	用于显示与表字段绑定在一起的 OLE 对象或嵌入式图片
	图像	显示静态图像，且不能对其编辑
	图表	在窗体中插入图表对象，以图形的格式显示数据

【例 8-6】　使用设计视图创建一个【销售人员信息】窗体。　视频

(1) 启动 Access 2019，打开【公司信息数据系统】数据库。

(2) 打开【创建】选项卡，在【窗体】组中单击【窗体设计】按钮，打开窗体设计视图，如图 8-25 所示。

(3) 自动打开【窗体设计工具】的【设计】选项卡，在【工具】组中单击【添加现有字段】按钮，打开如图 8-26 所示的【字段列表】窗格，单击【显示所有表】链接。

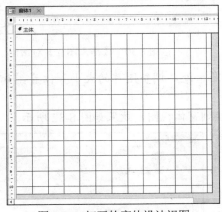

图 8-25　打开的窗体设计视图

图 8-26　【字段列表】窗格

(4) 在【销售人员信息】选项展开的字段列表中选择【员工编号】字段，然后将其拖动到窗体上，如图 8-27 所示。

(5) 选中添加的标签控件和文本框控件，使用键盘的方向键将它们移动到窗体视图的合适位置，如图 8-28 所示。

提示

要移动控件位置，还可以在同时选中标签控件和文本框控件后，将鼠标放置在控件的任意边框线上，当鼠标指针变为 时拖动即可。

计算机基础与实训教材系列

图 8-27　在窗体视图中添加字段

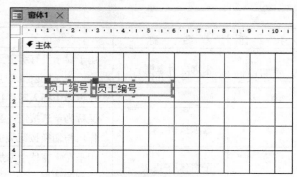

图 8-28　移动添加的控件的位置

(6) 参照步骤(4)~(5)，将字段【员工姓名】【职务】和【联系方式】添加到设计视图窗口中，并调整控件在窗体中的位置，如图 8-29 所示。

(7) 在【设计】选项卡的【页眉/页脚】组中单击【徽标】按钮，打开如图 8-30 所示的【插入图片】对话框，选择需要作为徽标的图片，单击【确定】按钮。

图 8-29　添加其他字段

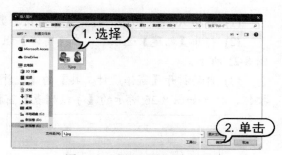

图 8-30　【插入图片】对话框

(8) 完成以上操作后，即可将图片插入窗体页眉节处，调整图片的大小和位置，如图 8-31 所示。

(9) 在状态栏中单击【窗体视图】按钮，切换到窗体视图，效果如图 8-32 所示。

图 8-31　在设计视图中添加徽标

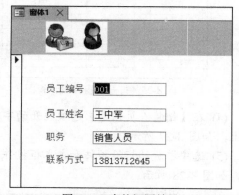

图 8-32　窗体视图效果

(10) 单击快速访问工具栏中的【保存】按钮，将窗体以文件名"销售人员信息"进行保存。

8.3　应用窗体控件

如果要创建个性化的窗体，需要在设计视图中自行添加窗体控件。控件是构成窗体的基本元素，在窗体中对数据的操作都是通过控件实现的。使用控件对窗体布局进行设计，体现出窗体对象操作灵活、窗体界面美观等特点，更好地实现人机交互的功能。

8.3.1　控件的概述

控件源于面向对象的概念，下面介绍与控件相关的概念。

1. 控件的类型

控件分为绑定型、未绑定型和计算型 3 种类型。

▽　绑定型控件：数据源是表或查询中字段的控件称为绑定型控件。使用绑定型控件可以显示数据库中字段的值，值可以是文本、日期、数字、是/否值、图片或图形。

▽　未绑定型控件：没有指定数据源(如字段或表达式)的控件称为未绑定型控件，可以使用未绑定型控件显示文本、图片、线条或矩形等。

▽　计算型控件：数据源是表达式(而非字段)的控件称为计算型控件。通过定义表达式来指定要用作控件的数据源的值。表达式可以是运算符、控件名称、字段名称、返回单个值的函数以及常数值的组合。

使用如图 8-33 所示的【控件】组中的控件按钮可以添加控件并设置其属性。常见控件介绍如上表 8-1 所示。

图 8-33　【控件】组中的控件

单击【控件】组中的某个控件按钮，然后在窗体的合适位置上单击，即可添加该控件。

2. 面向对象的基本概念

在面向对象程序设计中，类(Class)和对象(Object)是两个重要的概念，类是一组具有相同数据结构和相同操作的对象的集合。每个控件图标相当于一个类，在窗体中添加的一个个控件就是对应类的对象。

每一个对象具有相应的属性、事件和方法。属性是对象固有的特质，不同类型的对象具有不同的属性集，如控件的大小和颜色。由对象发出且能够为某些对象感受到的行为动作称为事件。事件分内部事件和外部事件，系统中对象的数据操作和功能调用命令等都是内部事件，而鼠标的移动、单击或键盘的按下、释放都是外部事件。并不是所有的事件都能被每一个对象感受到，当某一个对象感受到一个特定事件发生时，这个对象应该可以做出某种响应。例如，单击一个运行窗体上标记为【退出】的命令按钮对象时，则这个窗体会被关闭。由于这个标记为【退出】的命令按钮对象感受到这个事件，并以执行关闭窗体的操作命令来响应这个事件。因此，把方法定义为一个对象响应某一事件的一个操作序列。方法是附属于对象的行为和动作，也可以将其理解为指示对象动作的命令。当某一个事件发生时，方法被执行，这种执行方式称为事件驱动，这也是面向对象程序设计的基本特点。

8.3.2 窗体和控件的属性

窗体及窗体中的每一个控件都具有各自的属性，这些属性决定了窗体和控件的外观、包含的数据及对外部事件的响应。设计窗体时需要对窗体和控件的属性进行相应的设置。

1. 窗体的属性设置

在 Access 中，可以通过单击【设计】选项卡的【工具】组中的【属性表】按钮，打开【属性表】窗格，对窗体属性进行设置，如图 8-34 所示。

图 8-34 【属性表】窗格中的属性

该窗体的属性分为 4 类：【格式】【数据】【事件】与【其他】。

(1) 【格式】属性的项目很多，主要用于决定窗体的外观设置。窗体的常用【格式】属性如表 8-2 所示。

表 8-2 窗体的常用【格式】属性

属 性 名 称	属 性 值	作 用
标题	字符串	设置窗体标题所显示的文本
默认视图	连续窗体、单个窗体、数据表、数据透视图、分割窗体	决定窗体的显示形式
滚动条	两者均无、水平、垂直、水平和垂直	决定窗体显示时是否具有滚动条，或滚动条的形式

(续表)

属 性 名 称	属 性 值	作 用
记录选择器	是/否	决定窗体显示时是否具有记录选择器
导航按钮	是/否	决定窗体运行时是否具有记录导航按钮
分隔线	是/否	决定窗体显示时是否显示窗体各个节间的分隔线
自动居中	是/否	决定窗体显示时是否在 Windows 窗口中自动居中
控制框	是/否	决定窗体显示时是否显示控制框

(2) 【数据】属性用于控制数据来源。窗体的常用【数据】属性如表 8-3 所示。

表 8-3 窗体的常用【数据】属性

属 性 名 称	属 性 值	作 用
记录源	表或查询名	指明窗体的数据源
筛选	字符串表达式	表示从数据源筛选数据的规则
排序依据	字符串表达式	指定记录的排序规则
允许编辑	是/否	决定窗体运行时是否允许对数据进行编辑
允许添加	是/否	决定窗体运行时是否允许对数据进行添加
允许删除	是/否	决定窗体运行时是否允许对数据进行删除

(3) 【事件】属性可以为一个对象发生的事件指定命令，完成指定任务。通过【事件】选项卡可以设置窗体的宏操作或 VBA 程序。窗体的【事件】属性如图 8-35 所示。

(4) 【其他】属性包含控件的名称等属性，如图 8-36 所示。

图 8-35 窗体的【事件】属性

图 8-36 窗体的【其他】属性

2. 控件的属性设置

控件只有经过属性设置以后，才能发挥正常的作用。通常，设置控件可以有两种方法：一种是在创建控件时弹出的【控件向导】中设置；另一种是在控件的【属性表】窗格中设置。控件的【属性表】窗格的设置方法与窗体的【属性表】窗格的设置方法相同。控件的常用属性如表 8-4 所示。

表 8-4　控件的常用属性

类　　型	属性名称	属性标识	功　　能
格式属性	标题	Caption	设置控件的标题
	格式	Format	自定义数字、日期、时间和文本的显示方式
	可见性	Visible	提供可见性选择
	边框样式	Borderstyle	选择边框样式
	左边距	Left	设置左边距
	背景样式	Backstyle	提供背景样式的选择
	特殊效果	Specialeffect	提供特殊效果的选择
	字体名称	Fontname	选择字体名称
	字号	Fontsize	选择字号
	字体粗细	Fontweight	选择字体粗细
	倾斜字体	Fontitalic	提供字体的倾斜选择
	背景色	Backcolor	设定标签显示时的底色
	前景色	Forecolor	设定显示内容的颜色
数据属性	控件来源	Controlsource	告诉系统如何检索或保存在窗体中要显示的数据。如果控件来源中包含一个字段名，则在控件中显示的是数据表中该字段的值，对窗体中的数据所进行的任何修改都将被写入字段中；如果该属性值设置为空，除非编写了一个程序，否则控件中显示的数据不会写入数据表中；如果该属性含有一个计算表达式，那么该控件显示计算结果
	输入掩码	Inputmask	设定控件的输入格式(文本型或日期型)
数据属性	默认值	Defaultvalue	设定一个计算型控件或未绑定型控件的初始值，可使用表达式生成器向导来确定默认值
	验证规则	Validationrule	设置数据验证规则
	验证文本	validationtext	设置数据验证文本
	是否锁定	Locked	指定是否可以在窗体视图中编辑数据
	可用	Enabled	决定是否能够单击该控件，若为否，则显示为灰色
其他属性	名称	Name	用于标识控件名，控件名称必须唯一
	状态栏文字	Statusbartext	在状态栏中输入文字
	允许自动校正	Allowautocorrect	用于更正控件中的拼写错误
	自动 Tab 键	Autotab	用于指定当输入文本框控件的输入掩码所允许的最后一个字符时，是否发生自动 Tab 键切换。自动 Tab 键切换会按窗体的 Tab 键顺序将焦点移到下一个控件上
	Tab 键索引	Tabindex	设定该控件是否自动设定 Tab 键的顺序
	控件提示文本	controltiptext	设定当鼠标停留在控件上是否显示提示文本，以及显示的提示文本信息内容

3. 事件和事件过程

事件是指在窗体和控件上进行能够识别的动作而执行的操作,事件过程是指在某事件发生时执行的代码。

窗体的事件可以分为 8 种类型,分别是鼠标事件、窗口事件、焦点事件、键盘事件、数据事件、打印事件、筛选事件、错误与时间事件。前 5 种类型的事件如表 8-5 所示。

表 8-5　窗体的事件

事 件 类 型	事 件 名 称	说　　明
鼠标事件	Click	在窗体上,单击一次所触发的事件
	DbClick	在窗体上,双击所触发的事件
	MouseDown	在窗体上,按下鼠标所触发的事件
	MouseUp	在窗体上,放开鼠标所触发的事件
	MouseMove	在窗体上,移动鼠标所触发的事件
窗口事件	Open	打开窗体,但数据尚未加载时所触发的事件
	Load	打开窗体,且数据已加载时所触发的事件
	Close	关闭窗体时所触发的事件
	Unload	关闭窗体,且数据被卸载时所触发的事件
	Resize	窗体大小发生改变时所触发的事件
	Activate	窗体成为活动中的窗口时所触发的事件
	Timer	窗体所设置的计时器间隔达到时所触发的事件
焦点事件	Deactivate	焦点移到其他的窗口时所触发的事件
	GotFocus	控件获得焦点时所触发的事件
	LostFocus	控件失去焦点时所触发的事件
	Current	当焦点移到某一记录,使其成为当前记录,或者当对窗体进行刷新或重新查询时所触发的事件
键盘事件	KeyDown	对象获得焦点时,用户按下键盘上任意一个键时所触发的事件
	KeyPress	对象获得焦点时,用户按下并释放一个会产生 ASCII 码键时所触发的事件
	KeyUp	对象获得焦点时,放开键盘上的任何键所触发的事件
数据事件	BeforeUpdate	当记录或控件被更新时所触发的事件
	AfterUpdate	当记录或控件被更新后所触发的事件

单击命令按钮时,会触发命令按钮的事件,执行其事件过程,达到某个特定操作的目的。命令按钮的常用事件如表 8-6 所示。

表 8-6　命令按钮的常用事件

事 件 类 型	事 件 名 称	说　　明
常用事件	Click	单击命令按钮时所触发的事件
	MouseDown	鼠标在命令按钮上按下左键时所触发的事件
	MouseUp	鼠标在命令按钮上释放时所触发的事件
	MouseMove	鼠标在命令按钮上移动时所触发的事件

计算机基础与实训教材系列

当文本框内接收到内容或光标离开文本框时，会执行相应的事件过程，触发对应的事件。文本框的常用事件如表 8-7 所示。

表 8-7　文本框的常用事件

事 件 类 型	事 件 名 称	说　　明
常用事件	Change	当用户输入新内容，或程序对文本框的显示内容重新赋值时所触发的事件
	LostFocus	当用户按下 Tab 键时光标离开文本框，或用鼠标选择其他对象时触发的事件

对窗体和控件设置事件属性值是为该窗体或控件设定响应事件的操作流程。如果需要令某一控件能够在某一事件触发时，做出相应的响应，就必须为该控件针对该事件的属性赋值。事件属性的赋值可以在以下 3 个处理事件的方法种类中选择一种：设定一个表达式、指定一个宏操作、编写一段 VBA 程序。单击相应属性框右侧的 按钮，弹出【选择生成器】对话框，可在该对话框中选择处理事件方法的种类，如图 8-37 所示。

图 8-37　【选择生成器】对话框

8.3.3　使用组合框控件

最常用的控件是文本框(默认创建的就是文本框控件)控件，其他控件包括组合框、列表框、复选框和选项卡控件等。

窗体提供组合框控件，使用组合框控件可以减少重复输入数据带来的烦琐。下面将以实例介绍创建组合框来输入数据的方法。

【例 8-7】　在【员工信息】窗体中创建组合框。　视频

(1) 启动 Access 2019，打开【公司信息数据系统】数据库。

(2) 在导航窗格的【窗体】组中双击【员工信息】选项，打开【员工信息】窗体。

（3）在【开始】选项卡的【视图】组中，单击【视图】下拉按钮，从弹出的下拉菜单中选择【设计视图】命令，切换到设计视图界面。

（4）选中【性别】文本框控件，并按下 Delete 键，将其删除，如图 8-38 所示。

图 8-38　删除文本框控件

（5）在【窗体设计工具】的【设计】选项卡的【控件】组中单击【其他】按钮，弹出控件列表框，保持【使用控件向导】选项的选中状态，然后单击【工具】组中的【添加现有字段】按钮，打开【字段列表】窗格。

（6）在【控件】组中单击【其他】按钮，从弹出的控件列表框中单击【组合框】按钮，并将【性别】字段从【字段列表】窗格中拖动至窗体设计视图中，如图 8-39 所示。

（7）释放鼠标后，打开【组合框向导】对话框，选中【自行键入所需的值】单选按钮，单击【下一步】按钮，如图 8-40 所示。

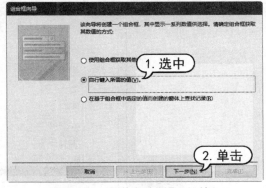

计算机基础与实训教材系列

图 8-39　创建组合框控件　　　　　　图 8-40　【组合框向导】对话框

（8）在打开对话框的【第一列】文本框中输入如图 8-41 所示的文字，单击【下一步】按钮。

（9）在打开的对话框中保持默认设置，单击【下一步】按钮，如图 8-42 所示。

（10）在打开的【组合框向导】对话框下面的【请为组合框指定标签】文本框中输入标签名称"性别"，单击【完成】按钮，如图 8-43 所示。

（11）此时，添加组合框控件后的窗体视图效果如图 8-44 所示。

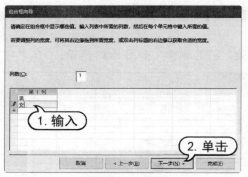

图 8-41　设置列的内容

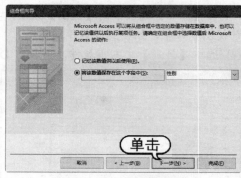

图 8-42　单击【下一步】按钮

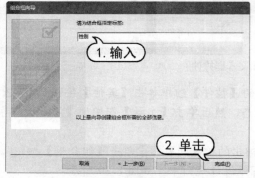

图 8-43　设置组合框的标签名称

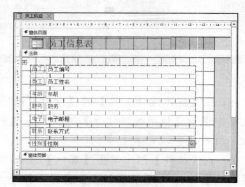

图 8-44　设置的组合框控件效果

(12) 此时切换到窗体视图，添加的控件效果如图 8-45 所示。

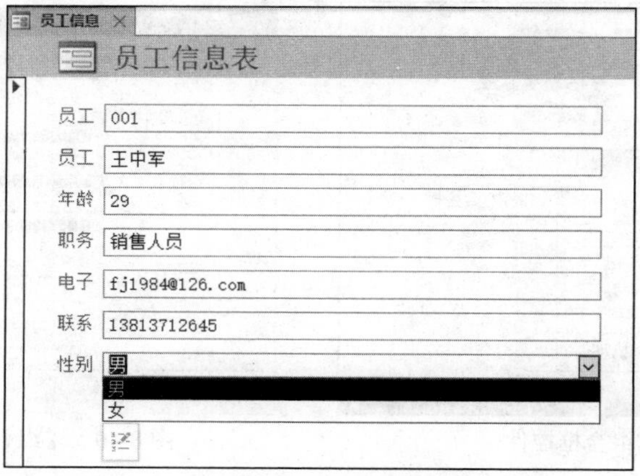

图 8-45　显示设置的控件效果

8.3.4　使用列表框控件

列表框控件是提供一列选项的控件，它由一个列表和一个可选标签组成。如果列表中提供的选项超过控件中可显示的数目，则 Access 会在控件中显示一个滚动条，拖动滚动条即可显示所有的选项。下面将以实例来介绍使用列表框控件的方法。

【例 8-8】　在【员工信息】窗体中创建列表框。　🔘视频

(1) 启动 Access 2019，打开【公司信息数据系统】数据库。

(2) 打开【员工信息】窗体，在【开始】选项卡的【视图】组中，单击【视图】下拉按钮，从弹出的下拉菜单中选择【设计视图】命令，切换到设计视图界面。

(3) 选中【性别】文本框控件，并按下 Delete 键将其删除，结果如图 8-46 所示。

(4) 在【窗体设计工具】的【设计】选项卡的【控件】组中单击【其他】按钮，从弹出的控件列表框中单击【列表框】按钮，并将【性别】字段从【字段列表】窗格中拖动至窗体设计视图的合适位置，如图 8-47 所示。

图 8-46　删除【性别】文本框控件

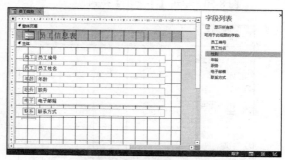

图 8-47　添加列表框控件

(5) 释放鼠标后，自动打开如图 8-48 所示的【列表框向导】对话框，选中【自行键入所需的值】单选按钮，单击【下一步】按钮。

(6) 在打开的对话框的列表框中输入如图 8-49 所示的文字，单击【下一步】按钮。

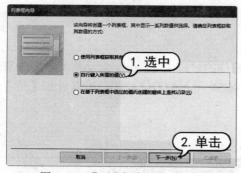

图 8-48　【列表框向导】对话框

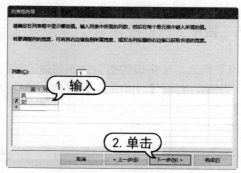

图 8-49　设置列表框中列的值

(7) 在打开的对话框中保持默认设置，单击【下一步】按钮，如图 8-50 所示。

(8) 在打开的对话框的【请为列表框指定标签】文本框中输入"性别"，单击【完成】按钮，如图 8-51 所示。

(9) 在窗体设计视图窗口中调整控件的大小，如图 8-52 所示。

(10) 切换到窗体视图。此时，添加的控件效果如图 8-53 所示。

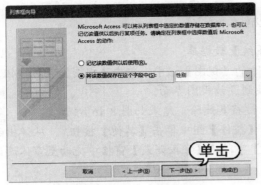

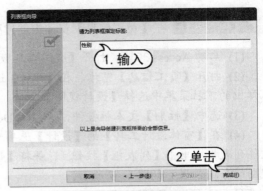

图 8-50　单击【下一步】按钮　　　　　　图 8-51　设置列表框的标签名称

图 8-52　在窗体设计视图中调整控件大小　　　图 8-53　列表框控件效果

(11) 在快速访问工具栏中单击【保存】按钮，保存对窗体控件的修改。

8.3.5　使用复选框控件

当数据表中某字段的值为逻辑值时，则在创建窗体的过程中，Access 自动将其设置为复选框控件。例如，打开【订单明细】窗体，切换至如图 8-54 所示的设计视图，可以看到【是否执行完毕】字段自动创建为复选框控件。

图 8-54　复选框控件效果

如果需要将复选框控件更改为单选按钮或切换按钮，只需在窗体的设计视图中选中复选框控件并右击，从弹出的快捷菜单中选择【更改为】命令，然后选择【单选按钮】或【切换按钮】子命令即可。

提示

Access 2019 提供复选框、单选按钮(系统中称其为"选项按钮")和切换按钮，用户可以用它们来显示和输入逻辑值(即【是/否】)值。这些控件提供了逻辑值的图形化表示，以使用户使用和阅读。

8.3.6　使用选项卡控件

选项卡控件也是最重要的控件之一，它可以在有限的屏幕上摆放更多的可视化元素，如文本、命令、图像等。如果要查看选项卡上的某些元素，只需单击相应的选项卡切换到其选项卡界面即可。

【例 8-9】 使用选项卡控件创建【员工工资】窗体。　视频

(1) 启动 Access 2019，打开【公司信息数据系统】数据库。

(2) 打开【创建】选项卡，在【窗体】组中单击【窗体设计】按钮，打开设计视图窗口。

(3) 在【窗体设计工具】的【设计】选项卡的【控件】组中单击【其他】按钮，从弹出的控件列表框中单击【选项卡控件】按钮。在窗体视图中进行拖动绘制选项卡控件，如图 8-55 所示。

(4) 释放鼠标后，调整其大小。此时，选项卡控件效果如图 8-56 所示。

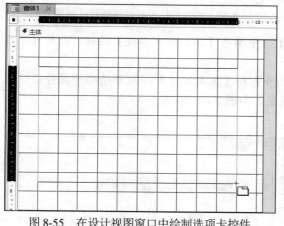

图 8-55　在设计视图窗口中绘制选项卡控件

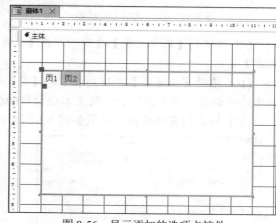

图 8-56　显示添加的选项卡控件

(5) 右击【页 1】选项卡标签，在弹出的快捷菜单中选择【属性】命令，打开【属性表】窗格，在【标题】文本框中输入文字"基本工资"，如图 8-57 所示。

(6) 选中【页 2】选项卡标签，在【属性表】窗格的【标题】文本框中输入文字"业绩奖金"。关闭窗格，此时窗体设计视图效果如图 8-58 所示。

图 8-57　设置选项卡标签标题

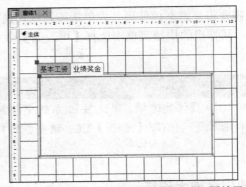

图 8-58　更改标签标题后的窗体设计视图效果

(7) 选中【业绩奖金】标签，在【控件】组中单击【插入页】按钮□，在选项卡控件中添加【页 3】标签，如图 8-59 所示。

(8) 参照步骤(5)，更改页标签标题为"住房补助"。继续添加【应扣劳保金额】选项卡，效果如图 8-60 所示。

图 8-59　添加选项卡页标签

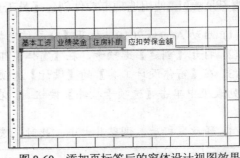

图 8-60　添加页标签后的窗体设计视图效果

(9) 切换到【基本工资】选项卡，在【工具】组中单击【添加现有字段】按钮，打开【字段列表】窗格。

(10) 拖动【工资表】字段列表中的【员工编号】和【基本工资】字段到选项卡控件设计区域中，并调整选项卡控件和字段文本框控件的位置，如图 8-61 所示。

(11) 切换到窗体视图，效果如图 8-62 所示。

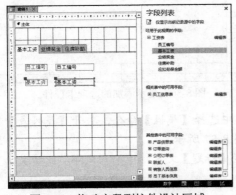

图 8-61　拖动字段到控件设计区域

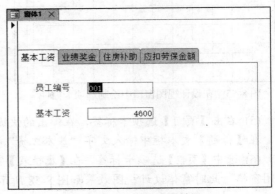

图 8-62　窗体视图效果

(12) 切换至设计视图。使用同样的方法，在【业绩奖金】选项卡中添加【员工编号】和【业绩奖金】文本框控件；在【住房补助】选项卡中添加【员工编号】和【住房补助】文本框控件；在【应扣劳保金额】选项卡中添加【员工编号】和【应扣劳保金额】文本框控件，如图 8-63所示。

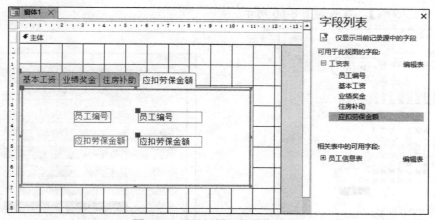

图 8-63 设计视图下的最终效果

(13) 在快速访问工具栏中单击【保存】按钮，打开【另存为】对话框。将创建的窗体以"员工工资"为名进行保存。

8.3.7 设置控件格式

创建完控件后，需要经常编辑控件。例如，对齐控件、调整控件的间距、设置控件背景色以及设置控件属性等。

【例 8-10】 在【员工信息】窗体中设置控件格式。 视频

(1) 启动 Access 2019，打开【公司信息数据系统】数据库。

(2) 在导航窗格的【窗体】组中右击【员工信息】选项，在弹出的快捷菜单中选择【布局视图】命令，打开窗体布局视图，如图 8-64 所示。

图 8-64 打开窗体布局视图

(3) 选中【员工编号】控件，打开【窗体布局工具】的【格式】选项卡。在【字体】组中单击【填充/背景色】按钮 ▣▾ 右侧的下拉箭头，在打开的颜色面板中选择【绿色，个性色 6，淡色 60%】色块，如图 8-65 所示。

(4) 参照步骤(3)，为其他文本框控件添加相同的背景色，并为控件标签设置背景色为【金色，个性色 4，淡色 60%】，效果如图 8-66 所示。

图 8-65　选择颜色

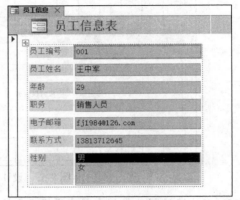

图 8-66　设置控件背景色

(5) 按住 Shift 键同时选中右侧的所有控件，打开【窗体布局工具】的【排列】选项卡。在【位置】组中单击【控件边距】按钮，从弹出的菜单中选择【无】选项。此时，布局视图中的控件效果如图 8-67 所示。

(6) 选中【性别】控件，将其拖动至【年龄】控件下面，如图 8-68 所示。

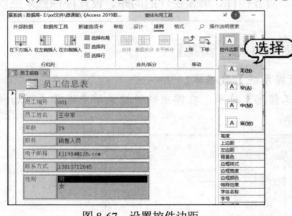

图 8-67　设置控件边距

图 8-68　拖动控件

(7) 打开【窗体布局工具】的【设计】选项卡，在【工具】组中单击【属性表】按钮，打开【属性表】窗格。在窗格上方的下拉列表中选择【电子邮箱】选项，并在【格式】选项卡的【下画线】下拉列表中选择【是】选项，如图 8-69 所示。

(8) 在【属性表】窗格上方的下拉列表中选择【员工编号】选项，在【是否锁定】下拉列表中选择【是】选项，如图 8-70 所示。

图 8-69 设置下画线

图 8-70 设置锁定

(9) 返回窗体视图，最后显示的控件效果如图 8-71 所示。

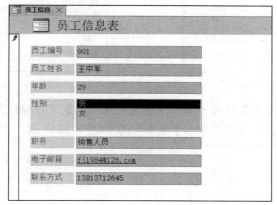

图 8-71 显示的控件效果

8.3.8 设置窗体和节

最基本的窗体只包含主体，但是随着窗体复杂度的提高，窗体还会包含【窗体页眉】【页面页眉】【主体】【页面页脚】和【窗体页脚】这 5 个节。选择不同的菜单命令可以显示不同的节，而根据数据显示的特性，可以将数据摆放在不同的节中。如果要添加窗体页眉和页脚，可以在窗体中右击，从弹出的快捷菜单中选择【窗体页眉/页脚】命令；如果要添加页面页眉和页脚，可以在右键菜单中选择【页面页眉/页脚】命令。

【例 8-11】 在【订单明细】窗体中设置属性。 视频

(1) 启动 Access 2019，打开【公司信息数据系统】数据库。

(2) 在导航窗格的【窗体】组中右击【订单明细】选项，从弹出的快捷菜单中选择【设计视图】命令，打开【订单明细】窗体的设计视图窗口。

(3) 打开【窗体设计工具】的【设计】选项卡，在【控件】组中单击【其他】按钮 ，从弹出的控件列表框中单击【文本框】按钮 abl 。在【窗体页脚】设计区域绘制一个控件，根据打开的向导对话框进行创建，设置文本框标签标题为"当前日期"。此时，【窗体页脚】设计区域如图

计算机基础与实训教材系列

8-72 所示。

(4) 右击文本框控件，在弹出的快捷菜单中选择【属性】命令，打开【属性表】窗格。打开【当前时间】的【数据】选项卡，在【控件来源】文本框中输入表达式 "=DATE()"，如图 8-73 所示。

图 8-72　在窗体页脚中添加控件

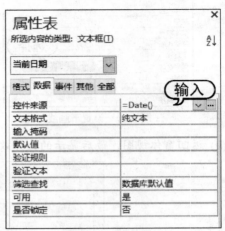

图 8-73　设置控件来源

(5) 在【窗体】的【格式】选项卡下面单击【默认视图】下拉按钮，从弹出的下拉列表中选择【连续窗体】选项。此时，【订单明细】窗体效果如图 8-74 所示。

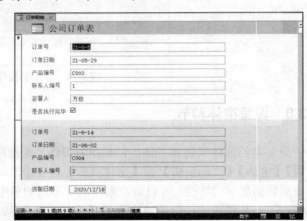

图 8-74　设置连续窗体效果

(6) 右击【窗体页脚】节，在弹出的快捷菜单中选择【填充/背景色】命令，在弹出的色板中选择一种颜色，如图 8-75 所示。

(7) 切换至窗体视图，【订单明细】窗体效果如图 8-76 所示。在快速访问工具栏中单击【保存】按钮，保存对窗体所做的修改。

图 8-75　设置窗体页脚的背景色

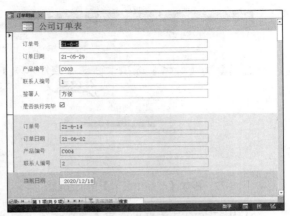

图 8-76　设置后的窗体效果

8.4　使用主/子窗体

在 Access 中，有时需要在一个窗体中显示另一个窗体中的数据。窗体中的窗体称为子窗体，包含子窗体的窗体称为主窗体。使用主/子窗体的作用如下：以主窗体的某个字段为依据，在子窗体中显示与此字段相关的记录，而在主窗体中切换记录时，子窗体的内容也会随着切换。因此，两个表之间存在"一对多"的关系时，则可以使用主/子窗体显示两表中的数据。主窗体使用"一"方的表作为数据源，子窗体使用"多"方的表作为数据源。创建主/子窗体有两种方法：一种是同时创建主窗体和子窗体；另一种方法是将已有的窗体添加到另一个窗体中，创建带有子窗体的主窗体。

8.4.1　同时创建主窗体和子窗体

本小节将以【产品信息表】和【公司订单表】为数据源，同时创建【产品记录】主窗体和【订单记录】子窗体，来介绍使用窗体向导同时创建主窗体和子窗体的操作方法。

【例 8-12】使用窗体向导同时创建主窗体和子窗体。　🎬视频

(1) 启动 Access 2019，打开【公司信息数据系统】数据库。

(2) 打开【创建】选项卡，在【窗体】组中单击【窗体向导】按钮，打开【窗体向导】对话框。

(3) 从【表/查询】下拉列表中选择【表：产品信息表】选项，然后将【可用字段】列表中的所有字段添加到【选定字段】列表中，如图 8-77 所示。

(4) 继续从【表/查询】下拉列表中选择【表：公司订单表】选项，并将所有字段添加到【选定字段】列表中，单击【下一步】按钮，如图 8-78 所示。

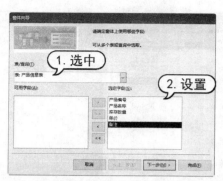
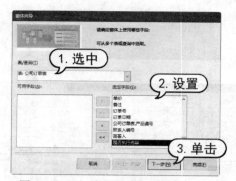

图 8-77 添加【产品信息表】中的字段　　　　图 8-78 添加【公司订单表】中的字段

(5) 从打开的对话框中选中【带有子窗体的窗体】单选按钮，单击【下一步】按钮，如图 8-79 所示。

(6) 在打开的对话框中选中【数据表】单选按钮，单击【下一步】按钮，如图 8-80 所示。

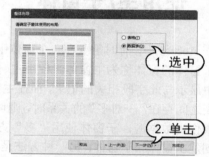

图 8-79 设置查看数据的方式　　　　图 8-80 设置子窗体的布局方式

(7) 在打开的对话框的【窗体】文本框中将主窗体的标题命名为"产品记录"，在【子窗体】文本框中将子窗体的标题命名为"订单记录"。其他选项保持默认设置，单击【完成】按钮，如图 8-81 所示。

(8) 此时，自动打开创建的主/子窗体，如图 8-82 所示。当在子窗体中添加记录时，Access 会自动地保存每一条记录，并把链接字段自动地填写为主窗体中链接字段的值。

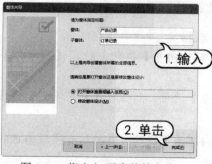

图 8-81 指定主/子窗体的名称　　　　图 8-82 创建的主/子窗体效果

提示

在使用两个源表之前，必须在两个表之间建立一对多的关系。

8.4.2　创建子窗体并添加到已有窗体

除了上面介绍的同时创建主窗体和子窗体的方法外，还可以创建子窗体并将其添加到已有的窗体中。

【例 8-13】 将【员工工资】窗体作为【员工信息】窗体的子窗体。 🔅视频

(1) 启动 Access 2019，打开【公司信息数据系统】数据库。

(2) 打开【员工信息】窗体的设计视图窗口，打开【窗体设计工具】的【设计】选项卡，在【控件】组中的【使用控件向导】选项处于选中的状态下，单击【其他】按钮，从弹出的控件列表框中单击【子窗体/子报表】按钮，在设计视图中进行拖动绘制一个控件，如图 8-83 所示。

(3) 释放鼠标，打开【子窗体向导】对话框，选中【使用现有的窗体】单选按钮，在窗体列表中选择【员工工资】选项，单击【下一步】按钮，如图 8-84 所示。

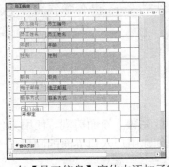

图 8-83　在【员工信息】窗体中添加子窗体控件

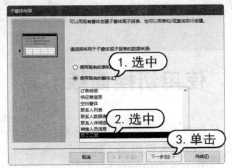

图 8-84　【子窗体向导】对话框

(4) 在打开的对话框中选中【自行定义】单选按钮，在【窗体/报表字段】下拉列表中选择【员工编号】选项，在【子窗体/子报表字段】下拉列表中选择【员工编号】选项，单击【下一步】按钮，如图 8-85 所示。

(5) 在打开的对话框的【请指定子窗体或子报表的名称】文本框中输入文字"员工工资记录"，单击【完成】按钮，如图 8-86 所示。

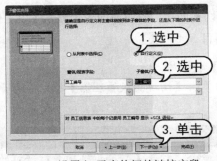

图 8-85　设置主/子窗体间的链接字段

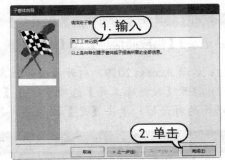

图 8-86　指定子窗体名称

(6) 此时，即可完成子窗体的创建操作。切换到窗体视图，主/子窗体效果如图 8-87 所示。

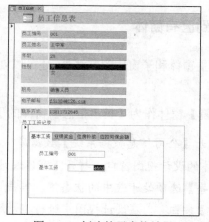

图 8-87　创建的子窗体效果

> **提示**
>
> 　　切换到设计视图，可以分别对主窗体和子窗体进行属性及外观设置，具体操作参照前面章节内容。

8.5　使用切换面板

　　用户入口界面是用户与系统进行交互的主要通道。一个功能完善、界面美观、使用方便的用户界面，可以极大地提高工作效率。Access 为用户提供了一个创建用户入口界面的向导——切换面板。利用切换面板管理器可以创建和编辑切换面板。

8.5.1　创建切换面板

　　如果用户还未创建要为之添加切换面板的数据库，可以使用数据库向导，向导会自动创建一个切换面板，用于帮助用户在数据库中导航。而通过新建【空白数据库】命令创建的数据库，可以使用切换面板管理器来创建、自定义和删除切换面板。

　　【例 8-14】为【公司信息数据系统】数据库创建切换面板，使切换面板中显示【员工信息】【产品记录】【供应商信息】和【退出系统】这 4 个项目。　📹视频

　　(1) 启动 Access 2019，打开【公司信息数据系统】数据库。

　　(2) 打开【数据库工具】选项卡，在【新建组】中单击【切换面板管理器】按钮，打开如图 8-88 所示的对话框，单击【是】按钮。

> **提示**
>
> 　　单击【文件】按钮，从打开的菜单中选择【选项】命令，打开【Access 选项】对话框的【自定义功能区】选项卡。在【从下列位置选择命令】下拉列表中选择【不在功能区中的命令】选项，并在列表框中选择【切换面板管理器】选项，单击【添加】按钮，将其添加到自定义的【数据库工具】|【新建组】中，如图 8-89 所示。

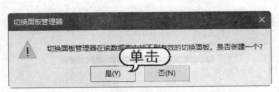

图 8-88　Access 询问对话框

图 8-89　【Access 选项】对话框

(3) 打开如图 8-90 所示的【切换面板管理器】对话框，单击【编辑】按钮。

(4) 打开【编辑切换面板页】对话框，在【切换面板名】文本框中输入文字"公司信息数据系统"，单击【新建】按钮，如图 8-91 所示。

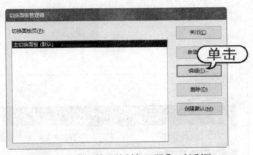

图 8-90　【切换面板管理器】对话框

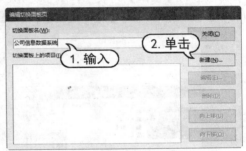

图 8-91　【编辑切换面板页】对话框

(5) 打开【编辑切换面板项目】对话框，在【文本】文本框中输入文字"员工信息"，在【命令】下拉列表中选择【在"添加"模式下打开窗体】选项，在【窗体】下拉列表中选择【员工信息】选项，单击【确定】按钮，如图 8-92 所示。

(6) 此时，【员工信息】项目名称显示在【切换面板上的项目】列表中，如图 8-93 所示。

图 8-92　设置切换面板中的项目

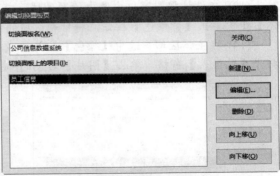

图 8-93　项目名称添加到【切换面板上的项目】列表中

(7) 参照步骤(4)~(6)，继续添加切换面板项目【产品记录】和【供应商信息】。

(8) 返回【编辑切换面板页】对话框，继续单击【新建】按钮。

计算机基础与实训教材系列

(9) 打开【编辑切换面板项目】对话框，在【文本】文本框中输入文字"退出系统"，在【命令】下拉列表中选择【退出应用程序】选项，单击【确定】按钮，如图 8-94 所示。

(10) 此时，【编辑切换面板页】对话框的列表框中显示添加的项目，单击【关闭】按钮，如图 8-95 所示。

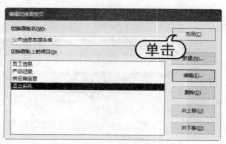

图 8-94　设置退出系统的切换面板项目　　　图 8-95　显示添加的切换面板项目

(11) 返回【切换面板管理器】对话框，再次单击【关闭】按钮。【切换面板】窗体名称将显示在导航窗格的【窗体】列表中，双击打开该窗体，如图 8-96 所示。

(12) 单击状态栏中的【设计视图】按钮 ，打开切换面板设计视图窗口，如图 8-97 所示。

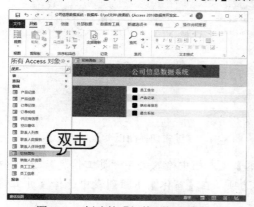

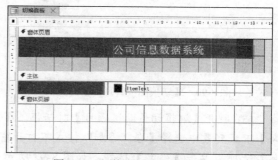

图 8-96　创建的【切换面板】窗体　　　图 8-97　切换面板设计视图窗口

(13) 在设计视图窗口中选中标题区域，打开【窗体设计工具】的【格式】选项卡。在【字体】组中单击【背景色】按钮，将标题区域的背景色更改为【褐紫红色】，如图 8-98 所示。

(14) 在主体区域中选中【绿色】控件区域，右击，从弹出的快捷菜单中选择【属性】命令，打开【属性表】窗格，单击【图片】右侧的 按钮，如图 8-99 所示。

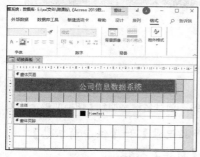

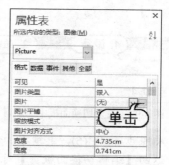

图 8-98　设置标题区域的背景色　　　图 8-99　【属性表】窗格

(15) 打开【插入图片】对话框，选择一张图片，单击【确定】按钮，如图 8-100 所示。

(16) 切换到窗体视图，窗体视图效果如图 8-101 所示。

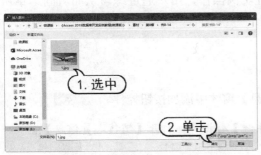

图 8-100 【插入图片】对话框

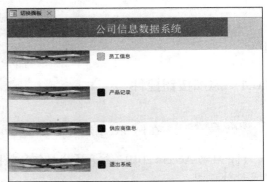

图 8-101 切换面板的窗体视图

(17) 在快速访问工具栏中单击【保存】按钮，保存创建的【切换面板】窗体。

(18) 在切换面板中单击【员工信息】【产品记录】和【供应商信息】项目，将运行相应的窗体；单击【退出系统】项目，将退出数据库。

> **提示**
>
> 在切换面板管理器中，一个切换面板页代表一个切换面板窗体。窗体中的按钮，在切换面板中称为项目，一个切换面板可以包含多个项目。项目包括文本和命令两部分，多数命令带有参数，以表示命令的操作对象。

8.5.2 删除切换面板

要删除切换面板，用户可以在【切换面板管理器】对话框中单击【删除】按钮，如图 8-102 所示，然后在弹出的确认对话框中单击【是】按钮，即可将相应的切换面板删除，如图 8-103 所示。需要注意的是，默认的切换面板不能被删除。

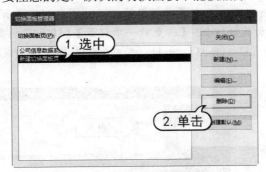

图 8-102 单击【删除】按钮

图 8-103 单击【是】按钮

> **提示**
>
> 在【切换面板管理器】对话框中选定一个切换面板后，单击【创建默认】按钮，即可将该切换面板设置为默认的切换面板，即将该切换面板指定为数据库打开时要显示的窗体。

8.6 实例演练

本章的实例演练为添加按钮控件等几个综合实例操作，用户通过练习从而巩固本章所学知识。

8.6.1 添加按钮控件

【例 8-15】 在例 8-6 创建的【销售人员信息】窗体中添加按钮控件。 📹 视频

(1) 启动 Access 2019，打开【公司信息数据系统】数据库，打开【销售人员信息】窗体，切换至设计视图。

(2) 打开【设计】选项卡，确认【控件】组中的【使用控件向导】按钮处在选中状态，单击【按钮】控件按钮📟，在【窗体页脚】节中单击要放置命令按钮的位置，将添加一个默认大小的命令按钮，同时进入【命令按钮向导】对话框，选择按下按钮时执行的操作，这里选择【类别】为【记录导航】，【操作】为【转至第一项记录】，单击【下一步】按钮，如图 8-104 所示。

(3) 在弹出的对话框中保持默认选项，单击【下一步】按钮，如图 8-105 所示。

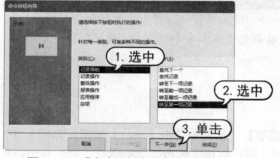

图 8-104 【命令按钮向导】对话框

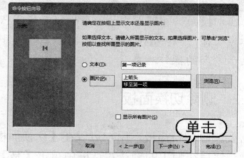

图 8-105 单击【下一步】按钮

(4) 在弹出的对话框中输入按钮名称"cmd1"，单击【完成】按钮，如图 8-106 所示。

(5) 重复步骤(2)~(4)，在窗体页脚中添加其他按钮:【转至前一项记录】【转至下一项记录】和【转至最后一项记录】，按钮名称依次为 cmd2、cmd3、cmd4，其中 cmd4 按钮的完成图如图 8-107 所示。

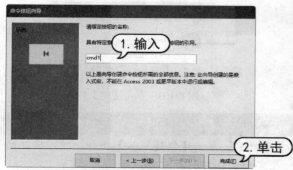

图 8-106 输入按钮名称并单击【完成】按钮

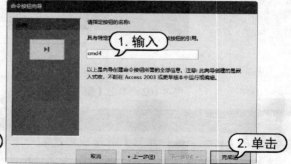

图 8-107 cmd4 按钮的完成图

计算机基础与实训教材系列

(6) 调整按钮控件的位置，然后切换至窗体视图，按钮控件效果如图 8-108 所示，单击不同的按钮将转至不同的记录。

图 8-108　按钮控件效果

8.6.2　创建启动窗体

【例 8-16】　为【公司信息数据系统】数据库创建一个启动窗体。 📹 视频

(1) 启动 Access 2019，打开【公司信息数据系统】数据库。

(2) 选择【创建】选项卡，在【窗体】组中单击【窗体设计】按钮，打开窗体设计视图。在【窗体设计工具】的【设计】选项卡的【控件】组中单击【标签】按钮，在【主体】节中绘制一个标签控件，输入"用户名:"，如图 8-109 所示。

(3) 继续绘制一个标签控件并输入"密码:"。

(4) 在【窗体设计工具】的【设计】选项卡的【控件】组中单击【按钮】按钮，在【主体】节中绘制两个按钮控件，两个按钮控件的标题分别是"确定"和"取消"，如图 8-110 所示。

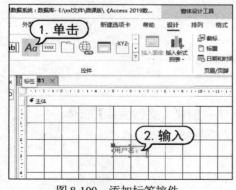

图 8-109　添加标签控件

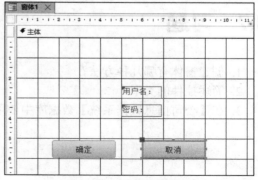

图 8-110　添加按钮控件

(5) 在【设计】选项卡的【控件】组中单击【组合框】按钮，在【主体】节中单击插入控件，

打开其【属性表】窗格，设置【行来源】为【员工信息表】数据表，如图 8-111 所示。

(6) 在【设计】选项卡的【控件】组中单击【文本框】按钮，在【主体】节中单击插入控件，打开其【属性表】窗格，设置【输入掩码】为【密码】，如图 8-112 所示。然后将两个控件的标签删除。

图 8-111 添加并设置组合框控件

图 8-112 添加并设置文本框控件

(7) 在【设计】选项卡的【控件】组中单击【图像】按钮，在【主体】节中单击插入控件，打开【插入图片】对话框，如图 8-113 所示，选择图片并插入，调整图片的位置和大小。

(8) 以"登录窗体"为名保存窗体，切换至窗体视图，查看该启动窗体的效果，如图 8-114 所示。

图 8-113 【插入图片】对话框

图 8-114 查看窗体效果

8.7 习题

1. 创建窗体有哪几种方法？
2. 简述控件的类型。
3. 在【公司信息数据系统】数据库中使用多个项目工具创建【奖惩项目】窗体。

第9章

报表的操作

Access 2019 使用报表来实现打印数据功能，可以将数据库中的表、查询的数据进行组合，形成报表，还可以在报表中添加多级汇总、图片和图表等。本章主要介绍使用报表的方法。

➤ 本章重点

- ◉ 创建报表
- ◉ 报表的统计计算
- ◉ 编辑报表
- ◉ 报表排序和分组

➤ 二维码教学视频

9.1 认识报表

报表是数据库的一种对象，是展示数据的一种有效方式。同窗体一样，在报表中也可以添加子报表或者控件。在报表中，数据可以被分组和排序，然后以分组次序显示数据，也可以把数值相加汇总、计算平均值或将其他统计信息显示和打印出来。

9.1.1 报表的功能

报表是 Access 数据库的一个重要的组成部分。报表的功能包括以下几个方面：
- ▽ 能够呈现格式化的数据，格式丰富，使报表更易于阅读和理解。
- ▽ 可以进行计数、求平均值、求和等统计计算。
- ▽ 能够分组组织数据，对数据进行汇总，使报表更加清晰，便于比较分析。
- ▽ 能够输出标签、清单、订单、信封和发票等样式的报表，使报表能够更加有效地处理商务信息，满足不同用户的需要。

报表的记录源引用基础表和查询中的字段。报表无须包含每个基础表或查询中的所有字段。绑定的报表从其基础记录源中获得数据，窗体上的其他信息，如标题、日期和页码，都存储在报表的设计视图中。

9.1.2 报表的视图和类型

打开任意报表，在【开始】选项卡的【视图】组中单击【视图】下拉按钮，从弹出的视图菜单中选择视图方式，如图 9-1 所示。也可以通过快捷菜单或者单击 Access 2019 状态栏右侧的快速切换视图按钮实现视图切换，如图 9-2 所示。Access 2019 提供的报表视图有以下几种。

图 9-1 报表视图选项

图 9-2 报表视图按钮

- ▽ 设计视图：用于创建和编辑报表的结构。
- ▽ 打印预览视图：用于查看报表的页面数据输出形态。
- ▽ 布局视图：用于查看报表的版面设置。
- ▽ 报表视图：用来浏览创建完成的报表。

Access 几乎能够创建用户所能想到的任何形式的报表。通常情况下，报表主要分为以下几种类型。

- ▽ 纵栏式报表：以垂直方式排列报表上的控件，在每一页显示一条或多条记录。

▽　表格式报表：和表格式窗体、数据表类似，以行、列的形式列出数据记录。

▽　图表式报表：以图形或图表的方式显示数据的各种统计方式。

▽　标签式报表：将特定字段中的数据提取后形成一个个小的标签，并可打印出来以粘贴
　　标识物品。

9.1.3　报表的构成

在 Access 2019 中，报表是按节来设计的，并且只有在设计视图中才能查看报表的各个节。
一个完整的报表由 7 部分组成，分别是报表页眉、页面页眉、分组页眉、主体、分组页脚、页面
页脚和报表页脚。报表的结构组成如图 9-3 所示。

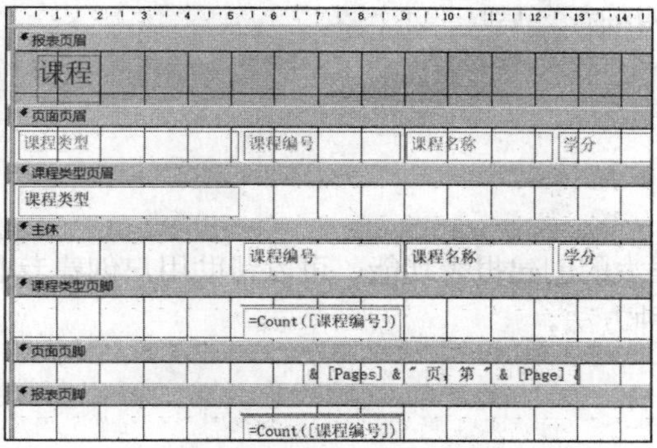

图 9-3　报表的结构组成

1. 报表页眉

报表页眉位于报表的顶部区域，显示报表首页要打印的信息。本节仅在报表开头打印一次。
使用报表页眉可以放置通常可能出现在封面上的信息，如徽标、标题或日期。如果将使用 SUM
聚合函数的计算控件放在报表页眉中，则计算后的总和是针对整个报表的。报表页眉显示在页面
页眉之前。

2. 页面页眉

页面页眉显示报表每页顶部要打印的信息。本节显示在每一页的顶部。例如，使用页面页眉
可以在每一页上重复报表标题。

3. 分组页眉

分组页眉显示报表分组时分组顶部要打印的信息。本节显示在每个新记录组的开头。使用分
组页眉也可以显示分组的统计信息。

4. 主体

主体显示报表的主要内容。本节对于记录源中的每条记录只显示一次。该节是构成报表主要
部分的控件所在的位置。

5. 分组页脚

分组页脚显示报表分组时分组底部要打印的信息。本节显示在每一组的结尾。使用分组页脚

可以显示分组的汇总信息。

6. 页面页脚

页面页脚显示报表每页底部要打印的信息。本节显示在每一页的结尾。使用页面页脚可以显示页码或每一页的特定信息。

7. 报表页脚

报表页脚位于报表的底部区域，显示报表最后一页要打印的信息。本节仅在报表结尾打印一次。使用报表页脚可以显示针对整个报表的报表汇总或其他汇总信息。在设计视图中，报表页脚显示在页面页脚的下方。在打印或预览报表时，在最后一页上，报表页脚位于页面页脚的上方，紧靠最后一个分组页脚或明细行之后。

9.2 创建报表

Access 2019 提供了强大的创建报表功能，可以帮助用户创建专业、功能齐全的报表。下面将详细介绍创建报表的几种方法。

9.2.1 快速创建报表

使用【报表】按钮可以快速创建报表。快速创建的报表中将显示数据源的数据表或查询中的所有字段。

【例 9-1】 使用【报表】按钮快速创建报表。

(1) 启动 Access 2019，打开【公司信息数据系统】数据库。

(2) 在导航窗格的【表】组中选择【联系人】选项，打开【创建】选项卡，在【报表】组中单击【报表】按钮，此时，Access 2019 快速生成如图 9-4 所示的报表。

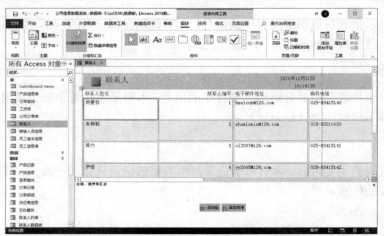

图 9-4　快速创建报表

(3) 在快速访问工具栏中单击【保存】按钮，打开【另存为】对话框。将报表以文件名 "联系人信息" 进行保存，如图 9-5 所示。

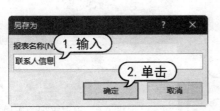
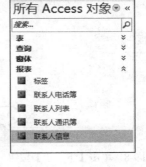

图 9-5　保存报表

9.2.2　使用报表向导创建报表

使用报表向导创建报表不仅可以选择报表上显示哪些字段，还可以指定数据的分组和排序方式。如果事先指定了表与查询之间的关系，还可以使用来自多个表或查询的字段创建报表。

【例 9-2】　使用报表向导创建标准报表。　📹视频

(1) 启动 Access 2019，打开【公司信息数据系统】数据库。

(2) 打开【创建】选项卡，在【报表】组中单击【报表向导】按钮，打开【报表向导】对话框。

(3) 在【表/查询】下拉列表中选择【表：员工信息表】选项，将【可用字段】列表框中的所有字段添加到【选定字段】列表框中，单击【下一步】按钮，如图 9-6 所示。

(4) 在打开的对话框中确定是否添加分组级别，并将左侧列表框中的字段依次添加到右侧的分组列表中，单击【下一步】按钮，如图 9-7 所示。

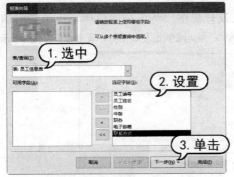

图 9-6　【报表向导】对话框　　　　　　　图 9-7　添加分组字段

(5) 打开如图 9-8 所示的对话框，用户可以根据需要选择升序、降序或不排序。这里不进行排序设置，单击【下一步】按钮。

(6) 打开如图 9-9 所示的对话框，选中【递阶】单选按钮和【纵向】单选按钮，单击【下一步】按钮。

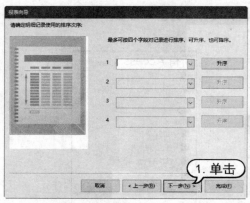

图 9-8　单击【下一步】按钮

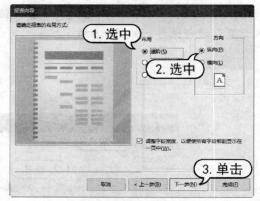

图 9-9　设置报表的布局方式

(7) 在打开的对话框中为创建的报表指定标题。在【请为报表指定标题】文本框中输入"员工信息报表",单击【完成】按钮,如图 9-10 所示。

(8) 此时,自动打开创建好的报表。报表显示的是打印预览视图下的效果,如图 9-11 所示。

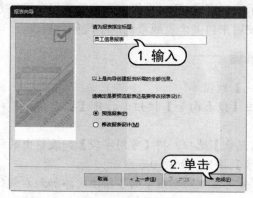

图 9-10　设置报表标题

图 9-11　【员工信息报表】打印预览视图

(9) 单击状态栏中的【设计视图】按钮,切换至设计视图。将各个字段所占用的空间调整至合适大小,单击状态栏中的【报表视图】按钮,调整完成后的报表视图效果如图 9-12 所示。

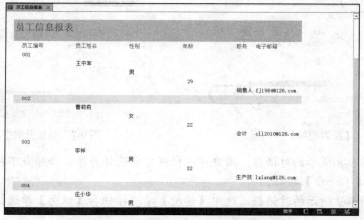

图 9-12　【员工信息报表】的报表视图效果

9.2.3 创建标签报表

标签是一种特殊的报表，它是以记录为单位，创建格式完全相同的独立报表，主要应用于制作信封、工资条、学生成绩单等。单击【标签】按钮将打开标签向导，根据向导提示可以创建各种标准大小的标签报表。

【例 9-3】 使用标签向导创建标签报表。 📷视频

(1) 启动 Access 2019，打开【公司信息数据系统】数据库。

(2) 在导航窗格的【查询】组中双击【工资向导查询】选项，打开该查询。

(3) 打开【创建】选项卡，在【报表】组中单击【标签】按钮，打开如图 9-13 所示的【标签向导】对话框，在列表框中指定标签尺寸，单击【下一步】按钮。

(4) 在打开的向导对话框中设置报表中文本的字体格式，单击【下一步】按钮，如图 9-14 所示。

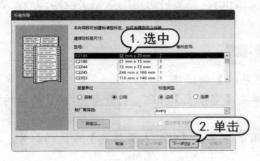

图 9-13 【标签向导】对话框

图 9-14 设置报表中文本的字体格式

(5) 在打开的向导对话框中指定邮件标签的显示内容。在【可用字段】列表框中依次选中【员工编号】【员工姓名】和【基本工资】字段，单击 > 按钮，将它们添加到【原型标签】列表框中。单击【下一步】按钮，如图 9-15 所示。

(6) 在打开的向导对话框中确定排序依据。在【可用字段】列表框中选中【员工编号】字段，单击 > 按钮，将其添加到【排序依据】列表框中，单击【下一步】按钮，如图 9-16 所示。

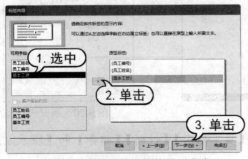

图 9-15 确定邮件标签的显示内容

图 9-16 确定排序依据

(7) 在打开的向导对话框中指定报表的名称，如图 9-17 所示。

(8) 单击【完成】按钮，即可完成标签报表的创建，如图 9-18 所示为报表打印预览效果。

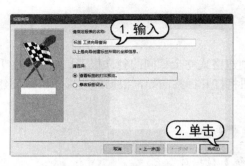

图 9-17　指定标签标题

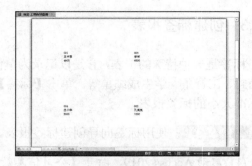

图 9-18　创建的标签报表预览效果

9.2.4　创建空白报表

如果使用报表工具或报表向导不能满足报表的设计需求，那么可以使用空报表工具生成报表。使用空报表工具创建报表是指首先创建一个空白报表，然后将选定的数据字段添加到报表中。使用这种方法创建报表，其数据源只能是表。

【例 9-4】　使用空报表工具创建报表。　视频

(1) 启动 Access 2019，打开【公司信息数据系统】数据库。

(2) 打开【创建】选项卡，在【报表】组中单击【空报表】按钮，打开如图 9-19 所示的空白报表和【字段列表】窗格。

(3) 单击【显示所有表】链接，在展开的所有表中单击【销售人员信息】旁边的加号，打开该表包含的字段列表，如图 9-20 所示。

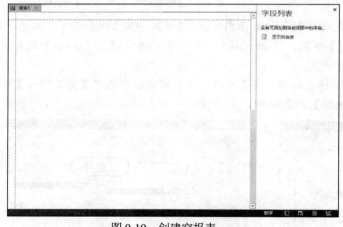

图 9-19　创建空报表

图 9-20　展开表

(4) 拖动【销售人员信息】下的【员工编号】【员工姓名】【性别】【职务】和【联系方式】字段到空白报表中，如图 9-21 所示。

(5) 打开【报表布局工具】的【设计】选项卡，在【页眉/页脚】组中单击【标题】按钮，在空白报表中添加【标题】文本框，并输入标题文字"销售人员信息统计"。设置其字体为【华文行楷】，字号为 20，字体颜色为【紫色】，字形为【加粗】，如图 9-22 所示。

报表1				
员工编号	员工姓名	性别	职务	联系方式
001	王中军	男	销售人员	13813712645
004	庄小华	男	销售人员	15859895359
010	杭小路	女	销售人员	13913818748
011	王磊	男	销售人员	13611155527
013	何俊杰	男	销售人员	13611155527
016	马长文	男	销售人员	13611155527
018	王浩	男	销售人员	13611155527

图 9-21 拖动字段到空白报表中

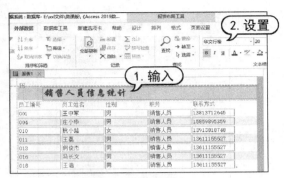

图 9-22 添加标题

(6) 在【页眉/页脚】组中单击【日期和时间】按钮，打开【日期和时间】对话框，如图 9-23 所示。保持对话框的默认设置，单击【确定】按钮。此时，报表中添加时间和时期控件。

(7) 在快速访问工具栏中单击【保存】按钮□，将报表以文件名"销售人员信息报表"进行保存。报表最终效果如图 9-24 所示。

图 9-23 【日期和时间】对话框

销售人员信息统计				2020年12月21日 17:30:33
员工编号	员工姓名	性别	职务	联系方式
001	王中军	男	销售人员	13813712645
004	庄小华	男	销售人员	15859895359
010	杭小路	女	销售人员	13913818748
011	王磊	男	销售人员	13611155527
013	何俊杰	男	销售人员	13611155527
016	马长文	男	销售人员	13611155527
018	王浩	男	销售人员	13611155527

图 9-24 使用空报表工具创建的报表效果

9.2.5 使用报表设计视图创建报表

使用报表向导可以很方便地创建报表，但使用报表向导创建出来的报表形式和功能都比较单一，布局较为简单，很多时候不能满足用户的要求。这时可以通过报表设计视图对报表做进一步的修改，或者直接通过报表设计视图创建报表。

【例 9-5】 使用报表的设计视图创建【工资报表】。 🎬视频

(1) 启动 Access 2019，打开【公司信息数据系统】数据库。

(2) 打开【创建】选项卡，在【报表】组中单击【报表设计】按钮，打开报表设计视图。

(3) 在报表设计视图中右击，在弹出的快捷菜单中选择【报表页眉/页脚】命令，在报表设计视图中添加【报表页眉】和【报表页脚】设计区域，如图 9-25 所示。

(4) 打开【报表设计工具】的【设计】选项卡。在【工具】组中单击【属性表】按钮，打开【属性表】窗格。打开【报表】的【数据】选项卡，在【记录源】下拉列表中选择【工资表】选项，如图 9-26 所示。

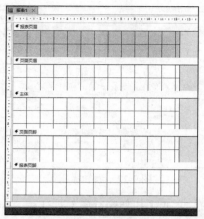

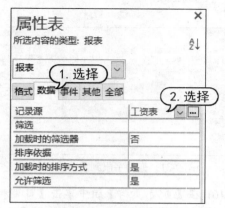

图 9-25　添加【报表页眉】和【报表页脚】设计区域　　　　图 9-26　选择记录源

(5) 单击【报表页眉】节的标题栏，选择【属性表】的【格式】选项卡，单击【背景色】选项，将【报表页眉】节填充为【Access 主题颜色 3】(即为淡蓝色)。

(6) 使用同样的方法，设置【页面页脚】节的背景色。此时，设计视图窗口如图9-27所示。

(7) 打开【报表设计工具】的【设计】选项卡，在【控件】组中选择【标签】控件，在【报表页眉】节插入控件，在标签中输入文字"员工工资信息统计"，设置文字字体为【华文隶书】，字号为 28，字体颜色为【褐紫红色】，效果如图 9-28 所示。

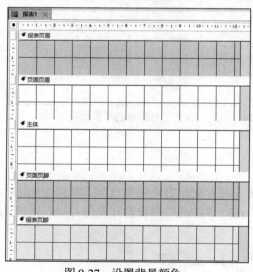

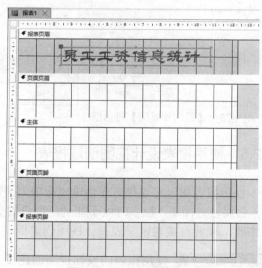

图 9-27　设置背景颜色　　　　　　　　　图 9-28　添加标签控件

(8) 在【设计】选项卡的【页眉/页脚】组中单击【页码】按钮，打开【页码】对话框。在【格式】选项区域中选中【第 N 页，共 M 页】单选按钮，在【位置】选项区域中选中【页面底端(页脚)】单选按钮，单击【确定】按钮，如图 9-29 所示。

(9) 此时，页码表达式出现在【页面页脚】设计区域，设置表达式的颜色为【褐紫红色】，如图 9-30 所示。

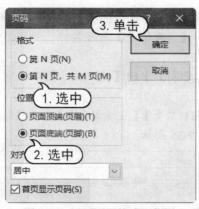

图 9-29 设置页码格式和位置

图 9-30 插入页码

(10) 在【设计】选项卡的【分组和总汇】组中单击【分组和排序】按钮，打开【分组、排序和汇总】窗格，单击【添加排序】按钮，如图 9-31 所示。

图 9-31 【分组、排序和汇总】窗格

(11) 打开字段列表，选择【员工编号】选项，如图 9-32 所示。

图 9-32 选择排序字段

(12) 在【分组、排序和汇总】窗格中单击【添加组】按钮，在打开的字段列表中选择【员工编号】，如图 9-33 所示。

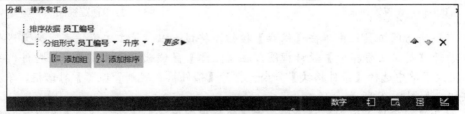

图 9-33 添加完排序字段后的窗格效果

(13) 关闭【分组、排序和总汇】窗格，在【员工编号页眉】设计区域中添加【员工编号】【基本工资】【业绩奖金】【住房补助】【应扣保险金额】和【实发工资】标签控件，并调整它们的位置，如图 9-34 所示。

(14) 在打开的【字段列表】窗格中拖动【员工工资表】中的【员工编号】字段到【主体】设计区域，并删除该控件的标签名称。

(15) 参照步骤(14)，在【主体】设计区域添加【基本工资】【业绩奖金】【住房补助】和【应扣劳保金额】文本框控件，并调整它们的位置，如图 9-35 所示。

计算机基础与实训教材系列

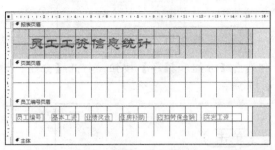

图 9-34　在【员工编号页眉】区域添加标签控件

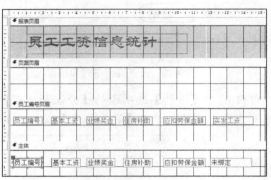

图 9-35　添加主体内容

(16) 右击【主体】区域中的【未绑定】文本框，在弹出的快捷菜单中选择【属性】命令，打开【属性表】窗格。

(17) 打开【数据】选项卡，在【控件来源】文本框中输入表达式"=[基本工资]+[业绩奖金]+[住房补助]-[应扣劳保金额]"，如图 9-36 所示。

(18) 单击状态栏中的【打印预览】按钮，切换到打印预览视图，如图 9-37 所示。

图 9-36　设置控件来源

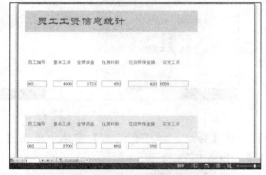

图 9-37　打印预览视图

(19) 在快速访问工具栏中单击【保存】按钮，将报表以"员工工资报表"为名进行保存。

(20) 打开【员工工资报表】设计视图，在【主体】区域选中【业绩奖金】控件，并右击，从弹出的快捷菜单中选择【条件格式】命令，打开【条件格式规则管理器】对话框，单击【新建规则】按钮，如图 9-38 所示。

(21) 打开【新建格式规则】对话框。在【编辑规则描述】选项区域中添加属性，并设置填充色和字体颜色，单击【确定】按钮，如图 9-39 所示。

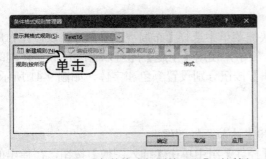

图 9-38　【条件格式规则管理器】对话框

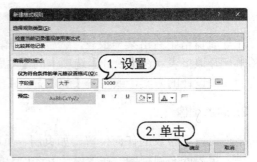

图 9-39　【新建格式规则】对话框

(22) 切换至【员工工资报表】打印预览视图，最终效果如图 9-40 所示。

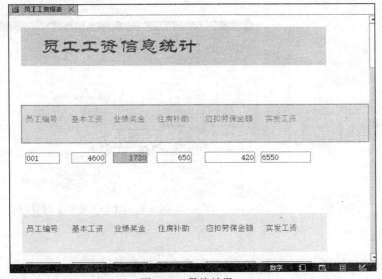

图 9-40　最终效果

(23) 按 Ctrl+S 快捷键，保存创建完成的【员工工资报表】。

9.3　编辑报表

在报表设计视图中可以对已经创建好的报表进行编辑和修改，可以设置报表的格式，在报表中添加背景图片、日期和时间以及页码等，使报表显得更为美观。

9.3.1　设计外观

报表主要用于显示和打印数据，因此外观设计很重要，报表设计要做到数据清晰并有条理地显示给用户。

1. 设置主题、颜色和字体

在导航窗格中右击某一报表，然后在弹出的快捷菜单中选择【布局视图】命令，以便在布局视图中打开该报表。在【设计】选项卡的【主题】组中，使用【主题】库可以将颜色和字体同时设置为预先设计的方案，或单击【颜色】和【字体】按钮分别设置颜色和字体，如图 9-41 所示。

2. 添加图像

用户可以在报表的任何位置，如页眉、页脚和主体节添加图像。

进入报表的布局视图，在【设计】选项卡的【控件】组中单击【插入图像】按钮，在弹出的菜单中选择【浏览】命令，弹出如图 9-42 所示的【插入图片】对话框，选择要使用的图片，然后单击【确定】按钮即可插入图片。

图 9-41　选择主题

图 9-42　【插入图片】对话框

3. 添加背景图像

用户可以通过指定图片作为报表的背景图案来美化报表。

进入报表的布局视图，在【格式】选项卡的【背景】组中单击【背景图像】按钮。在弹出的菜单中选择【浏览】命令，弹出【插入图片】对话框，选择要使用的图片，然后单击【确定】按钮即可插入背景图片。

9.3.2　添加修饰元素

在报表中除了显示主体内容外，还可以增加一些表现要素，使报表的表现力更强。

1. 添加徽标

使用设计视图打开报表，在【设计】选项卡的【页眉/页脚】组中单击【徽标】按钮，在弹出的【插入图片】对话框中选择要使用的图片，然后单击【确定】按钮即可插入徽标图形。

2. 添加日期和时间

使用设计视图打开报表，在【设计】选项卡的【页眉/页脚】组中单击【日期和时间】按钮，在弹出的【日期和时间】对话框中，选择日期和时间的格式，然后单击【确定】按钮即可插入日期和时间，如图 9-43 所示。此外，也可以在报表上直接添加文本框控件，然后设置【控件来源】属性分别为=Date( )和=Time( )来显示系统日期和系统时间。

3. 添加分页符

在报表中使用分页符来控制分页显示。使用设计视图打开报表，在【设计】选项卡的【控件】组中单击【插入分页符】按钮，在报表中需要设置分页符的位置上单击，分页符将以短虚线标记在报表的左边界上。

4. 添加页码

使用设计视图打开报表，在【设计】选项卡的【页眉/页脚】组中单击【页码】按钮，在打开的【页码】对话框中，根据需要可选择相应的页码格式、位置和对齐方式，如图 9-44 所示。

图 9-43　【日期和时间】对话框

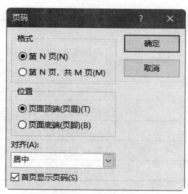

图 9-44　【页码】对话框

另外还可以在报表上直接添加文本框控件，然后在【控件来源】属性中输入表达式来显示页码。常用的页码表达式如表 9-1 所示，其中[Page]和[Pages]是内置变量，[Page]代表当前页号，[Pages]代表总页数，"显示文本"中的 N 表示当前页，M 表示总页数。

表 9-1　常用的页码表达式

表　达　式	显　示　文　本
= "第"& [Page] &"页"	第 N 页
= [Page]&" / "& [Pages]	N/M
= "第"& [Page] &"页，共"& [Pages] &"页"	第 N 页，共 M 页

9.4　报表的统计计算

在 Access 中，可以对报表中包含的记录进行计算。在报表中添加计算控件并设置其【控件来源】属性。文本框控件是报表中最常用的计算控件，在【控件来源】属性中输入计算表达式，当表达式的值发生变化时，会重新计算并输出结果。

9.4.1 报表节中的统计计算规则

在 Access 2019 中，报表是按节来设计的。选择用来放置计算型控件的报表节是很重要的，根据控件所在的位置确定如何计算出结果，具体规则如下：

▽ 如果计算型控件放在【报表页眉】节或【报表页脚】节中，则计算结果是针对整个报表的。

▽ 如果计算型控件放在【分组页眉】节或【分组页脚】节中，则计算结果是针对当前分组的。

▽ 聚合函数在【页面页眉】节和【页面页脚】节中无效。

▽ 【主体】节中的计算型控件对数据源中的每一行打印一次计算结果。

表 9-2 描述了 Access 2019 中可以添加到报表的聚合函数的类型。

表 9-2 聚合函数类型

类　　型	说　　明	函　　数
总计	该列所有数字的总和	Sum()
平均值	该列所有数字的平均值	Avg()
计数	对该列的项目进行计数	Count()
最大值	该列的最大数字或字母值	Max()
最小值	该列的最小数字或字母值	Min()
标准偏差	估算该列一组数值的标准偏差	StDev()
方差	估算该列一组数值的方差	Var()

9.4.2 使用求和功能

本节将介绍在布局视图中使用求和功能，布局视图是向报表添加总计、平均值，以及其他求和最快的视图。

【例 9-6】 在【员工工资报表】中使用求和功能计算员工基本工资的平均值。 📹视频

(1) 启动 Access 2019，打开【公司信息数据系统】数据库。

(2) 在导航窗格的【报表】组中右击【员工工资报表】，在弹出的快捷菜单中选择【布局视图】命令，打开【员工工资报表】布局视图。选中基本工资数值所在的文本框控件，如图 9-45 所示。

(3) 打开【报表布局工具】的【设计】选项卡，在【分组和汇总】组中单击【合计】按钮，在弹出的菜单中选择【平均值】选项。此时，产品【基本工资】列的最底端会显示平均值，如图 9-46 所示。

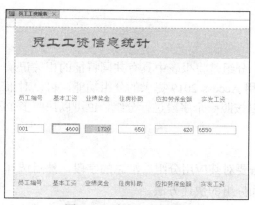
图 9-45　选中文本框控件

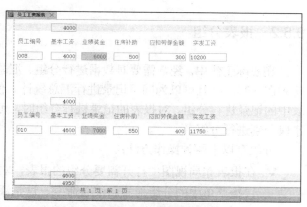
图 9-46　计算平均值

提示

本例中 Access 为【报表页脚】节添加文本框，并将其【控件来源】属性设置为执行计算的表达式 "=Avg([基本工资])"。如果报表中有任何分组级别，Access 可为每个【分组页脚】添加执行相同计算的表达式的文本框。

9.5　报表的排序和分组

报表的排序和分组是报表设计中的重要操作，可以重新组织数据并呈现在报表中，以满足用户不同的应用需求。

9.5.1　报表排序

在实际应用中，经常要求报表显示的记录按照某个指定的顺序排列，例如，按照学生年龄从小到大排列等。使用报表向导或设计视图都可以设置记录的排序。通过报表向导最多可以设置 4 个排序字段，并且排序只能是字段，不能是表达式。在设计视图中，最多可以设置 10 个字段或字段表达式进行排序。

在报表中进行排序的快捷方法是在布局视图中打开需要排序的报表，右击要对其应用排序的字段，然后选择快捷菜单中的升序、降序命令。

在布局视图或设计视图中打开报表后，还可以使用【分组、排序和汇总】窗格来添加排序。方法是单击【分组、排序和汇总】窗格中的【添加排序】按钮，打开字段列表，选择要进行排序的字段，如图 9-47 所示；在排序行上单击【更多】按钮可以设置更多选项。

图 9-47　单击【添加排序】按钮并选择字段

9.5.2 报表分组

在实际工作中，经常需要对数据进行分组、汇总。分组是将报表中具有共同特征的相关记录排列在一起，并且可以为同组记录进行汇总统计。使用 Access 2019 提供的分组功能，可以对报表中的记录进行分组。对报表的记录进行分组时，可以按照一个字段进行分组，也可以按照多个字段分别进行分组。

分组有以下两种操作方法：

▽ 在报表布局视图中打开需要分组的报表，右击要对其应用分组、汇总的字段，然后选择快捷菜单中的分组形式和汇总命令。这是添加分组的快速方法。

▽ 在布局视图或设计视图中打开需要分组的报表，在【分组、排序和汇总】窗格中单击【添加组】按钮，打开字段列表，选择要进行分组、汇总的字段，如图 9-48 所示。在分组行上单击【更多】按钮可以设置更多选项和添加汇总。

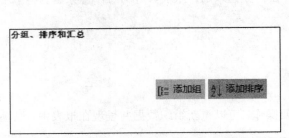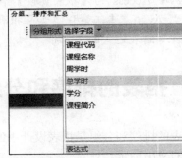

图 9-48　单击【添加组】按钮并选择字段

9.6 打印报表

创建报表的主要目的是在打印机上打印输出。在打印输出时，需要根据报表和纸张的实际情况进行页面设置。通过系统的预览功能可以查看报表的显示效果。符合用户的需求后，可以在打印机上进行打印。

9.6.1 页面设置

在设计视图中，切换到【页面设置】选项卡，该选项卡由【页面大小】和【页面布局】两个组构成，如图 9-49 所示。

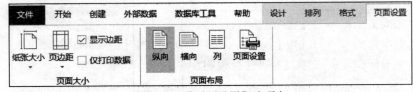

图 9-49　【页面设置】选项卡

▽ 【页面大小】组：用于选择纸张大小、页边距，设置显示边距和仅打印数据。单击【纸张大小】按钮，打开纸张大小下拉列表，如图 9-50 所示。单击【页边距】按钮，打开页边距下拉列表，如图 9-51 所示。若选中【显示边距】复选框，将显示边距。若选中【仅打印数据】复选框，打印时只打印报表中的数据，而不打印页码、标签等信息。

图 9-50　纸张大小下拉列表

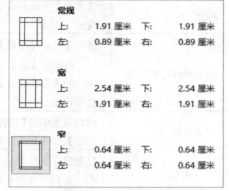

图 9-51　页边距下拉列表

▽ 【页面布局】组：提供页面布局的各种工具，设置纵向或横向打印，指定列数、列宽，进行页面设置。

9.6.2　打印设置

在报表视图窗口中单击【文件】按钮，在打开的菜单中选择【打印】命令，然后在右侧的【打印】窗格中选择【打印预览】选项，进入打印预览窗口。此时，将自动打开如图 9-52 所示的【打印预览】选项卡。

图 9-52　【打印预览】选项卡

在【页面布局】组中单击【页面设置】按钮，即可打开【页面设置】对话框，如图 9-53 所示。在该对话框中包括【打印选项】【页】和【列】3 个选项卡。下面通过表 9-3 对【页面设置】对话框中各选项卡所包含的选项及含义进行说明。

表 9-3　各选项卡对应选项及其含义

选 项 卡	选 项	含 义
打印选项	页边距	指定 4 个页边距
	示例	在【上】【下】【左】【右】文本框中输入页边距后，即在右侧的【示范】纸张上显示与之相对应的页边距
	只打印数据	选定该复选框表示仅打印数据，标签、线条等均不打印
页	方向	包括【纵向】和【横向】两个选项，默认为纵向打印，即根据纸张宽度按行打印；若指定横向打印，则打印内容将自动旋转 90°沿纸张长度方向按列打印。当打印的图文或报表超出所选纸张的宽度时，可以设置横向打印
	纸张	【大小】下拉列表用于指定纸张规格，【来源】下拉列表用于指定送纸方式
	用下列打印机打印	包括【默认打印机】和【使用指定打印机】两个单选按钮。当选择后者时，将激活【页】选项卡下方的【打印机】按钮，单击该按钮将打开打印机的【页面设置】对话框。在该对话框中，可以选择默认设置以外的打印设备
列	网格设置	网格设置中的【列数】文本框用于设置报表页面的打印列数，并附有【行间距】和【列间距】两个文本框，用于设置两行、两列之间的距离
	列尺寸	仅当没有选择【与主体相同】复选框时，在【宽度】和【高度】文本框中设置列尺寸方有效，否则其宽度和高度均与主体节相同
	列布局	选择【先列后行】单选按钮时，记录将按纵向逐列排列。选择【先行后列】单选按钮时，则记录按横向逐行排列

完成页面设置以后，单击【打印】按钮，弹出【打印】对话框，如图 9-54 所示，选择打印机，设置打印范围等，单击【确定】按钮，开始打印报表。

图 9-53　【页面设置】对话框

图 9-54　【打印】对话框

【例 9-7】　设置【员工信息报表】的页面并进行打印。🎬视频

(1) 启动 Access 2019，打开【公司信息数据系统】数据库，打开【员工信息报表】的布局视

图，如图 9-55 所示。

(2) 打开【报表布局工具】的【页面设置】选项卡，单击【页面布局】组中的【页面设置】按钮，打开【页面设置】对话框。

(3) 打开【列】选项卡，在【网格设置】选项区域中设置【列数】为 2，行间距为 0.3cm，列间距为0.3cm；在【列尺寸】选项区域中设置【宽度】为 20cm，【高度】为 2.503cm，并在【列布局】选项区域中选择【先列后行】单选按钮，取消选中【与主体相同】复选框，如图 9-56 所示。

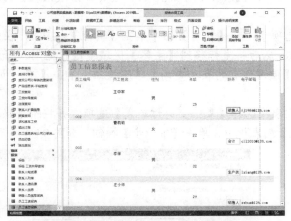

图 9-55　打开【员工信息报表】的布局视图

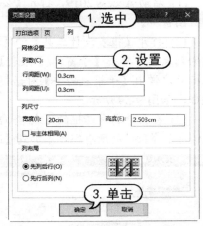

图 9-56　设置列选项

(4) 打开【页】选项卡，在【方向】选项区域中选中【横向】单选按钮，在【纸张】选项的【大小】下拉列表中选择【A4】选项，单击【确定】按钮，如图 9-57 所示。

(5) 单击状态栏中的【打印预览】按钮，在【打印预览】选项卡中单击【打印】按钮，打开【打印】对话框，选择打印机，设置打印份数为 3，单击【确定】按钮，即可开始打印报表，如图 9-58 所示。

图 9-57　设置页选项

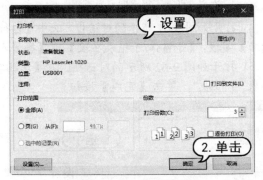

图 9-58　【打印】对话框

9.7　实例演练

本章的实例演练为创建子报表等几个综合实例操作，用户通过练习从而巩固本章所学知识。

9.7.1 创建子报表

子报表是插入其他报表中的报表。在合并报表时，两个报表中的一个报表必须作为主报表。在创建子报表之前，要确保主报表和子报表之间已经建立了正确的关系。

【例 9-8】 在【员工信息报表】中创建子报表，用于显示员工签署的订单信息。 📹视频

(1) 启动 Access 2019，打开【公司信息数据系统】数据库，然后打开【员工信息报表】的设计视图窗口。

(2) 打开【报表设计工具】的【设计】选项卡。在【控件】组中单击【其他】按钮，在弹出的列表框中单击【子窗体/子报表】按钮。然后将光标移到【主体】区域中进行拖动，释放鼠标后，弹出【子报表向导】对话框，选中【使用现有的表和查询】单选按钮，单击【下一步】按钮，如图 9-59 所示。

(3) 在打开的对话框的【表/查询】下拉列表中选择【表: 公司订单表】选项，并将除【联系人编号】字段外的所有字段添加到【选定字段】列表框中，单击【下一步】按钮，如图 9-60 所示。

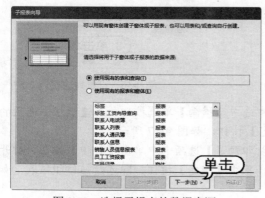

图 9-59　选择子报表的数据来源

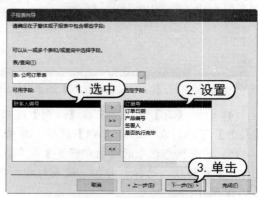

图 9-60　确定字段

(4) 打开如图 9-61 所示的对话框，选中【自行定义】单选按钮，设置【窗体/报表字段】为【员工姓名】字段，【子窗体/子报表字段】为【签署人】字段，单击【下一步】按钮。

(5) 打开如图 9-62 所示的对话框。在【请指定子窗体或子报表的名称】文本框中输入"公司订单表 子报表"，单击【完成】按钮。

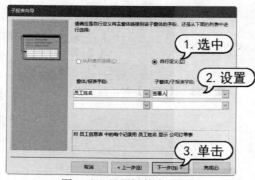

图 9-61　设置链接字段

图 9-62　设置子报表的名称

(6) 完成子报表的插入。此时，报表设计视图效果如图 9-63 所示。

(7) 单击状态栏中的【打印预览】按钮，切换到打印预览窗口，效果如图 9-64 所示。

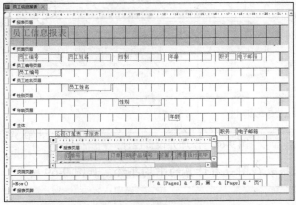

图 9-63 插入子报表后的设计视图效果

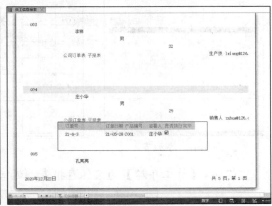

图 9-64 显示插入的子报表

9.7.2 创建【员工年龄】报表

【例 9-9】 创建报表，显示姓名、性别、年龄，并计算出全体员工的平均年龄。 📹视频

(1) 启动 Access 2019，打开【公司信息数据系统】数据库。

(2) 切换到【创建】选项卡，单击【报表】组中的【报表设计】按钮，打开报表设计视图。

(3) 切换到【报表设计工具】的【设计】选项卡，单击【工具】组中的【属性表】按钮，打开【属性表】窗格，切换到【数据】选项卡，单击【记录源】右侧的按钮☑，在下拉列表中选择【员工信息表】作为数据源，如图 9-65 所示。

(4) 单击【工具】组中的【添加现有字段】按钮，打开【字段列表】窗格，将【员工信息表】表中的【员工姓名】【性别】【年龄】字段拖入【主体】节中，如图 9-66 所示。

图 9-65 选择数据源

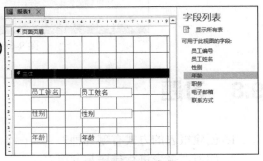

图 9-66 添加字段

(5) 右击【主体】节内部，在弹出的快捷菜单中选择【报表页眉/页脚】命令，添加【报表页眉】节和【报表页脚】节，如图 9-67 所示。

(6) 在【报表页脚】节中添加一个文本框控件，将【控件来源】属性设置为 "=Avg([年龄])"，同时将附加的标签控件的【标题】属性设置为【平均年龄】，如图 9-68 所示。

图 9-67　添加节

图 9-68　添加并设置控件

(7) 以【员工年龄】为名保存报表，返回报表视图查看计算的平均年龄，如图 9-69 所示。

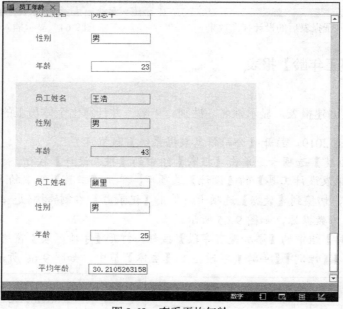

图 9-69　查看平均年龄

9.8　习题

1. 创建报表的方式有哪几种？
2. 如何对报表进行排序与分组？
3. 在【公司信息数据系统】数据库中使用报表向导，以【员工信息表】为数据源创建报表。要求该报表不需要添加分组级别，以【年龄】升序排列，使用横向表格布局。

第10章

宏 的 操 作

Access 拥有强大的程序设计能力，它提供了功能强大、容易使用的宏，通过宏可以轻松完成许多在其他软件中必须编写大量程序代码才能做到的事情。本章主要介绍宏的概念、宏的类型、创建与运行宏的基本方法，以及与宏相关的操作等。

本章重点

- 宏的创建
- 常用宏操作

- 宏的运行
- 宏的调试

二维码教学视频

【例 10-1】创建独立宏
【例 10-2】创建宏组
【例 10-3】创建条件宏

【例 10-4】调试宏
【例 10-5】创建嵌入宏

10.1 认识宏

宏是 Access 数据库的一个重要对象。Access 提供了大量的宏操作,用户可以根据需要将多个宏操作定义在宏中,通过宏可以方便地实现很多需要编程才能实现的功能。

10.1.1 宏的概念和组成

宏是一个或多个操作组成的集合。它是一种特殊的代码,通过代码可以执行一系列常规的操作。

宏具有连接多个窗体和报表、自动查找和筛选记录、自动进行数据校验、设置窗体和报表属性及自定义工作环境的作用。

可以将宏看作一种简化的编程语言,利用这种语言通过生成要执行的操作的列表来创建代码,它不具有编译特性,没有控制转换,也不能对变量直接操作。生成宏时,用户从下拉列表中选择每个操作,然后为每个操作填写必需的参数信息。

宏是由操作、参数、注释、组、if 条件、子宏等几个部分组成的。

1. 操作

操作是系统预先设计好的特殊代码,每个操作可以完成一种特定的功能,用户使用时按需设置参数即可。

2. 参数

参数是用来给操作提供具体信息的,每个参数都是一个值。不同操作的参数各不相同,有些参数是必须指定的,有些参数是可选的。

3. 注释

注释是对宏的整体或一部分进行说明,一个宏中可以有多条注释。注释虽不是必需的,但添加注释不但方便以后对宏的维护,也方便其他用户理解宏。

4. 组

在 Access 2019 中,宏的结构较为复杂,为了有效地管理宏,引入了组(Group)。可以把宏中的操作,根据它们操作目的的相关性进行分块,每一个块就是一个组。分组后的宏结构十分清晰,阅读更方便。

5. if 条件

有些宏操作执行时必须满足一定的条件。Access 2019 是利用 if 操作来指定条件的,具体的条件表达式中包含算术、逻辑、常数、函数、控件、字段名和属性值。表达式的计算结果为逻辑"真"值时,将执行指定的宏操作,否则不执行。

6. 子宏

子宏是包含在一个宏名下的具有独立名称的基本宏，它可以由多个宏操作组成，也可以单独运行。当需要执行一系列相关的操作时就要创建包含子宏的宏。使用子宏有助于数据库的操作和管理。

提示

事件过程是为响应由用户或程序代码引发的事件或由系统触发的事件而运行的过程。事件是指对象所能辨识或检测的动作，当此动作发生于某一个对象上，其相对的事件便会被触发。如果预先为此事件编写了宏或事件程序，则该宏或事件程序便会被执行。例如，单击窗体上的按钮，该按钮的 Click(单击)事件便会被触发，指派给 Click 事件的宏或事件程序也就跟着被执行。

10.1.2 宏的类型

在 Access 2019 中，可以根据宏的组织方式和宏所处的位置进行分类。

1. 根据宏的组织方式分类

在 Access 中，宏可以是包含操作序列的一个宏，也可以由若干个宏构成的宏组，还可以使用条件表达式来决定在什么情况下运行宏，以及在运行宏时是否进行某项操作。根据以上的 3 种情况可以将宏分为 3 类：操作序列宏、宏组和条件操作宏。

▽ 操作序列宏：这是最基本的宏类型。通过引用【宏名】来执行宏。例如，通过一个命令按钮的单击事件调用宏的过程如下：打开该命令按钮的属性窗口，在单击事件中指定要调用的宏名。

▽ 宏组：宏组是指在同一个宏窗口中包含多个宏的集合。通常情况下，如果存在许多宏，最好将相关的宏分到不同的宏组，这样将有助于数据库的管理。可以通过引用宏组中的【宏名】(宏组名.宏名)执行宏组中的指定宏。在执行宏组中的宏时，Access 将按顺序执行【宏名】列中的宏所设置的操作以及紧跟在后面的【宏名】列为空的操作。

▽ 条件操作宏：在某些情况下，可能希望仅当特定条件为真时，才在宏中执行相应的操作。这时可以使用宏的条件表达式来控制宏的流程，这样的宏称为条件操作宏。其中，使用条件表达式还可以决定在某些情况下运行宏时，是否执行某个操作。

2. 根据宏所处的位置分类

根据宏所处的位置，可以将宏分为 3 类：独立宏、嵌入宏和数据宏。

▽ 独立宏：即数据库中的宏对象，其独立于其他数据库对象，与任何事件无关，一般直接运行，显示在导航窗格的【宏】组下。

▽ 嵌入宏：指附加在窗体、报表或其中的控件上的宏。嵌入宏通常被嵌入所在的窗体或报表中，成为这些对象的一部分，由有关事件触发而运行，如按钮的 Click 事件。嵌入宏不显示在导航窗格的【宏】组下。

▽ 数据宏：指在表中创建的宏。当向表中插入、删除和更新数据时，将触发数据宏。数据
宏也不显示在导航窗格的【宏】组下。

10.1.3 宏的操作界面

在【创建】选项卡的【宏与代码】组中单击【宏】按钮，进入宏的操作界面，其中包括【宏
工具/设计】选项卡、【操作目录】窗格和宏设计窗口 3 个部分，如图 10-1 所示。

图 10-1 宏的操作界面

1. 【宏工具/设计】选项卡

【宏工具/设计】选项卡包括【工具】【折叠/展开】和【显示/隐藏】三个组。各组的作用
如下：

▽ 【工具】组：包括【运行】【单步】和【将宏转换为 Visual Basic 代码】3 个命令按钮。

▽ 【折叠/展开】组：提供浏览宏代码的几种方式，即展开操作、折叠操作、全部展开和
全部折叠。

▽ 【显示/隐藏】组：主要用于设置【操作目录】窗格的显示和隐藏。

2. 【操作目录】窗格

为了方便用户操作，Access 2019 用【操作目录】窗格分类列出了所有的宏操作命令，用户
可以根据需要从中选择，选择宏操作命令后，在窗格下部会显示相关命令的说明信息。【操作目
录】窗格包含 3 部分，分别是【程序流程】【操作】和【在此数据库中】。

▽ 【程序流程】部分：包括 Comment(注释)、Group(宏组)、If(条件)、Submacro(子宏)选
项，用于实现程序流程控制。

▽ 【操作】部分：把宏操作分为 8 组，包括【窗口管理】【宏命令】【筛选/查询/搜索】
【数据导入/导出】【数据库对象】【数据输入操作】【系统命令】和【用户界面命令】，
一共 86 个操作。

▽ 【在此数据库中】部分：列出当前数据库中的所有宏，以便用户可以重复使用所创建的宏和代码。展开该部分，通常显示下一级列表【报表】【窗体】和【宏】，进一步展开报表、窗体和宏后，显示出在报表、窗体和宏中的事件过程或宏。

3. 宏设计窗口

使用 Access 2019 的宏设计窗口中的【添加新操作】下拉列表，可以添加宏操作并设置操作参数。添加新的宏有 3 种方式。

▽ 直接在【添加新操作】下拉列表中输入宏操作名称。

▽ 在【添加新操作】下拉列表中选择相应的宏操作，如图 10-2 所示。

▽ 从【操作目录】窗格中把某个宏操作拖入到【添加新操作】下拉列表中，或双击某个宏操作，将在宏设计窗口中添加这个宏操作，出现相关参数供用户设置，如图 10-3 所示。

图 10-2　选择宏操作

图 10-3　添加宏操作

10.2　宏的创建和操作

宏的创建方法和其他对象的创建方法稍有不同。通常创建宏对象时比较容易，因为不管是创建单个宏还是创建宏组，各种宏操作都是从 Access 提供的宏操作中选取，而不是自定义的。其他对象都可以通过向导和设计视图进行创建，但是宏不能通过向导创建，它只可以通过设计视图直接创建。

10.2.1　创建独立宏

创建独立宏，需要在宏设计窗口中添加宏操作命令，提供注释说明及设置操作参数。通常情况下，当单击操作参数列表框时，会在列表框右侧出现下拉按钮，单击后可在弹出的下拉列表中选择操作参数。

【例10-1】 创建一个简单宏，要求该宏运行时，打开【公司信息数据系统】数据库中的【订单明细】窗体。 🎬 视频

(1) 启动 Access 2019，打开【公司信息数据系统】数据库。

(2) 打开【创建】选项卡，在【宏与代码】组中单击【宏】按钮，打开宏的设计视图窗口，如图 10-4 所示。

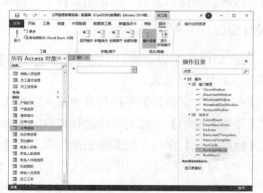

图 10-4　打开宏的设计视图窗口

(3) 此时，自动创建一个名为"宏 1"的空白宏。单击【添加新操作】框右侧的下拉按钮，从弹出的下拉列表中选择【OpenForm】选项，如图 10-5 所示。

(4) 自动弹出【OpenForm】宏信息框，在其中填写各个参数，如图 10-6 所示。

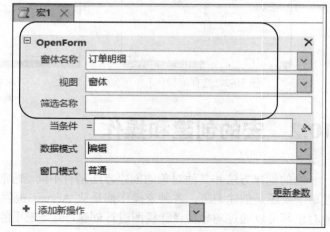

图 10-5　添加新操作　　　　　　图 10-6　设置操作参数

(5) 在快速访问工具栏中单击【保存】按钮，打开【另存为】对话框。在【宏名称】文本框中输入宏名称"打开【订单明细】窗体"，单击【确定】按钮，完成单个宏的创建，如图 10-7 所示。

(6) 此时，宏将显示在导航窗格中的【宏】组中。右击创建的宏，从弹出的快速菜单中选择【运行宏】命令，打开如图 10-8 所示的窗体。

提示

在宏的设计视图窗口中完成宏的创建后，单击【工具】组中的【运行】按钮，同样可以运行宏并打开窗体。

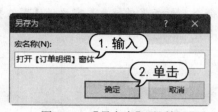

图 10-7 【另存为】对话框

图 10-8 运行宏后打开的窗口

10.2.2 创建宏组

宏组是存储在同一个宏名下的相关宏的组合，它与其他宏一样可在宏窗口中进行设计，并保存在数据库窗口的导航窗格的【宏】组中。如果有许多个宏执行不同的操作，那么可以将宏分为不同的宏组，以方便数据库的管理和维护。

【例10-2】 创建一个宏组，要求在运行该宏组时打开【员工信息】窗体，然后通过单击【员工信息】窗体中的【退出系统】按钮，退出当前数据库。 视频

(1) 启动 Access 2019，打开【公司信息数据系统】数据库。

(2) 打开【创建】选项卡，在【宏与代码】组中单击【宏】按钮，打开宏的设计视图窗口，此时，自动创建一个名为"宏 1"的空白宏。

(3) 单击【添加新操作】框右侧的下拉按钮，从弹出的下拉列表中选择【Submacro】选项(或者直接输入 Submacro)，并将子宏命名为"打开"；然后在子宏块中单击【添加新操作】按钮，从弹出的列表中选择【OpenForm】选项，添加宏操作，如图 10-9 所示。

(4) 使用同样的方法，在【打开】子宏块中添加【MaximizeWindow】，在【关闭】子宏块中添加【CloseDatabase】宏操作，设置其宏操作没有任何参数，如图 10-10 所示。

图 10-9 添加 OpenForm 宏操作

图 10-10 添加其他宏操作

(5) 在快速访问工具栏中单击【保存】按钮，打开【另存为】对话框。将宏以"宏组"为名

计算机基础与实训教材系列

进行保存。

(6) 在导航窗格的【窗体】组中打开【员工信息】窗体的设计视图窗口。在【窗口设计工具】的【设计】选项卡的【控件】组中单击【按钮】控件，在【主体】节中绘制一个命令按钮，并关闭【命令按钮向导】对话框，结果如图 10-11 所示。

(7) 右击命令按钮，在弹出的快捷菜单中选择【属性】命令，打开【属性表】窗格的【事件】选项卡。在【单击】下拉列表中选择【宏组.关闭】选项，如图 10-12 所示。

图 10-11　添加命令按钮

图 10-12　设置【单击】属性

(8) 打开【格式】选项卡，在【标题】文本框中输入命令按钮的名称为"退出系统"，如图 10-13 所示。

(9) 按 Ctrl+S 快捷键，保存对窗体的修改。

(10) 运行创建的宏组。此时，该宏自动打开【员工信息】窗体，单击【退出系统】按钮，如图 10-14 所示，该按钮自动运行 CloseDatabase 操作关闭当前数据库。

图 10-13　设置标题名称

图 10-14　运行宏时打开的窗体效果

10.2.3　创建条件宏

在某些情况下，可能当且仅当特定条件为真时，才在宏中执行一个或多个操作。例如，如果在某个窗体中使用宏来校验数据，可能要显示相应的信息来响应记录的相应输入值。在这种情况下，可以使用条件来控制宏的流程。

【例 10-3】 创建条件宏，要求运行宏时自动打开【员工工资】窗体。当用户在【基本工资】文本框中修改或添加数据时，输入的数据小于 3500 时，系统将自动给出提示。 📹视频

(1) 启动 Access 2019，打开【公司信息数据系统】数据库。

(2) 打开【员工工资】窗体的设计视图窗口，右击【基本工资】文本框控件。在弹出的快捷菜单中选择【属性】命令，打开【属性表】窗格。

(3) 打开【事件】选项卡，单击【更新后】文本框右侧的 按钮，如图 10-15 所示。

(4) 打开【选择生成器】对话框，在列表框中选择【宏生成器】选项，单击【确定】按钮，打开宏设计视图窗口，如图 10-16 所示。

图 10-15 【事件】选项卡   图 10-16 打开宏设计视图窗口

(5) 在右侧的【操作目录】窗格中双击 IF 宏，并在【宏生成器】中输入表达式 "[基本工资]<3500"，如图 10-17 所示。

(6) 单击【添加新操作】框右侧的下拉按钮，从弹出的下拉列表中选择【MessageBox】选项。自动弹出【MessageBox】宏信息框，在其中填写各个参数，如图 10-18 所示。

图 10-17 添加 IF 宏   图 10-18 添加 MessageBox 宏

(7) 按 Ctrl+S 快捷键，保存该条件宏，关闭【宏生成器】。

(8) 返回至【员工工资】窗体的设计视图，【事件】选项卡的【更新后】文本框中显示【[嵌入的宏]】字样，表明条件宏已创建完成，如图 10-19 所示。

(9) 打开【员工工资】窗体视图，在【基本工资】文本框中更改数据。例如输入 2000，按Enter 键，此时会打开【提示】对话框。单击【确定】按钮，如图 10-20 所示，取消事件。

图 10-19　显示嵌入的宏

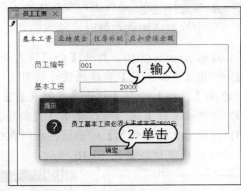

图 10-20　【提示】对话框

10.2.4　常用宏操作

Access 定义了许多宏操作，这些宏操作几乎涵盖了数据库管理的全部细节。表 10-1 列出了较为常用的操作命令，为用户在设计宏时提供参考。

表 10-1　Access 2019 中常用的宏操作

宏操作类型	宏操作名称	说　　　明
窗口管理	CloseWindow	关闭指定的 Access 窗口。如果没有指定窗口，则关闭活动窗口
	MaximizeWindow	最大化活动窗口
	MinimizeWindow	最小化活动窗口
	RestoreWindow	让最大化或最小化的窗口恢复到原来的大小
宏命令	OnError	指定宏出现错误时如何处理
	RunCode	调用 VBA 函数过程
	RunMacro	运行宏。该宏可以包含子宏
	StopAllMacros	停止当前正在运行的所有宏
	StopMacro	停止当前正在运行的宏
筛选/排序/搜索	FindRecord	查找符合该操作参数指定准则的第一条记录
	FindNextRecord	查找符合前一个 FindRecord 操作的下一条记录
	OpenQuery	在数据表视图、设计视图或打印预览视图中打开选择或交叉表查询
	Refresh	刷新视图中的记录
	RefreshRecord	刷新当前记录
	SetOrderBy	对表中的记录或来自窗体、报表的基本表或查询中的记录应用排序
数据导入/导出	ExportWithFormatting	将指定的数据库对象输出为电子表格(.xls)、格式文本(.rtf)、文本(.txt)、网页(.htm)或快照(.snp)格式
	SaveAsOutlookContact	将当前记录另存为 Outlook 联系人

（续表）

宏操作类型	宏操作名称	说　明
数据库对象	OpenForm	在窗体视图、设计视图中打开窗体
	OpenReport	在设计视图、打印预览视图中打开报表或立即打印报表
	OpenTable	在数据表视图、设计视图或打印预览视图中打开表
	GoToControl	将焦点移到打开的数据表或窗体中指定的字段或控件上
	GoToPage	将焦点移到当前窗体指定页的第一个控件上
	GoToRecord	使指定的记录成为当前表、窗体或查询结果中的当前记录
	RepaintObject	完成指定的数据库对象的任何未完成的屏幕更新，包括控件未完成的计算
	SetProperty	设置控件属性
	SetValue	为窗体、窗体数据表或报表上的控件、字段或属性设置值
系统命令	Beep	通过计算机发出嘟嘟声，来表示错误情况和重要的屏幕变化
	CloseDatabase	关闭当前数据库
	QuitAccess	退出 Access，可从几种选项中指定一个用户界面命令
用户界面命令	AddMenu	创建菜单栏或快捷菜单
	MessageBox	显示含有警告或提示消息的消息框

10.3　宏的运行与调试

对于创建的宏或宏组，只有运行它，才可以实现宏的功能，得到宏操作的结果。在运行宏时，有时会出现错误或异常情况，需要对宏或宏组进行调试。此外，用户可以对已经创建的宏进行编辑和修改，以便使设计的宏操作能达到预期的效果。

10.3.1　运行宏

运行宏时，Access 2019 将从宏的起始点启动，执行宏中的所有操作，直到出现另一个宏(宏处于宏组中)或宏的结束点。在 Access 2019 中，可以直接运行某个宏，也可以从其他宏中运行宏，还可以通过响应窗体、报表或控件的事件来运行宏。

1. 直接运行宏

直接运行宏一般用来对宏进行测试或调试。直接运行宏一般有以下 3 种方法：

▽ 在宏设计器窗口中运行宏。单击【宏工具/设计】选项卡的【工具】组中的【运行】按钮，即可运行当前正在编辑的宏。若是宏组，则只能运行宏组中的第一个子宏。

▽ 在数据库窗口中运行宏。在数据库窗口的导航窗格中，双击宏对象列表中的宏名，或选中一个宏后再单击【宏工具/设计】选项卡的【工具】组中的【运行】按钮，即可运行选中的宏。

计算机基础与实训教材系列

▽ 在 Access 主窗口中运行宏。单击【数据库工具】选项卡的【宏】组中的【运行宏】按钮，在打开的【运行宏】对话框中选择要执行的宏名，单击【确定】按钮。

2. 从其他宏中运行宏

可以在其他宏中运行一个已经设计好的宏，用宏操作 RunMacro 即可实现，它有 3 个参数：宏名称、重复次数和重复表达式。宏名称用来指定被调用的宏；重复次数用来指定运行宏的次数；重复表达式是条件表达式，每次调用宏后都要计算该表达式的值，只有当其值为 True 时，才继续运行宏。

3. 自动运行宏

将宏的名称设为"AutoExec"，则在每次打开数据库时，将自动运行该宏，可以在该宏中设置数据库初始化的相关操作。

4. 通过响应事件运行宏

事件是对象可以感知的外部动作，对象的事件一旦被触发，就会立即执行对应的事件过程，完成各种各样的操作和任务，事件过程可以是 VBA 代码，也可以是宏。在实际应用中，更多的是通过窗体、报表或控件上发生的事件触发相应的宏或事件过程。

10.3.2 调试宏

在宏的设计过程中，可以对宏进行调试。调试宏的目的，就是要找出宏的错误原因和出错位置，以便使设计的宏操作能达到预期的效果。

对宏进行调试，可以采用 Access 的单步调试方式，即每次只执行一个操作，以便观察宏的流程和每一步操作的结果。通过这种方法，可以比较容易地分析出错的原因并加以改正。

☞【例 10-4】将【例 10-1】创建的"打开【订单明细】窗体"宏中的 OpenForm 宏操作的【窗体名称】参数设置为 1。试用单步调试功能对该宏进行调试并修改错误。 🎬视频

(1) 启动 Access 2019，打开【公司信息数据系统】数据库。

(2) 在导航窗格的【宏】组中右击"打开【订单明细】窗体"宏，从弹出的快速菜单中选择【设计视图】命令，打开宏设计窗口。

(3) 单击【OpenForm】宏操作，然后在【操作参数】选项区域中删除【窗体名称】下拉列表中的内容，输入 1，其他不做设置，如图 10-21 所示。

(4) 在快速访问工具栏中单击【保存】按钮，保存宏，下面开始执行单步调试操作。

(5) 打开【宏工具】的【设计】选项卡，在【工具】组中单击【单步】按钮，然后单击【运行】按钮，打开如图 10-22 所示的【单步执行宏】对话框。

(6) 对话框中的【操作名称】是 OpenForm，【错误号】文本框中为 0，表示未发生错误。然后单击【单步执行】按钮。

图 10-21　输入 1

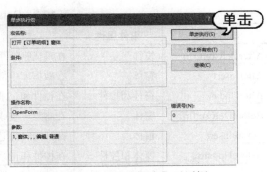

图 10-22　【单步执行宏】对话框

(7) 打开如图 10-23 所示的错误提示框。单击【确定】按钮，关闭提示框。

(8) 返回如图 10-24 所示的对话框。此时，可以看到【错误号】文本框中将显示数字，表示发生了错误。单击【停止所有宏】按钮，停止宏的运行。

图 10-23　Microsoft Access 提示框

图 10-24　显示错误号

(9) 返回宏设计窗口，重新修改该步操作。

10.4　常用事件

事件是一种特定的操作，在某个对象上发生或对某个对象发生。Microsoft Access 可以响应多个事件，如单击、更改、更新前、更新后等。事件的发生通常是用户操作的结果。通过使用事件过程，可以为在窗体、报表或控件上发生的事件添加自定义的事件响应。宏运行的前提是有触发宏的事件发生。在 Access 中，根据任务类型可将事件分为 Data(数据)事件、Focus(焦点)事件、Mouse(鼠标)事件和 Keyboard(键盘)事件。每种类型的事件又由若干具体事件组成。对于每一种具体事件，Access 都提供了响应事件的默认事件过程。如果默认事件过程不能满足应用要求，则可通过编写相应的事件过程代码定制响应事件的操作。本节将简单介绍这些常用的事件。

10.4.1　Data 事件

Data 事件即数据事件。当窗体或控件中的数据被删除或更改，或当焦点从一条记录移动到另一条记录时，将发生 Data 事件。Data 事件包括的事件及对应属性和发生时刻说明如表 10-2 所示。

表 10-2　Data 事件及功能说明

事件名称	事件属性	说　明
AfterDelConfirm	窗体	在确认删除操作，并且在记录已被删除或者删除操作被取消之后发生
AfterInsert	窗体	在数据库中插入一条新记录之后发生
AfterUpdate	窗体和控件	在控件和记录的数据被更新之后发生
BeforeDelConfirm	窗体	在删除一条或多条记录后，但是在确认删除之前发生
BeforeInsert	窗体	在开始向新记录中写第一个字符，但记录还没有添加到数据库时发生
BeforeUpdate	窗体和控件	在控件和记录的数据被更新之前发生
Change	控件	在文本框或组合框的文本部分内容更改时发生
Current	窗体	当把焦点移动到一条记录，使之成为当前记录时发生
Delete	窗体	在删除一条记录时，但在确认之前发生
Dirty	窗体	一般在窗体内容或组合框内容改变时发生
NotInList	控件	在输入一个不在组合框列表中的值时发生
Updated	控件	在 OLE 对象被修改时发生

10.4.2　Focus 事件

Focus 事件即焦点事件，该类型事件与焦点的改变相关。当窗体或控件失去或获得焦点时，或者窗体和报表成为激活状态时，将发生该事件。Focus 事件包括的事件、对应属性和发生时刻的说明如表 10-3 所示。

表 10-3　Focus 事件及功能说明

事件名称	事件属性	说　明
Activate	OnActivate(窗体和报表)	当窗体或报表等窗口变为当前活动窗口时发生
Deactivate	OnDeactivat(窗体和报表)	在其他 Access 窗口变成当前窗口时发生，例外情况是当焦点移动到另一个应用程序窗口、对话框或弹出窗体时
Enter	OnEnter (控件)	在控件接收焦点之前发生
Exit	OnExit(控件)	在焦点从一个控件移动到另一个控件之前发生
GotFocus	OnGotFocus(窗体和控件)	在窗体或控件接收焦点时发生

10.4.3　Mouse 事件

Mouse 事件即鼠标事件。当用户在进行鼠标操作时发生此类事件。例如，右击、双击或者单击。通过对该类事件的编程，应用程序可以处理所有的鼠标操作。Mouse 事件包括的事件、对应属性和发生时刻的说明如表 10-4 所示。

表 10-4 Mouse 事件及功能说明

事件名称	事件属性	说 明
Click	OnClick (窗体和报表)	在单击控件时发生。对窗体来说，一定是单击记录浏览按钮、节或控件之外的区域才能发生该事件
DblClick	OnDblClick (窗体和报表)	在双击控件时发生。对窗体来说，一定是双击空白区域或窗体上的记录浏览按钮才能发生该事件
MouseDown	OnMouseDown (窗体和控件)	在当鼠标指针在窗体或控件上，按下鼠标时发生
MouseMove	OnMouseMove(窗体和控件)	当鼠标指针在窗体、窗体选择内容或控件上移动时发生
MouseUp	OnMouseUp (窗体和控件)	当鼠标指针在窗体或控件上，按下鼠标后松开时发生

10.4.4　Keyboard 事件

Keyboard 事件即键盘事件。当在键盘上输入或使用 SendKeys 语句发送击键命令时，将发生 Keyboard 事件。Keyboard 事件包括的事件、对应属性和发生时刻的功能说明如表 10-5 所示。

表 10-5　Keyboard 事件及功能说明

事件名称	事件属性	说 明
KeyDown	窗体和报表	在控件或窗体有焦点，并且按键盘任何键时发生。但对窗体来说，一定是窗体没有控件或所有控件都失去焦点，才能发生该事件
KeyPress	窗体和报表	在控件或窗体有焦点且按下并释放一个产生标准 ANSI 字符的键或组合时发生。但对窗体来说，一定是窗体没有控件或所有控件都失去焦点，才能发生该事件
KeyUp	窗体和控件	在控件或窗体有焦点并释放一个按下的键时发生。但对窗体来说，一定是窗体没有控件或所有控件都失去焦点，才能发生该事件

10.5　实例演练

本章的实例演练为创建嵌入宏这个综合实例操作，用户通过练习从而巩固本章所学知识。

【例 10-5】 创建嵌入宏用于显示打开【销售人员信息】窗体的提示信息。 视频

(1) 启动 Access 2019，打开【公司信息数据系统】数据库。

(2) 打开【销售人员信息】窗体，切换到设计视图，打开【属性表】窗格，选择对象为【窗体】，选择【事件】选项卡，单击【加载】属性右侧的 按钮，如图 10-25 所示。

(3) 打开【选择生成器】对话框，选择【宏生成器】选项，单击【确定】按钮，如图 10-26 所示。

计算机基础与实训教材系列

图 10-25　单击按钮　　　　　　　　图 10-26　【选择生成器】对话框

(4) 进入宏设计窗口，在【添加新操作】下拉列表中选择【MessageBox】命令，输入【消息】参数为"打开【销售人员信息】窗体"，【标题】参数为"提示"，如图 10-27 所示。

(5) 保存窗体，退出宏设计窗口。进入窗体视图或布局视图，该宏将在【销售人员信息】窗体加载时触发运行，弹出一个提示对话框，单击【确定】按钮可以打开窗体，如图 10-28 所示。

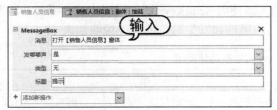 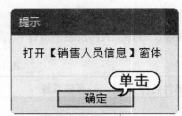

图 10-27　设计命令　　　　　　　　图 10-28　提示对话框

10.6　习题

1. 如何设置条件宏和宏组？
2. 如何运行宏？
3. 在【公司信息数据系统】数据库中创建一个简单的【打印】宏，用于打印【员工工资报表】。要求在打印前显示一个询问是否继续的提示对话框。单击对话框中的【确定】按钮后，执行打印操作，最后关闭报表。

第11章

模块与VBA编程语言

　　模块是由 VBA(Visual Basic for Applications)语言编写的程序集合。VBA 具有与 Visual Basic 相同的语言功能。在模块中使用 VBA 语言，可以大大提高 Access 数据库系统的处理能力，完成实际开发中的复杂应用。本章将介绍模块与 VBA 的编程等高级操作内容。

本章重点

● 使用模块
● 使用常用语句
● VBA 的语法
● VBA 代码的保护

二维码教学视频

【例 11-1】　使用 if 语句
【例 11-2】　计算自然数之和
【例 11-3】　创建过程
【例 11-4】　调用函数过程
【例 11-5】　保护 VBA 代码
【例 11-6】　创建一个能计算圆面积的模块
【例 11-7】　创建一个能进行等级评定的模块

11.1 认识模块

模块可以在模块对象中出现，也可以作为事件处理代码出现在窗体和报表对象中。在 Access 中模块是由 VBA 语言实现的，模块构成了一个完整的 Access 2019 的集成开发环境。

11.1.1 模块的类型和组成

Access 2019 有两种类型的模块：标准模块和类模块。

1. 标准模块

标准模块一般用于存放公共过程(子程序和函数)，不与其他任何 Access 对象相关联。在 Access 2019 系统中，通过模块对象创建的代码过程就是标准模块。

标准模块一般用于存放供其他 Access 数据库对象使用的公共过程。在系统中可以通过创建新的模块对象而进入其代码设计环境。

标准模块通常安排一些公共变量或过程，供类模块里的过程调用。在各个标准模块内部也可以定义私有变量和私有过程，仅供本模块内部使用。

标准模块中的公共变量和公共过程具有全局特性，其作用范围在整个应用程序里，生命周期是伴随着应用程序的运行而开始，随应用程序的关闭而结束。

2. 类模块

类模块是面向对象编程的基础，可以在类模块中编写代码建立新对象。这些新对象可以包含自定义的属性和方法。实际上，窗体和报表也是一种类模块，在其上可安放控件，可显示窗体或报表窗口。Access 2019 中的类模块可以独立存在，也可以与窗体和报表同时出现。

窗体模块和报表模块各自与某一特定窗体或报表相关联。窗体模块和报表模块通常都含有事件过程。事件过程是指自动执行的过程，以响应用户或程序代码启动的事件或系统触发的事件。可以使用事件过程来控制窗体或报表的行为，以及它们对用户操作的响应。

为窗体或报表创建第一个事件过程时，Access 2019 将自动创建与之关联的窗体或报表模块。如果要查看窗体或报表的模块，可以选择窗体或报表设计视图中工具栏上的"代码"命令。

窗体模块或报表模块中的过程可以调用已经添加到标准模块中的过程。窗体模块或报表模块的作用范围局限在其所属的窗体和报表内部，具有局部特性。

标准模块和类模块的不同在于存储数据的方法不同。标准模块的数据只有一个备份，这表示标准模块中一个公共变量的值改变后，在后面的程序中再读取这个变量时，将取得改变后的值。而类模块中的数据，是相对于类实例而独立存在的。标准模块中的数据在程序的作用域中存在，而类模块实例中的数据只存在于对象的生命周期中，它随对象的创建而创建，随对象的撤销而消失。

通常每个模块由声明和过程两部分组成。

声明部分可以定义常量、变量、自定义类型和外部过程。在模块中，声明部分与过程部分是分隔开来的，声明部分中设定的常量和变量是全局性的，可以被模块中的所有过程调用，每个模块只有一个声明部分。

每个过程是一个可执行的代码片段，每个模块可以有多个过程，过程是划分 VBA 代码的最小单元。另外还有一种特殊的过程，称为事件过程，这是一种自动执行的过程，用来对用户或程序代码启动的事件或系统触发的事件做出响应。相对于事件过程，非事件过程又被称为通用过程。

窗体模块和报表模块包括声明部分、事件过程和通用过程；而标准模块只包括声明部分和通用过程。

11.1.2　将宏转换为模块

宏和 VBA 都可以实现操作的自动化。宏只能使用 Access 提供的现有命令，因此只能完成简单的工作，但它可以迅速地将已经创建的数据库对象联系在一起。而对于复杂的问题，宏是难以解决的，需要使用 VBA 编程来实现。

宏相对于 VBA 来说执行效率低，故可将宏转换成 VBA 模块以提高执行效率。转换方式有以下两种。

1. 直接转换为模块

操作步骤如下。

(1) 在导航窗格中选定要转换的宏。

(2) 选择【文件】|【另存为】|【对象另存为】命令，再单击【另存为】按钮，打开【另存为】对话框。

(3) 为模块指定名称，并选择保存类型为【模块】，单击【确定】按钮，如图 11-1 所示。

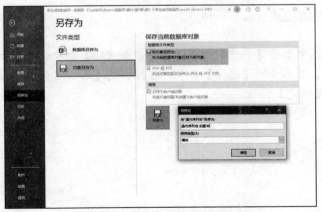

图 11-1　将宏直接转换为模块

2. 利用宏工具转换

操作步骤如下。

(1) 打开要转换的宏的设计视图。

(2) 在【宏工具/设计】选项卡的【工具】组中，单击【将宏转换为 Visual Basic 代码】按钮，打开【转换宏】对话框。

(3) 在【转换宏】对话框中选择所需选项，单击【转换】按钮，如图 11-2 所示。

(4) 转换完成后，Access 打开 Visual Basic 编辑器并显示转换的 VBA 代码，如图 11-3 所示。

图 11-2　【转换宏】对话框　　　　　　　　图 11-3　打开 Visual Basic 编辑器

11.1.3　创建模块

1. 查看类模块

类模块是包含在窗体、报表等数据库基本对象中的事件处理过程，仅在所属对象处于活动状态时有效。

为窗体或报表创建第一个事件过程时，Access 将自动创建与之关联的窗体或报表模块。如果要查看窗体或报表模块，切换至窗体或报表设计视图，在【设计】选项卡的【工具】组中单击【查看代码】按钮即可。

2. 创建标准模块

进入 VBE 编辑标准模块有以下三种方法。

方法一：

(1) 在数据库视图中单击【创建】选项卡的【宏与代码】组中的【模块】按钮，进入 VBE。

(2) 选择【插入】菜单中的【过程】命令，在弹出的【添加过程】对话框中输入过程名，如图 11-4 所示，单击【确定】按钮。

(3) 在代码窗口中定义过程，如图 11-5 所示。

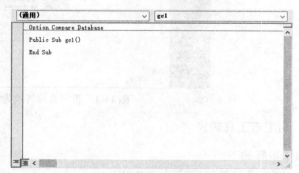

图 11-4　【添加过程】对话框　　　　　　　图 11-5　添加过程的代码窗口

方法二：

(1) 在数据库视图中单击【创建】选项卡的【宏与模块】组中的【模块】按钮，进入 VBE。

(2) 直接在代码窗口中定义过程。

计算机基础与实训教材系列

方法三：

(1) 对于已存在的标准模块，在数据库视图中选择【模块】对象，然后在模块列表中双击选择的模块，或右击，在快捷菜单中选择【设计视图】命令，进入 VBE。

(2) 在代码窗口中定义过程。

11.2　认识 VBA 编程语言

Access 是一种面向对象的数据库软件，它支持面向对象的程序开发技术。Access 的面向对象开发技术就是通过 VBA 编程来实现的。

11.2.1　VBA 概述

VBA 是 Microsoft Office 系列软件中内置的用来开发应用系统的编程语言，包括各种主要语法结构、函数和命令等。VBA 的语法规则与 Visual Basic 相似，但是二者有本质区别。

VBA 主要面向 Office 办公软件进行系统开发，以增强 Word、Excel 等软件的自动能力。它提供了很多 VB 中没有的函数和对象，这些函数都是针对 Office 应用的。Visual Basic 是 Microsoft 公司推出的可视化 BASIC 语言，是一种编程简单、功能强大的面向对象开发工具。可以像编写 VB 程序那样来编写 VBA 程序。用 VBA 语言编写的代码将保存在 Access 中的一个模块里，并通过类似在窗体中激发宏的操作那样来启动这个模块，从而实现相应的功能。

利用 Access 创建的数据库管理应用程序无须编写太多代码。通过 Access 内置的可视界面，用户可以完成很多的程序响应事件，如执行查询、设置宏等。在 Access 中已经内置了许多计算函数，如 Sum()、Count()等。它们可以执行复杂的运算，由于以下几种原因，用户需要使用 VBA 作为程序指令的一部分。

▽ 定义用户自己的函数。Access 提供了很多计算函数，但是有些特殊的函数 Access 没有提供，需要用户自定义，如定义一个函数来计算圆的面积、定义一个函数执行条件判断等。

▽ 编写包含有条件结构或循环结构的表达式。

▽ 想要打开两个或者两个以上的数据库。

同其他面向对象编程语言一样，VBA 也包括对象、属性、方法、事件等元素。

▽ 对象：就是代码和数据的一个结合单元，如表、窗体、文本框都是对象。一个对象是由语言中的类来定义的。

▽ 属性：就是定义的对象特性，如大小、颜色和对象状态等。

▽ 方法：就是对象能够执行的动作，如刷新等。

▽ 事件：就是对象能够辨识的动作，如单击、双击等。

11.2.2　VBA 的编写环境

在 Office 中提供的 VBA 开发界面称为 VBE(Visual Basic Editor)，可以在 VBE 窗口中编写和调试模块程序。

在 Access 中，可以通过如下操作进入 VBE 界面。

▽ 直接进入 VBE：打开【数据库工具】选项卡，在【宏】组中单击【Visual Basic】按钮。

▽ 新建一个模块进入 VBE：打开【创建】选项卡，在【宏与代码】组中单击【模块】按钮。

▽ 使用快捷方式：按 Alt+F11 组合键。

▽ 新建用户相应窗体、报表或控件的事件过程进入 VBE：在控件的【属性表】窗格中，打开【事件】选项卡。在任意事件的下拉列表中选择【事件过程】选项，单击后面的省略号按钮，为这个控件添加事件过程，如图 11-6 所示。

VBE 窗口分为菜单栏、工具栏和一些功能窗口，其主界面如图 11-7 所示。

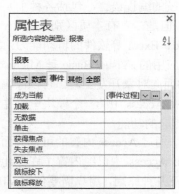

图 11-6　【属性表】窗格

图 11-7　VBE 主界面

1. 菜单栏

VBE 包括 10 个菜单，各个菜单的功能说明如表 11-1 所示。

表 11-1　VBE 菜单及功能说明

菜　　单	说　　明
文件	实现文件的保存、导入、导出、打印等基本操作
编辑	进行文本的剪切、复制、粘贴、查找等
视图	用于控制 VBE 的视图显示方式
插入	能够实现过程、模块、类模块或文件的插入
调试	调试程序的基本命令，包括编译、逐条运行、监视、设置断点等命令
运行	运行程序的基本命令，包括运行、中断运行等
工具	用来管理 VB 类库的引用、宏以及 VBE 编辑器设置的选项
外接程序	用来管理外接程序
窗口	用来设置各个窗口的显示方式
帮助	用来获取 Microsoft Visual Basic 的链接帮助以及网络帮助资源

2. 工具栏

一般情况下，在 VBE 窗口中显示的是标准工具栏，用户可以通过【视图】菜单中的【工具栏】命令显示【编辑】【调试】和【用户窗体】工具栏。标准工具栏中包括创建模块时常用的命令按钮。

3. 功能窗口

VBE 的窗口中提供的功能窗口有工程资源器窗口、属性窗口、代码窗口、立即窗口、本地窗口和监视窗口等。用户可以通过【视图】菜单控制这些窗口的显示。

(1) 工程资源器窗口。工程资源器窗口中列出了在应用程序中用到的模块。使用该窗口，可以在数据库内各个对象之间进行快速浏览，各对象以树的形式分级显示在窗口中，包括 Access 类对象、模块和类模块。

(2) 属性窗口。属性窗口列出了选定对象的属性。用户可以在【按字母序】选项卡或者【按分类序】选项卡中查看或编辑对象属性。当选取多个控件时，属性窗口会列出所选控件的共同属性。

(3) 代码窗口。在代码窗口中可以输入和编辑 VBA 代码，可以打开多个代码窗口来查看各个模块的代码，还可以方便地在各个代码窗口之间进行复制和粘贴操作。代码窗口使用不同的颜色代码对关键字和普通代码加以区分，以便于用户进行书写和检查。在代码窗口的顶部是两个下拉列表，左边是对象下拉列表，右边是过程下拉列表。对象下拉列表中列出了所有可用的对象名称，选择某一个对象后，在过程下拉列表中将列出该对象所有的事件过程。

(4) 立即窗口、本地窗口和监视窗口。这三个窗口是 VBE 提供的专用的调试工具窗口，可帮助用户快速定位程序中的问题，以便消除代码中的错误。

▽ 立即窗口在调试程序过程时非常有用，用户如果要测试某条语句或者查看某个变量的值，就需要用到立即窗口。在立即窗口中，输入一行语句后按 Enter 键，可以实时查看代码运行的效果。

▽ 本地窗口可自动显示出所有在当前过程中的变量声明及变量值。若本地窗口可见，则每当从执行方式切换到中断模式时，它就会自动地重建显示。

▽ 如果要在程序中监视某些表达式的变化，可以在监视窗口中右击，然后在弹出的快捷菜单中选择【添加监视】命令，则弹出【添加监视】对话框。在对话框中输入要监视的表达式，则可以在监视窗口中查看添加的表达式的变化情况。

11.2.3 语句和编码规则

VBA 继承了 VB 编辑器的众多功能，具有自动显示快速信息、快捷的上下文关联帮助，以及快速访问语句过程等功能。用户可以根据工程资源器窗口提供的功能轻松地编写 VBA 应用程序代码。若要正确地编写代码，用户必须掌握语句和编码规则。

1. 语句

语句可用来表达一种动作、声明或定义，具有完整的语法定义。Visual Basic 语句分为以下 3 种。

▽ 声明语句：用于为变量、常数或过程命名，并且可以指定一个数据类型。

▽ 赋值语句：能将一个值或表达式赋给表达式变量或属性。

▽ 可执行语句：这类语句数量最多，包含执行过程、函数、方法的语句和控制语句等。

2. 编码规则

书写规范的程序语句有利于用户快速读懂程序，分析和找出程序中的错误。一般情况下，要求语句写在代码窗口声明部分和过程中的语句行上。为清晰起见，通常一条语句只占一行。如果一行中包含多条语句，在语句之间必须以冒号(:)作为分隔符。

Visual Basic 允许一条语句占据多行，但需在下一行前面加上续行符(_)，用于在下一行继续上一个逻辑行的内容。需要注意的是，续行符的书写格式是以一个空格开头，其后跟一个下画线字符。

若代码需要连续地写在两行上，可在第一行的末尾输入续行符，然后按下 Enter 输再输入第二行代码。示例代码如下。

```
MsgBox "密码输入错误！ _
    请输入字母或数字的组合。"
```

使用该方法，可以将一行语句写在多行上。

11.3 VBA 语法知识

语法是任何程序的基础。一个函数程序就是某段命令代码按照一定的规则，对具有一定数据结构的变量、常量进行运算，从而计算出结果。

11.3.1 关键字和标识符

在 VBA 中，系统可以使用一些特殊的字符串(即关键字)。通常情况下，在命名宏、变量等时不可以使用这些关键字。在任何一门可视化编程语言中都有标识符，其作用是标识常量、变量、对象、属性、过程等。

1. 关键字

在 VBE 编辑窗口中关键字是以蓝色字符显示的。在 VBA 中常用的关键字如表 11-2 所示。

表 11-2　常用的关键字

Array	False	Get	Print
As	Is	Input	Private
And	Open	Let	Resume
Binary	End	Lock	Set
Case	Integer	Mid	Step
Currency	Long	Public	String

（续表）

Dim	Else	Next	To
Double	Empty	Null	Until
Date	Error	On	Type
Do	For	Option	Or
Imp	With	Run	Exit
True	Loop	Sub	Object

2. 标识符

在 VBA 中，命名标识符时需要遵循如下规则。

▽ 标识符是有一定意义的、直观的英文字符串。

▽ 标识符必须以字母或下画线开头。

▽ 标识符由字母、数字或下画线组成而且不可以含空格。

▽ 标识符不区分字母的大小写。

▽ 标识符不能与 VBA 中的关键字相同，但可以加一个前缀或后缀。

11.3.2　数据类型

数据是程序的必要组成部分，也是数据处理的对象，在高级语言中广泛使用数据类型这一概念。数据类型就是一组性质相同的值的集合，以及定义在这个值集合上的一组操作的总称。它又分为标准数据类型和用户自定义数据类型两种。

1. 标准数据类型

VBA 支持多种标准数据类型，为用户编程提供了方便，表 11-3 中列出了 VBA 中主要的标准数据类型。

表 11-3　VBA 中主要的标准数据类型

数据类型	关键字	符号	存储空间	取值范围	默认值
字节型	Byte	无	1 字节	0～255	0
整型	Integer	%	2 字节	−32 768～32 767	0
长整型	Long	&	4 字节	−2147483648～2147483647	0
单精度型	Single	!	4 字节	可以达到 6 位有效数字	0
双精度型	Double	#	8 字节	可以达到 16 位有效数字	0
货币型	Currency	@	8 字节	有 15 位整数、4 位小数	0
字符型	String	$	与字符串长度有关	0～65 535 个字符	""
日期型	Date	无	8 字节	日期：100 年 1 月 1 日～9999 年 12 月 31 日	0
逻辑型	Boolean	无	2 字节	True 或 False	False
变体型	Variant	无	不足	由实际的数据类型而定	无

2. 用户自定义数据类型

VBA 允许用户自定义数据类型，使用 Type 语句可以实现这个功能。用户自定义数据类型可包含一个或多个某种数据类型的数据元素，Type 语句的语法格式为：

```
Type 数据类型名
    数据类型元素名  As  系统数据类型名
End Type
```

例如定义了一个名为 myType 的自定义数据类型，其中包含字符串、布尔变量、整数和日期型数据，可以在定义了这种数据类型之后声明该类型的变量。

```
Type myType
    Myname As String
    Mysex As Boolean
    Myage As Integer
    Mybirth As Date
End Type
```

11.3.3 常量

在计算机程序中，不同类型的数据既可以以常量的形式出现，也可以以变量的形式出现。常量是指在程序执行期间不能发生变化、具有固定值的量。

常量在 VBA 中分为直接常量、符号常量和系统常量，一般在程序中使用，尽量使用符号常量。

1. 直接常量

直接常量就是日常所说的常数，例如 3.14、88、'a'都是直接常量，它们分别是单精度型、整型和字符型常量，由于从字面上即可直接看出它们是什么，因此又称字面常量。

2. 符号常量

符号常量是在一个程序中指定的用名称代表的常量，从字面上不能直接看出它们的类型和值。声明符号常量要使用 Const 语句，其格式如下：

```
Const  常量名[as  类型]=表达式
```

参数说明如下。

▽　常量名：命名规则与变量名的命名规则相同。

▽　as 类型：说明该常量的数据类型。如果该选项省略，则数据类型由表达式决定。

▽　表达式：可以是数值常数、字符串常数，以及运算符组成的表达式。

例如：

```
Const PI = 3.14159
```

这里声明符号常量 PI，代表圆周率 3.14159。在程序代码中使用圆周率的地方就可以用 PI 来表示。使用符号常量的好处在于，当要修改该常量值时，只需修改定义该常量的语句即可。

3．系统常量

系统常量是系统内部定义的常量，如 vbOk、vbYes、vbNo 等，一般由应用程序和控件提供，可以与它们所属的对象、方法和属性等一起使用。

11.3.4　变量

数据被存储在一定的存储空间中，在计算机程序中，数据连同其存储空间被抽象为变量，每个变量都有一个名称，这个名称就是变量名。它代表了某个存储空间及其所存储的数据，这个空间所存储的数据称为该变量的值。将一个数据存储到变量这个存储空间，称为赋值。在定义变量时就赋值称为赋初值，而这个值称为变量的初值。

1．变量的命名规则

▽ 变量名只能由字母、数字、汉字和下画线组成，不能含有空格和除了下画线字符外的其他任何标点符号，长度不能超过 255 个字符。

▽ 必须以字母开头，不区分变量名的大小写，例如，若以 Ab 命名一个变量，则 AB、ab、aB 都被认为是同一个变量。

▽ 不能和 VBA 保留字同名。例如，不能以 if 命名一个变量。保留字是指在 VBA 中用作语言的那部分词，包括预定义语句(如 If 和 Loop)、函数(如 Len 和 Abs)和运算符(如 Or 和 Mod)等。

2．变量的声明

声明变量有两个作用：指定变量的数据类型和指定变量的适用范围。VBA 应用程序并不要求对过程或者函数中使用的变量提前进行明确声明。如果使用了一个没有明确声明的变量，系统会默认地将它声明为 Variant 数据类型。VBA 可以强制要求用户在过程或者函数中使用变量前必须首先进行声明，方法是在模块的"通用"部分中包含一个 Option Explicit 语句。

VBA 使用 Dim 语句声明变量，Dim 语句使用格式为：

```
Dim 变量名 As 数据类型
```

例如：

```
Dim i as integer                        '声明了一个整型变量 i
Dim a as integer,b as long,c as single  '声明了三个变量 a、b、c，分别为整型、长整型、单精度型
Dim s1,s2 As String                     '声明了一个变体类型变量和一个字符型变量
```

上例中声明变量 s1 和 s2 时，因为没有为 s1 指定数据类型，所以将其默认为 Variant 类型。

3. 变量的作用域

变量的作用域也就是变量的作用范围。在 VBA 编程中，根据变量定义的位置和方式的不同，可以把变量的作用范围分为局部范围、模块范围和全局范围。根据变量的作用范围，可以把变量分为 3 种类型：局部变量、模块变量和全局变量。

▽ 局部变量：是指在过程(通用过程或事件过程)内定义的变量，其作用域是它所在的过程；在不同的过程中可以定义相同名称的局部变量，它们之间没有任何关系。局部变量在过程内用 Dim 或 Static 定义。

▽ 模块变量：包括窗体模块变量和标准模块变量。窗体模块变量可用于该窗体内的所有过程。在使用窗体模块变量前必须先声明，其方法是：在程序代码窗口的【对象】下拉列表中选择【通用】，并在【过程】下拉列表中选择【声明】，可用 Dim 或 Private 声明。标准模块变量对该模块中的所有过程都是可见的，但对其他模块中的代码不可见，可以用 Dim 或 Private 声明。

▽ 全局变量：也称全程变量，其作用域最大，可以在工程的每个模块、每个过程中使用。全局变量必须用 Public 声明，同时，全局变量只能在标准模块中声明，不能在类模块或窗体模块中声明。

4. 变量的生存周期

从变量的生存周期来分，变量又分为动态变量和静态变量。

▽ 动态变量：在过程中，用 Dim 关键字声明的局部变量属于动态变量。动态变量从变量所在的过程第一次执行，到过程执行完毕，自动释放该变量所占的内存单元。

▽ 静态变量：当使用 Static 语句取代 Dim 语句时，所声明的变量称为静态变量。静态变量只能是局部变量，只能在过程内声明。静态变量在过程运行时可保留变量的值，即每次调用过程时，用 Static 声明的变量保持上一次的值。

使用 Dim 语句声明的局部变量，变量值在过程结束后释放内存，再次执行此过程前，它将重新被初始化；静态变量在过程结束后，只要整个程序还在运行，都能保留它的值而不被重新初始化。而当所有的代码都运行完成后，静态变量才会失去它的范围和生存周期。

11.3.5 数组

数组是一组具有相同数据类型的数据组成的序列，用一个统一的数组名标识这一组数据，用下标来指示数组中元素的序号。例如 Score[1]、Score[2]、Score[3]、Score[4]分别代表 4 名同学的成绩，它们组成一个成绩数组(数组名为 Score)，Score[1]代表第一名同学的成绩，Score[4]代表第 4 名同学的成绩。

数组必须先声明后使用，数组的声明方式和其他的变量类似，它可以使用 Dim、Public 或 Private 语句来声明。数组的第 1 个元素的下标称为下界，最后一个元素的下标称为上界，其余元素的下标连续地分布在上下界之间。

一维数组的声明格式如下:

Dim 数组名([下界 To]上界)[As 数据类型]

如果用户不显式地使用 To 关键字声明下界,则 VBA 默认下界为 0,而且数组的上界必须大于下界。

As 数据类型如果省略,则默认为变体数组;如果声明为数值型,数组中的全部数组元素都初始化为 0;如果声明为字符型,数组中的全部元素都初始化为空字符串;如果声明为布尔型,数组中的全部元素都初始化为 False。

例如:

Dim Score(1to 4)As Integer
Dim Age(4) As Integer

在上面的例子中,数组 Score 包含 4 个元素,下标范围是 1~4;数组 Age 包括 5 个元素,下标范围是 0~4。

除了常用的一维数组外,还可以使用二维数组和多维数组,其声明格式如下:

Dim 数组名([下界 To]上界,[下界 To]上界…)[As 数据类型]

例如:

Dim S(2,3)As Integer

上面的例子定义了有 3 行 4 列、包含 12 个元素的二维数组 S,每个元素就是一个普通的 Integer 类型变量。各元素可以排列成如表 11-4 所示的二维表。

表 11-4　二维数组 S 的元素排列

	第 0 列	第 1 列	第 2 列	第 3 列
第 0 行	S(0,0)	S(0,1)	S(0,2)	S(0,3)
第 1 行	S(1,0)	S(1,1)	S(1,2)	S(1,3)
第 2 行	S(2,0)	S(2,1)	S(2,2)	S(2,3)

提示

VBA 下标下界的默认值为 0,在使用数组时,可以在模块的通用声明部分使用 Option Base 1 语句来指定数组下标下界从 1 开始。数组可以分为固定大小数组和动态数组两种类型。若数组的大小被指定,则它是固定大小数组。若程序运行时数组的大小可以被改变,则它是动态数组。

11.3.6　运算符与表达式

最基本的运算形式常常可以用一些简洁的符号来描述,这些符号称为运算符,被运算的对象数据称为运算量或操作数。VBA 中包含丰富的运算符,有算术运算符、连接运算符、关系运算符、逻辑运算符(也称为布尔运算符)和对象运算符。

1. 算术运算符

算术运算符是常用的运算符，用来执行简单的算术运算。VBA 提供了 8 个算术运算符，除负号是单目运算符外，其他均为双目运算符，如表 11-5 所示。

表 11-5　算术运算符

运算符	说明	优先级别	运算符	说明	优先级别
^	乘方	1	\	整除	4
−	负号	2	Mod	取模	5
*	乘	3	+	加	6
/	除	3	−	减	6

在使用算术运算符进行运算时，应注意以下规则：

▽　　"/" 是浮点数除法运算符，运算结果为浮点数。例如，表达式 5/2 的结果为 2.5。

▽　　"\" 是整数除法运算符，结果为整数。例如，表达式 5\2 的值为 2。

▽　Mod 是取模运算符，用来求余数，运算结果为第一个操作数整除第二个操作数所得的余数。例如，5 Mod 3 的运算结果为 2。

▽　如果表达式中含有括号，则先计算括号内表达式的值，然后严格按照运算符的优先级别进行运算。

2. 连接运算符

连接运算符执行将两个字符串连接起来生成一个新的字符串的运算。连接运算符有两个："&" 和 "+"，作用是将两个字符串连接起来。

例如：

```
"VBA" & "程序设计基础"        '结果是"VBA 程序设计基础"
"奥迪 A" & 8                  '结果是"奥迪 A8"
123 & 456                    '结果是"123456"
"VBA" + "程序设计基础"        '结果是"VBA 程序设计基础"
"奥迪 A" + 8                  '出错
"123" + 456                  '结果是 579
```

在使用连接运算符进行运算时，应注意以下规则：

▽　由于符号 "&" 还是长整型的类型定义符，因此在使用连接符 "&" 时，"&" 连接符两边最好各加一个空格。

▽　运算符 "&" 两边的操作数可以是字符型，也可以是数值型。进行连接操作前，系统先进行操作数类型转换，数值型转换成字符型，然后再做连接运算。

▽　运算符 "+" 要求两边的操作数都是字符串。若一个是数字型字符串，另一个为数值型字符串，则系统自动将数字型字符串转换为数值，然后进行算术加法运算；若一个为非数字型字符串，另一个为数值型字符串，则结果出错。

▽ 在 VBA 中，"+"既可用作加法运算符，还可以用作连接运算符，"&"专门用作连接运算符。

3. 关系运算符

关系运算符的作用是对两个表达式的值进行比较，比较的结果是一个逻辑值，即真(True)或假(False)。如果表达式比较结果成立，返回 True，否则返回 False。VBA 提供了 6 个关系运算符，如表 11-6 所示。

表 11-6 关系运算符

运 算 符	说 明	举 例	运 算 结 果
>	大于	"abcd" > "abc"	True
>=	大于或等于	"abcd" >="abce"	False
<	小于	25<46	True
<=	小于或等于	45<=45	True
=	等于	"abcd"="abc"	False
<>	不等于	"abcd" <> "ABCD"	True

在使用关系运算符进行比较时，应注意以下规则。

▽ 数值型数据按其数值大小进行比较。

▽ 日期型数据将日期看成 yyyymmdd 的 8 位整数，按数值大小进行比较。

▽ 汉字按区位码顺序进行比较。

▽ 字符型数据按其 ASCII 码值进行比较。

通过关系运算符组成的表达式称为关系表达式，关系表达式主要用于条件判断。

4. 逻辑运算符

逻辑运算符也称为布尔运算符，除 Not 是单目运算符外，其余均是双目运算符。由逻辑运算符连接两个或多个关系式，对操作数进行逻辑运算，结果是逻辑值 True 或 False，如表 11-7 所示。

表 11-7 逻辑运算符

运 算 符	说 明	举 例	运 算 结 果
Not	逻辑非	Not 1 >2	True
And	逻辑与	3 >2 And 1>2	False
Or	逻辑或	3 >2 Or 1>2	True

5. 对象运算符

对象运算符有"!"和"."两种，使用对象运算符指示随后将出现项目类型。

(1) "!"运算符。"!"运算符的作用是指出随后为用户定义的内容。使用它可以引用一个开启的窗体、报表或其上的控件。

例如，Forms![学生信息]表示引用开启的【学生信息】窗体；Forms![学生信息]![学号]表示引用开启的【学生信息】窗体上的【学号】控件；Reports![学生成绩表]表示引用开启的【学生成绩表】报表。

(2) "."运算符。"."运算符通常指出随后为 Access 定义的内容。例如，引用窗体、报表或控件等对象的属性，引用格式为：控件对象名.属性名。

在实际应用中，"."运算符和"!"运算符配合使用，用于表示引用的一个对象或对象的属性。例如，可以引用或设置一个打开窗体的某个控件的属性。

```
Forms![学生信息]![Command1].Enabled = False
```

该语句用于表示引用开启的【学生信息】窗体上的 Command1 控件的 Enabled 属性并设置其值为 False。

6. 表达式

表达式描述了对哪些数据以什么样的顺序进行什么样的操作。它由运算符与操作数组成，操作数可以是常量、变量，还可以是函数。

(1) 表达式的书写规则。

① 只能使用圆括号且必须成对出现，可以使用多个圆括号，且必须成对。

② 乘号不能省略。X 乘以 Y 应写成 X*Y，不能写成 XY。

③ 表达式从左至右书写，无大小写区分。

(2) 运算优先级。

如果一个表达式中含有多种不同类型的运算符，运算进行的先后顺序由运算符的优先级决定。不同类型运算符的优先级为：算术运算符＞连接运算符＞关系运算符＞逻辑运算符。圆括号优先级最高，在具体应用中，对于多种运算符并存的表达式，可以通过使用圆括号来改变运算优先级，使表达式更清晰、易懂。

11.3.7 内部函数

内部函数又称系统函数或标准函数。能完成许多常见运算。根据内部函数的功能，可将其分为数学函数、字符串函数、日期或时间函数、类型转换函数、测试函数等，具体参见本书第 2 章。本节介绍 VBA 程序设计中其他常用的一些内部函数。

1. 具有选择功能的函数

VBA 提供了 3 个具有选择功能的函数，分别为 IIf 函数、Switch 函数和 Choose 函数。

(1) IIf 函数。IIf 函数是一个根据条件的真假确定返回值的内置函数，其调用格式如下：

```
IIf(条件表达式,表达式 1,表达式 2)
```

如果条件表达式的值为真，则函数返回表达式 1 的值；如果条件表达式的值为假，则返回表达式 2 的值。

例如：

```
maxNum = IIf(a>b,a,b)
```

这条语句的功能是将 a、b 中较大的值赋给变量 maxNum。

(2) Switch 函数。Switch 函数根据不同的条件值决定函数的返回值，其调用格式如下：

> Switch(条件式 1,表达式 1,条件式 2,表达式 2,…,条件式 n,表达式 n)

该函数从左向右依次判断条件式是否为真，而表达式则会在第一个相关的条件式为真时，作为函数返回值返回。

例如：

> y= Switch(x>0,1,x=0,0,x<0,-1)

该语句的功能是根据变量 x 的值，返回相应 y 的值。如果 x=5，则函数返回 1 并赋值给 y。

(3) Choose 函数。Choose 函数是根据索引式的值返回选项列表中的值，函数调用格式如下：

> Choose(索引式,选项 1,选项 2,…,选项 n)

当索引式的值为 1 时，函数返回选项 1 的值；当索引式的值为 2 时，函数返回选项 2 的值，以此类推。若没有与索引式相匹配的选项，则会出现编译错误。

例如：

> Week= Choose(Day, "星期一", "星期二", "星期三", "星期四", "星期五", "星期六", "星期天")

该语句的功能是根据变量 Day 的值返回所对应的星期中文名称，如 Day 的值为 1，则 Week 的值为"星期一"，Day 的值为 3，则 Week 的值为"星期三"。

2. 输入和输出函数

对数据的一种重要操作是输入与输出，把要加工的初始数据从某种外部设备(如键盘)输入计算机中，并把处理结果输出到指定设备(如显示器)，这是程序设计语言所应具备的基本功能。没有输出功能的程序是没有用的，没有输入功能的程序是缺乏灵活性的。VBA 的输入和输出由函数来实现。InputBox 函数实现数据输入，MsgBox 函数实现数据输出。

(1) InputBox 函数。InputBox 函数用于 VBA 与用户之间的人机交互，打开一个对话框，显示相应的信息并等待用户输入内容，当用户在文本框输入内容且单击【确定】按钮或按 Enter 键时，函数返回输入的内容。

函数格式如下：

> InputBox(提示[,标题][,默认][,X 坐标位置][,Y 坐标位置] [, helpfile, context])

参数说明如下。

① 提示(prompt)：必选。作为消息在对话框中显示的字符串表达式。

② 标题(title)：可选。在对话框的标题栏中显示的字符串表达式。如果省略 title，应用程序名称会放在标题栏中。

③ 默认(default)：可选。在没有提供其他输入的情况下，作为默认值显示在文本框中的字符串表达式。如果省略 default，则文本框显示为空。

④ X 坐标位置(xpos)：可选。指定对话框左边缘与屏幕左边缘的水平距离。如果省略 xpos，则对话框水平居中。

⑤ Y 坐标位置(ypos)：可选。指定对话框上边缘与屏幕顶部的垂直距离。如果省略 ypos，

对话框会垂直放置在距屏幕上端大约三分之一的位置。

⑥ helpfile：可选。字符串表达式，标识用于为对话框提供上下文相关帮助的帮助文件。如果提供了 helpfile，还必须提供 context。

⑦ context：可选。数值表达式，帮助作者为适当的帮助主题指定的帮助上下文编号。如果提供了 context，还必须提供 helpfile。

(2) MsgBox 函数。MsgBox 函数用于 VBA 与用户之间的人机交互，用于打开一个信息框，等待用户单击按钮，并返回一个整数值来确定用户单击了哪一个按钮，从而采取相应的操作。

函数格式如下：

MsgBox(提示[,按钮][,标题] [, helpfile, context])

参数说明如下。

① 提示(prompt)：必选。这是在对话框中作为消息显示的字符串表达式，可以是常量、变量或表达式。

② 标题(title)：可选。在对话框的标题栏中显示的字符串表达式。如果省略，将把应用程序名放在标题栏中。

③ 按钮(buttons)：可选。数值表达式，它是用于指定要显示的按钮数和类型、要使用的图标样式、默认按钮的标识以及消息框的形态等各项值的总和。如果省略，则 buttons 的默认值为 0。MsgBox 函数的 buttons 设置值如表 11-8 所示。

④ helpfile：可选。字符串表达式，标识用于为对话框提供上下文相关帮助的帮助文件。如果提供了 helpfile，还必须提供 context。

⑤ context：可选。数值表达式，帮助作者为适当的帮助主题指定的帮助上下文编号。如果提供了 context，还必须提供 helpfile。

表 11-8　MsgBox 函数的 buttons 设置值

分　组	常　数	数　值	含　义
按钮数目	vbOKOnly	0	只显示"确定"按钮
	vbOKCancel	1	显示"确定"和"取消"按钮
	vbAbortRetryIgnore	2	显示"终止""重试"和"忽略"按钮
	vbYesNoCancel	3	显示"是""否"和"取消"按钮
	vbYesNo	4	显示"是"和"否"按钮
	vbRetryCancel	5	显示"重试"和"取消"按钮
图标类型	vbCritical	16	显示重要消息图标
	vbQuestion	32	显示警告查询图标
	vbExclamation	48	显示警告消息图标
	vbInformation	64	显示信息消息图标
默认按钮	vbDefaultButton1	0	第一个按钮是默认值
	vbDefaultButton2	256	第二个按钮是默认值
	vbDefaultButton3	512	第三个按钮是默认值
	vbDefaultButton4	768	第四个按钮是默认值

"按钮数目"表示在对话框中显示的按钮数目和类型；"图标类型"表示对话框中的图标样式；"默认按钮"表示哪个按钮为默认按钮。将这些数字相加以生成 buttons 参数的最终值时，只能使用每个组中的一个值。

buttons 参数可由上面 3 组数值组成，其组成原则是：从每一类中选择一个值，把这几个值累加在一起就是 buttons 参数的值，不同的组合可得到不同的结果。

MsgBox 函数返回值表示用户单击了对话框中的哪个按钮，如表 11-9 所示。例如，如果函数值为 6，表示用户单击了【是】按钮。

表 11-9　MsgBox 函数返回值及含义

常　　数	值	含　　义
vbOK	1	确定
vbCancel	2	取消
vbAbort	3	终止
vbRetry	4	重试
vbIgnore	5	忽略
vbYes	6	是
vbNo	7	否

11.4　使用语句

程序就是对计算机要执行的一组操作序列的描述。VBA 语言源程序的基本组成单位就是语句，语句可以包含关键字、函数、运算符、变量、常量及表达式。语句按功能可以分为两类：一类用于描述计算机要执行的操作运算，称为操作运算语句(如赋值语句)；另一类控制上述操作运算的执行顺序，称为流程控制语句(如循环控制语句)。

11.4.1　操作运算语句

常用的操作运算语句有注释语句、赋值语句等。

1. 注释语句

为了增加程序的可读性，在程序中可以添加适当的注释。VBA 在执行程序时，并不执行注释语句。注释可以和语句在同一行并写在语句的后面，也可占据一整行。

(1) 使用 Rem 语句。

使用格式为：

```
Rem　注释内容
```

用 Rem 语句书写的注释一般放在要添加注释的代码行的上面一行。若 Rem 语句放在代码行的后面进行注释，要在 Rem 的前面添加冒号。

例如：

```
Rem 定义整型数组，用于存放班级学生的年龄，本班级人数为 40 人
Dim Age(39)as integer
```

(2) 使用西文单引号(')。
使用格式为：

```
'注释内容
```

单引号引导的注释大多用于一条语句，并且和要添加注释的代码行在同一行。
例如：

```
Const PI = 3.14159     '声明符号常量 PI，代表圆周率
```

在程序中使用注释语句，系统默认将其显示为绿色，在 VBA 运行代码时，将自动忽略注释。

2. 赋值语句

赋值语句用于指定一个值或表达式，赋给变量或常量。赋值语句通常包含一个等号(=)。变量声明以后，需要为变量赋值，为变量赋值应使用赋值语句。
赋值语句的语法格式为：

```
[Let]变量名=表达式
```

说明：

▽ Let 为可选项，在使用赋值语句时，一般省略。
▽ 赋值号(=)不等同于等号。
▽ 赋值语句是将右边表达式的值赋给左边的变量，执行步骤是先计算右边表达式的值再赋值。
▽ 已经赋值的变量可以在程序中使用，并且还可以重新赋值以改变变量的值。
例如：

```
dim Sname as string
Sname="李明"          'Sname 的值为"李明"
Dim I as integer
I=3+5                'I 的值为 8
```

实现累加作用的赋值语句如下：

```
n=n+1          '变量 n 的值加 1 后再赋给 n
```

11.4.2　流程控制语句

正常情况下，程序中的语句按其编写顺序相继执行，这个过程称为顺序执行。当然我们也要讨论各种 VBA 语句能够使程序员指定下一条要执行的语句，这可能与编写顺序中的下一条语句不同，这个过程称为控制转移。

同一操作序列，按不同的顺序执行，就会得到不同的结果。流程控制语句是用来控制各操作的执行顺序的语句。所有的程序都可以只按照 3 种基本结构来编写：顺序结构、选择结构、循环结构。

1. 顺序结构

如果没有使用任何控制执行流程的语句，程序执行时的基本流程是从左到右、自顶向下的顺序执行各条语句，直到整个程序的结束，这种执行流程称为顺序结构。顺序结构是最常用、最简单的结构，是进行复杂程序设计的基础，其特点是各语句按其出现的先后顺序依次执行。

2. 选择结构

选择结构所解决的问题称为判断问题，它描述了求解规则：在不同的条件下应进行的相应操作。因此，在书写选择结构之前，应该首先确定要判断的是什么条件，进一步确定判断结果为不同的情况(真或假)时，应该执行什么样的操作。

VBA 中的选择结构可以用 If 和 Select case 两种语句表示，它们的执行逻辑和功能略有不同。

1) 单分支选择结构

单分支选择结构是指对一个条件进行判断后，根据所得的两种结果进行不同的操作，用 If 语句实现，其格式为：

```
If 条件表达式 Then
语句块
End If
```

或

```
If 条件表达式 Then 语句块
```

功能：条件表达式一般为关系表达式或逻辑表达式。当条件表达式为真时，执行 Then 后面的语句块或语句，否则不做任何操作。

说明：

▽ 语句块可以是一条或多条语句。

▽ 在使用第一种语句格式时，If 和 End If 必须配对使用。

▽ 在使用第二种单行简单格式时，Then 后只能是一条语句，或者是多条语句用冒号分隔，但必须与 If 语句在一行上。需要注意的是，使用此格式的 If 语句时，不能以 End If 作为语句的结束标记。

【例11-1】 创建【教程实例】模块，设置程序过程为从键盘输入两个整数，然后在屏幕上输出较大的数。 视频

(1) 打开【公司信息数据系统】，进入 VBE 界面，创建标准模块，在【属性】窗口中选中当前模块，单击【名称】文本框，输入名称"教程实例"，如图 11-8 所示。

(2) 在该模块代码窗口的空白区域输入如下过程代码：

```
Private Sub outputMaxNum()
```

```
        Dim x As Integer, y As Integer, t As Integer
        x = InputBox("请输入第一个数", "输入整数", 0)        '将省略的默认值设为 0, 下同
        y = InputBox("请输入第二个数", "输入整数", 0)
        If x < y Then
            t = x        't 为中间变量, 用于实现 x 与 y 值的交换
            x = y
            y = t
        End If
        MsgBox x
    End Sub
```

(3) 输入完成后, 单击 VBE 工具栏上的 ▷ 按钮运行程序, 查看程序运行过程(如例题标题所示), 如图 11-9 所示。

🐭 提示

本章所有实例都在 VBE 标准模块【教程实例】中调试运行(每题都是重新输入代码), 如无特别说明, 下面的实例的操作步骤同上, 不再赘述。

图 11-8　输入名称

图 11-9　运行程序

2) 多分支选择结构

① 多分支 If 结构

虽然用嵌套的 If 语句也能实现多分支结构程序, 但用多分支 If 结构实现更简洁明了。

语句格式如下:

```
If 条件表达式 1 Then
语句块 1
ElseIf 条件表达式 2 Then
        语句块 2
        …
[ElseIf 条件表达式 n Then
        语句块 n]
[Else
```

```
          语句块 n+1]
     End If
```

功能：依次判断条件，如果找到一个满足的条件，则执行其下面的语句块，然后跳过 End If，执行后面的程序。如果所列出的条件都不满足，则执行 Else 子句后面的语句块；如果所列出的条件都不满足，又没有 Else 子句，则直接跳过 End If，不执行任何语句块。

说明：

▽ ElseIf 中不能有空格。

▽ 不管条件分支有几个，程序执行了一个分支后，其余分支不再执行。

▽ 当有多个条件表达式同时为真时，只执行第一个与之匹配的语句块。因此，应注意多分支结构中条件表达式的次序及相交性。

② 多分支 Select Case 语句

当条件选项较多时，虽然可用 If 语句的嵌套来实现，但程序的结构会变得很复杂，不利于程序的阅读与调试。此时，用 Select Case 语句会使程序的结构更清晰。

语句格式如下：

```
Select Case  变量或表达式
    Case  表达式 1
        语句块 1
    Case  表达式 2
        语句块 2
    …
    [Case  表达式 n
        语句块 n]
    [Case Else
        语句块 n+1]
      End Select
End Sub
```

功能：根据变量或表达式的值，选择第 1 个符合条件的语句块执行。即先求变量或表达式的值，然后顺序测试该值符合哪一个 Case 子句中的情况，如果找到了，则执行该 Case 子句下面的语句块，然后执行 End Select 下面的语句；如果没找到，则执行 Case Else 下面的语句块，然后执行 End Select 下面的语句。

说明：

▽ 变量或表达式可以是数值型或字符串表达式。

▽ Case 表达式与变量或表达式的类型必须相同，可以是下列两种形式：单一数值或一行并列的数值，之间用逗号隔开。例如 case 1,5,9。

▽ 用关键字 To 指定值的范围，其中，前一个值必须比后一个值要小。字符串的比较是从它们的第一个字符的 ASCII 码值开始比较的，直到分出大小为止，例如 case "A" To "Z"。

▽ 用 Is 关系运算符表达式。Is 后紧接关系操作符(<>、<、<=、=、>=、>)和一个变量或值，例如 case Is>20。

3. 循环结构

在设计程序时,人们总是把复杂的、不易理解的求解过程转换为易于理解的操作的多次重复,这样一方面可以降低问题的复杂性和程序设计的难度,减少程序书写及输入的工作量,另一方面可以充分发挥计算机运算速度快、能自动执行程序的优势。

循环控制有两种办法:计数法与标志法。计数法要求先确定循环次数,然后逐次测试,完成测试次数后,循环结束。标志法是达到某一目标后,使循环结束。

1) For 循环语句

For 循环语句常用于循环次数已知的循环操作。

语句格式如下:

```
For 循环变量=初值 To 终值 [Step 步长]
    语句块 1
    [Exit For]
    语句块 2
Next [循环变量]
```

执行过程:

① 将初值赋给循环变量。

② 判断循环变量的值是否超过终值。

③ 如果循环变量的值超过终值,则跳出循环;否则继续执行循环体(For 与 Next 之间的语句块)。

这里所说的"超过"有两种含义,即大于或小于。当步长为正值时,循环变量的值大于终值为"超过";当步长为负值时,循环变量的值小于终值为"超过"。

④ 在执行完循环体后,将循环变量的值加上步长赋给循环变量,再返回第二步继续执行。

循环体执行的次数可以由初值、终值和步长确定,计算公式为:

循环次数=Int((终值-初值)/步长)+1

说明:

▽ 循环变量必须为数值型数据。

▽ 初值、终值都是数值型数据,可以是数值表达式。

▽ Step 步长:可选参数。如果省略,则步长值默认为 1。注意:步长值可以是任意的正数或负数。一般为正数,初值应小于或等于终值;若为负数,初值应大于或等于终值。

▽ 在 For 和 Next 之间的所有语句称为循环体。

▽ 循环体中如果含有 Exit For 语句,则循环体语句执行到此跳出循环,Exit For 语句后的所有语句不执行。

【例 11-2】 计算 1~100 的自然数之和。 视频

(1) 打开【公司信息数据系统】数据库,进入 VBE 界面,打开【教程实例】模块,在该模块代码窗口的空白区域输入如下过程代码:

```
Private Sub naturalNumberSum()
    Dim i, nSum As Integer
    nSum = 0          '将初始变量的值设为 0
    For i = 1 To 100    'i 为循环变量
        nSum = nSum + i
    Next i
    MsgBox "1~100 自然数的和为：　" & Str(nSum), vbOKOnly + vbInformation, "输出和"
End Sub
```

(2) 程序执行结束后，nSum 的值是 5050。

2) While 循环语句

For 循环适合于解决循环次数事先能够确定的问题。对于只知道控制条件，但不能预先确定执行多少次循环体的情况，可以使用 While 循环。

语句格式如下：

```
While  条件表达式
    语句块
Wend
```

执行过程：

① 判断条件是否成立，如果条件成立，就执行语句块；否则，转到第三步执行。

② 执行 Wend 语句，转到第一步执行。

③ 执行 Wend 语句下面的语句。

说明：

▽ While 循环语句本身不能修改循环条件，因此必须在 While…Wend 语句的循环体内设置相应语句，使得整个循环趋于结束，以避免死循环。

▽ While 循环语句先对条件进行判断，然后才决定是否执行循环体。如果开始条件就不成立，则循环体一次也不执行。

▽ 凡是用 For…Next 循环编写的程序，都可以用 While…Wend 语句实现；反之则不然。

3) Do 循环语句

Do 循环具有很强的灵活性，Do 循环语句格式有以下几种。

语句格式 1：

```
Do While  条件表达式
    语句块 1
[Exit Do]
    语句块 2
Loop
```

功能：若条件表达式的结果为真，则执行 Do 和 Loop 之间的循环体，直到条件表达式结果为假；若遇到 Exit Do 语句，则结束循环。

语句格式 2:

```
Do Until  条件表达式
    语句块 1
[Exit Do]
    语句块 2
Loop
```

功能: 若条件表达式的结果为假, 则执行 Do 和 Loop 之间的循环体, 直到条件表达式结果为真; 若遇到 Exit Do 语句, 则结束循环。

语句格式 3:

```
Do
    语句块 1
[Exit Do]
    语句块 2
Loop While  条件表达式
```

功能: 首先执行一次 Do 和 Loop 之间的循环体, 执行到 Loop 时判断条件表达式的结果, 如果为真, 继续执行循环体, 直到条件表达式结果为假; 若遇到 Exit Do 语句, 则结束循环。

语句格式 4:

```
Do
    语句块 1
[Exit Do]
    语句块 2
Loop Until  条件表达式
```

功能: 首先执行一次 Do 和 Loop 之间的循环体, 执行到 Loop 时判断条件表达式的结果, 如果为假, 继续执行循环体, 直到条件表达式结果为真; 若遇到 Exit Do 语句, 则结束循环。

说明:

▽ 格式 1 和格式 2 循环语句先判断后执行, 循环体有可能一次也不执行。格式 3 和格式 4 循环语句为先执行后判断, 循环体至少执行一次。

▽ 关键字 While 用于指明当条件为真(True)时, 执行循环体中的语句, 而 Until 正好相反, 条件为真(True)前执行循环体中的语句。

▽ 在 Do…Loop 循环体中, 可以在任何位置放置任意个数的 Exit Do 语句, 随时跳出 Do…Loop 循环。

▽ 如果 Exit Do 使用在嵌套的 Do…Loop 语句中, 则 Exit Do 会将控制权转移到 Exit Do 所在位置的外层循环。

4) 循环控制结构

循环控制结构一般由 3 部分组成: 进入条件、退出条件、循环体。

根据进入和退出条件, 循环控制结构可以分为以下 3 种形式。

▽　while 结构：退出条件是进入条件的"反条件"，即满足条件时进入，重复执行循环体，直到进入的条件不再满足时退出。

▽　do…while 结构：无条件进入，执行一次循环体后再判断是否满足再进入循环的条件。

▽　for 结构：和 while 结构类似，也是"先判断后执行"。

11.5　过程调用与参数传递

在编写程序时，通常把一个较大的程序分为若干小的程序单元，每个程序单元完成相应独立的功能，这样可以达到简化程序的目的。这些小的程序单元就是过程。过程是 VBA 代码的集合，在 VBA 中，通常分为子过程、函数过程和属性过程。

11.5.1　过程声明

过程必须先声明后调用，不同过程有不同的结构形式和调用格式。Sub 过程是最常用的过程类型，也称为命令宏，可以通过传送参数和使用参数来调用它，但不返回任何值；Function 过程也称为函数过程，其运行方式和使用程序的内置函数一样，即通过调用 Function 过程获得函数的返回值；Property 过程能够处理对象的属性。

1. 子过程

子过程是一系列由 Sub 和 End Sub 语句包含起来的 VBA 语句，使用子过程可执行一个操作或一系列运算，但没有返回值。用户可以自己创建 Sub 过程，或使用 Access 所创建的事件过程模板来创建 Sub 过程。

子过程的定义格式如下：

```
[Public|Private] Sub  子过程名([形参列表])
    [局部变量或变量的定义]
    [语句序列]
    [Exit Sub]
    [语句序列]
End Sub
```

说明：

▽　选用关键字 Public：可使该过程能被所有模块的所有其他过程调用。

▽　选用关键字 Private：可使该过程只能被同一模块的其他过程调用。

▽　过程名：命名规则同变量名的命名规则。过程名无值、无类型。但要注意，在同一模块中的各过程名不能同名。

▽　形参列表的格式如下：

```
[Byval|ByRef] 变量名[()][As 数据类型][, [Byval|ByRef] 变量名[()][As 数据类型]]…
```

其中，Byval 的含义是参数的传递按照值传递；ByRef 的含义是参数的传递按照地址(引用)

传递。如果省略此项，则按照地址(引用)传递。

▽ Exit Sub 语句：表示退出子过程。

2. 子过程的创建

子过程的创建有以下两种方法。

方法一：在 VBE 的【工程资源管理器】窗口中，双击需要创建过程的窗体模块、报表模块或标准模块，然后选择【插入】菜单中的【过程】命令，打开【添加过程】对话框，根据需要设置参数。

方法二：在窗体模块、报表模块或标准模块的代码窗口中，输入子过程名，然后按 Enter 键，系统自动生成过程的头语句和尾语句。

【例 11-3】 创建一个过程，要求显示一个包含【确定】按钮和【取消】按钮的对话框，并在单击相应按钮后显示不同的信息。 视频

(1) 打开【公司信息数据系统】数据库，进入 VBE 界面，打开【教程实例】模块，然后选择【插入】|【过程】命令，打开【添加过程】对话框。在【名称】文本框中输入 Example，【类型】选择【子程序】，【范围】选择【公共的】，然后单击【确定】按钮，如图 11-10 所示。

(2) 此时 VBE 窗口中自动生成过程的头语句和尾语句，如图 11-11 所示。

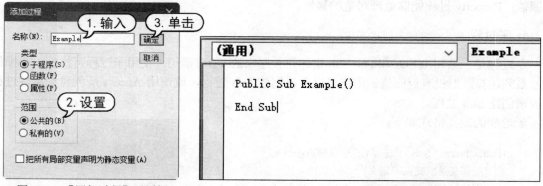

图 11-10 【添加过程】对话框   图 11-11 自动生成头、尾语句

(3) 输入如下完整的程序代码：

```
Sub Example()
Dim Mess, Wind
Mess = "选择结果"
Wind = MsgBox("请选择确定或取消按钮", 1 + 64, "确认选择")
Select Case Wind
Case vbOK
MsgBox "已选确定", , Mess
Case vbCancel
MsgBox "已选取消", , Mess
End Select
End Sub
```

(4) 运行该过程程序，将打开如图 11-12 所示的对话框。单击对话框中的【确定】按钮，打开如图 11-13 所示的对话框。单击【确定】按钮，关闭对话框。

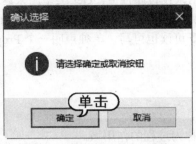

图 11-12　【确认选择】对话框

图 11-13　【选择结果】对话框

3. 函数过程

函数过程是一系列由 Function 和 End Function 语句包含起来的 VBA 语句。函数过程能够返回一个计算结果。Access 提供了许多内置函数(也称标准函数)，例如，Date()函数可以返回当前机器系统的日期。除了系统提供的内置函数以外，用户也可以自定义函数，编辑 Function 函数过程即是自定义函数。因为函数有返回值，所以可以用在表达式中。

函数过程的声明格式如下：

```
[Public|Private] Function  函数过程名([形参列表])[As  类型]
    [局部变量或常数定义]
    [语句序列]
    [Exit Function]
    [语句序列]
    函数过程名=表达式
End Function
```

参数说明：

▽ 函数过程名：命名规则同变量名的命名规则，但是函数过程名有值，有类型，在过程体内至少要被赋值一次。

▽ As 类型：函数返回值的类型。

▽ Exit Function：表示退出函数过程。

▽ 其余参数与 Sub 子过程同义。

函数过程的创建方法与子过程的创建方法相同。

4. 属性过程

属性过程是一系列由 Property 和 End Property 语句包含起来的 VBA 语句，也称为 Property 过程。可以用属性过程为窗体、报表和类模块增加自定义属性。

属性过程的声明格式如下：

```
Property Get|Let|Set  属性名[(形参)][As  类型]
    [语句序列]
```

```
End Function
```

参数说明：属性过程包括 3 种类型，Let 类型用来设置属性值，Get 类型用来返回属性值，Set 类型用来设置对对象的引用。属性过程通常是成对使用的，Property Let 与 Property Get 一组，Property Set 与 Property Get 一组，这样声明的属性既可读也可写，单独声明一个 Property Get 的过程是只读属性。

11.5.2　过程调用

过程可被访问的范围称为过程的作用范围，也称为过程的作用域。

过程的作用范围分为公有的和私有的。公有的过程前面加 Public 关键字，可以被当前数据库中的所有模块调用。私有的过程前面加 Private 关键字，只能被当前模块调用。

一般在标准模块中存放公有的过程和公有的变量。

1. 子过程的调用

子过程的调用有两种方式，一种是利用 Call 语句来调用，另一种是把过程名作为一个语句来直接调用。

调用格式一：

```
Call  过程名([参数列表])
```

调用格式二：

```
过程名 [参数列表]
```

参数说明：

参数列表：这里的参数称为实参，与形参的个数、位置和类型必须一一对应，实参可以是常量、变量或表达式。多个实参之间用逗号分隔。调用过程时，把实参的值传递给形参。

2. 函数过程的调用

函数过程的调用同标准函数的调用方法相同，就是在赋值语句中调用函数过程。

调用格式：

```
变量名=函数过程名([实参列表])
```

【例 11-4】　使用函数过程的调用，求任意整数的阶乘。　🎬视频

(1) 打开【公司信息数据系统】数据库，进入 VBE 界面，打开【教程实例】模块。
(2) 输入如下完整的程序代码：

```
Rem 函数定义，只是函数定义求 N 的阶乘，没有说具体求哪个数的阶乘
Public Function nFactorial(n As Integer)As Long
    Dim result As Long, i As Integer
    result = 1
```

```
        For i = 1 To n
        result = result * i
        Next i
        nFactorial = result
    End Function
    Sub main()
        Dim nInt As Integer
        Ns = InputBox("输入一个正整数，求阶乘", "阶乘计算")
        Rem ns 从 InputBox 函数中接收的输入为字符型数据(字符串)
        nInt = CInt(ns)
        Rem 使用 CInt 函数将字符型数据(字符串)转换为整型数据
        NF = nFactorial(nInt)
        Rem 求输入数值的阶乘
        MsgBox (nInt & "的阶乘为：" & NF)
        Rem 使用 MsgBox 函数输出结果
    End Sub
```

(3) 运行该程序，将打开如图 11-14 所示的对话框。输入一个正整数，如 5，单击【确定】按钮，打开如图 11-15 所示的对话框计算阶乘，单击【确定】按钮，关闭对话框。

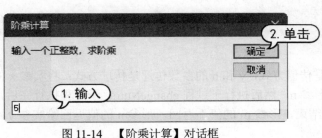

图 11-14　【阶乘计算】对话框

图 11-15　单击【确定】按钮

11.5.3　过程的参数传递

在调用过程中，一般主调过程和被调过程之间有数据传递，也就是主调过程的实参传递给被调过程的形参，然后执行被调过程。

在 VBA 中，实参向形参的数据传递有两种方式，即传值(ByVal 选项)方式和传址(ByRef 选项)方式。传址方式是系统默认方式。区分两种方式的标志是：要使用传值的形参，在定义时前面加上 ByVal 关键字，否则为传址方式。

1. 传值调用的处理方式

当调用一个过程时，系统将相应位置实参的值复制给对应的形参，在被调过程的操作处理中，实参和形参没有关系，被调过程的操作处理是在形参的存储单元中进行的，形参值由于操作处理引起的任何变化均不反馈、不影响实参的值。当过程调用结束时，形参所占用的内存单元被释放。因此，传值调用方式具有单向性。

2. 传址调用的处理方式

当调用一个过程时，系统将相应位置实参的地址传递给相应的形参。因此，在被调过程的操作处理中，对形参的任何操作处理都变成了对相应实参的操作，实参的值将会随被调过程对形参的改变而改变，传址调用方式具有双向性。

例如，阅读下面的程序，分析程序运行结果。

主调过程代码如下：

```
Private Sub callValRef()
    Dim x As Integer
    Dim y As Integer
    x = 10
    y = 20
    Debug.Print x, y
    Call changeNum(x, y)
    Debug.Print x, y
End Sub
```

子过程代码如下：

```
Private Sub changeNum(ByVal m As Integer, n As Integer)
    m = 100
    n = 200
End Sub
```

程序分析：x 和 m 的参数传递是传值方式，y 和 n 的参数传递是传址方式；将实参 x 的值传递给形参 m，将实参 y 的值传递给形参 n，然后执行子过程 changeNum；子过程执行完后，m 的值为 100，n 的值为 200；过程调用结束，形参 m 的值不返回，形参 n 的值返回给实参 y。

在立即窗口中显示结果：

```
10      20
10      200
```

11.6   VBA 程序的调试与错误处理

在模块中编写程序代码不可避免地会发生错误，VBE 提供了程序调试和错误处理的方法。

11.6.1   VBA 程序的常见错误

VBA 程序的常见错误主要有以下 3 种类型。

1. 编译时错误

编译时错误是在编译过程中发生的错误，可能是程序代码结构引起的错误，例如，遗漏了配对的语句(If 和 End If 或 For 和 Next)，在程序设计上违反了 VBA 的规则(拼写错误或类型不匹配等)。编译时错误也可能因语法错误而引起，例如，括号不匹配，给函数的参数传递了无效的数值等，都可能导致这种错误。

2. 运行时错误

程序在运行时发生错误，如数据传递时类型不匹配，数据发生异常和动作发生异常等。Access 2019 系统会在出现错误的地方停下来，并且将代码窗口打开，光标停留在出错行，等待用户修改。

3. 逻辑错误

程序逻辑错误是指应用程序未按设计执行，或得到的结果不正确。这种错误是由程序代码中不恰当的逻辑设计而引起的。这种程序在运行时并未进行非法操作，只是运行结果不符合预期。这是最难处理的错误。VBA 不能发现这种错误，只有靠编程者对程序进行详细分析才能发现。

11.6.2　使用 VBA 调试工具

VBE 提供了【调试】菜单和【调试】工具栏，在调试程序时可以选择需要的调试命令或工具对程序进行调试，两者功能相同。选择【视图】|【工具栏】|【调试】命令即可打开【调试】工具栏，如图 11-16 所示。

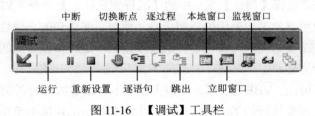

图 11-16　【调试】工具栏

其中的主要按钮功能如下：

▽ 运行按钮：运行过程、用户窗体或宏。

▽ 中断按钮：用于暂时中断程序的运行。在程序的中断位置会使用黄色亮条显示代码行。

▽ 重新设置按钮：用于终止程序调试的运行，返回代码编辑状态。

▽ 切换断点按钮：在当前行设置或清除断点。

▽ 逐语句按钮(快捷键 F8)：一次执行一句代码。

▽ 逐过程按钮(快捷键 Shift+F8)：在代码窗口中一次执行一个过程。

▽ 跳出按钮(快捷键 Ctrl+Shift+F8)：执行当前执行点处过程的其余行。

▽ 本地窗口按钮：用于打开本地窗口。

▽ 立即窗口按钮：用于打开立即窗口。

▽ 监视窗口按钮：用于打开监视窗口。

1. 程序模式

在 VBE 环境中测试和调试应用程序代码时，程序所处的模式包括设计模式、运行模式和中断模式。在设计模式下，VBE 创建应用程序；在运行模式下，VBE 运行这个程序；在中断模式下，能够中断程序，利于检查和改变数据。

2. 运行方式

VBE 提供了多种程序运行方式，通过不同的方式运行程序，可以对代码进行各种调试工作。

▽ 逐语句执行代码。逐语句执行代码是调试程序时十分有效的方法。通过单步执行每一行程序代码，包括被调用过程中的程序代码，可以及时、准确地跟踪变量的值，从而发现错误。如果要逐语句执行代码，可单击工具栏上的【逐语句】按钮，在执行该语句后，VBA 运行当前语句，并自动转到下一条语句，同时将程序挂起。对于在一行中有多条语句用冒号隔开的情况，在使用【逐语句】命令时，将逐个执行该行中的每条语句。

▽ 逐过程执行代码。逐过程执行与逐语句执行的不同之处在于，执行代码调用其他过程时，逐语句执行是从当前行转移到该过程中，在过程中逐行地执行，而逐过程执行也一条条语句地执行，但遇到过程时，将其当成一条语句执行，而不进入过程内部。

▽ 跳出执行代码。如果希望执行当前过程中的剩余代码，可单击工具栏上的【跳出】按钮。在执行【跳出】命令时，VBE 会将该过程未执行的语句全部执行完，包括在过程中调用的其他过程。过程执行完后，程序返回到调用该过程的下一条语句处。

▽ 运行到光标处。选择【调试】菜单中的【运行到光标处】命令，VBE 就会运行到当前光标处。当用户可确定某一范围的语句正确，而对后面语句的正确性不能保证时，可使用该命令运行到某条语句，再在该语句后逐步调试。这种调试方式通过光标确定程序运行的位置，十分方便。

▽ 设置下一条语句。在 VBE 中，用户可自由设置下一条要执行的语句。当程序已经挂起时，可在程序中选择要执行的下一条语句，右击，在弹出的快捷菜单中选择【设置下一条语句】命令。

3. 暂停运行

VBE 提供的大部分调试工具，都要在程序处于挂起状态时才能运行，因此使用时要暂停 VBA 程序的运行。在这种情况下，变量和对象的属性仍然保持不变，当前运行的代码在模块窗口中显示出来。如果要将语句设为挂起状态，可采用以下两种方法。

▽ 断点挂起。如果 VBA 程序在运行时遇到了断点，系统就会在运行到该断点处时将程序挂起。可在任何可执行语句和赋值语句处设置断点，但不能在声明语句和注释行处设置断点。在模块窗口中，将光标移到要设置断点的行，按 F9 键，或单击工具栏上的【切换断点】按钮设置断点，也可以在模块窗口中，单击要设置断点行的左侧边缘部分设置断点。如果要消除断点，可将插入点移到设置了断点的程序代码行，然后单击工具栏上的【切换断点】按钮。

▽ Stop 语句挂起。在过程中添加 Stop 语句，或在程序执行时按 Ctrl+Break 组合键，也可将程序挂起。Stop 语句是添加在程序中的，当程序执行到该语句时将被挂起。如果不再需要断点，则将 Stop 语句逐行清除即可。

4．查看变量值

在调试程序时，可随时查看程序中变量的值，在 VBE 环境中提供了多种查看变量值的方法。

▽ 在代码窗口中查看变量值。在调试程序时，在代码窗口中，只要将鼠标指向要查看的变量，就会直接在屏幕上显示变量的当前值，使用这种方式查看变量值最简单，但只能查看一个变量的值。

▽ 在本地窗口中查看数据。在调试程序时，可单击工具栏上的【本地窗口】按钮打开本地窗口，在本地窗口中显示表达式以及表达式的值和类型。

▽ 在监视窗口中查看变量和表达式。在程序执行过程中，可利用监视窗口查看表达式或变量的值，可选择【调试】|【添加监视】选项，设置监视表达式。通过监视窗口可展开或折叠变量级别信息、调整列标题大小及更改变量值等。

▽ 在立即窗口查看结果。使用立即窗口可检查一行 VBA 代码的结果。可以输入或粘贴一行代码，然后按 Enter 键运行该代码。可使用立即窗口检查控件、字段或属性的值，显示表达式的值，或为变量、字段或属性赋一个新值。立即窗口是一种中间结果暂存器窗口，在这里可以立即得出语句、方法或过程的结果。

11.6.3　进行错误处理

输入 VBA 代码后，在运行过程中，不可避免地会出现各种错误。VBA 针对不同类型错误的处理方法是调试错误和错误处理。

前面介绍了许多程序调试的方法，可帮助编程者找出许多错误。但程序运行中的错误，一旦出现将造成程序崩溃，无法继续执行。因此，必须对可能发生的运行时错误加以处理，也就是在系统发出警告之前，截获该错误，在错误处理程序中提示用户采取行动，是解决问题还是取消操作。如果用户解决了问题，程序就能够继续执行；如果用户选择取消操作，就可以跳出这段程序，继续执行后面的程序。这就是处理运行时错误的方法，将这个过程称为错误捕获。

1．激活错误捕获

在捕获运行错误之前，首先要激活错误捕获功能。此功能由 On Error 语句实现，OnError 语句有以下 3 种形式。

▽ On Error GoTo 行号。此语句的功能是激活错误捕获，并将错误处理程序指定为从"行号"位置开始的程序段。也就是说，在发生运行错误后，程序将跳转到"行号"位置，执行下面的错误处理程序。

▽ On Error Resume Next。此语句的功能是忽略错误，继续往下执行。它激活错误捕获功能，但并不指定错误处理程序。当发生错误时，不做任何处理，直接执行产生错误的下一行程序代码。

▽ On Error GoTo 0。此语句用来强制性取消捕获功能。错误捕获功能一旦被激活，就停止程序的执行。

2. 编写错误处理程序

在捕获到运行时错误后，将进入错误处理程序。在错误处理程序中，要进行相应的处理。例如，判断错误的类型，提示用户出错并向用户提供解决的方法，然后根据用户的选择将程序流程返回到指定位置继续执行等。

11.6.4 保护 VBA 代码

在开发数据库产品以后，为了防止其他人查看或更改 VBA 代码，需要对该数据库的 VBA 代码进行保护。用户可以通过对 VBA 代码设置密码来防止其他非法用户查看或编辑数据库中的程序代码。

👉【例 11-5】 为 VBA 代码设置保护密码。 📀视频

(1) 打开【公司信息数据系统】数据库，进入 VBE 界面，打开【教程实例】模块。

(2) 选择【工具】|【公司信息数据系统 属性】命令，打开【公司信息数据系统-工程属性】对话框。

(3) 打开【保护】选项卡，在【锁定工程】选项区域中选中【查看时锁定工程】复选框，在【查看工程属性的密码】选项区域中输入密码 123456，并输入确认密码，单击【确定】按钮完成密码的设置，如图 11-17 所示。

(4) 当打开模块需要进入 VBA 编辑窗口时，系统将弹出如图 11-18 所示的对话框，要求用户输入密码。

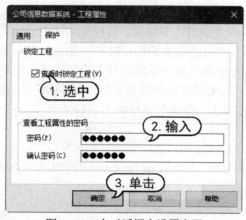

图 11-17 在对话框中设置密码

图 11-18 输入密码对话框

11.7 实例演练

本章的实例演练为计算圆面积等几个综合实例操作，用户通过练习从而巩固本章所学知识。

计算机基础与实训教材系列

11.7.1 计算圆面积

【例 11-6】 创建一个能计算半径为 30 的圆面积的模块。  视频

(1) 打开【公司信息数据系统】数据库,进入 VBE 界面,打开【教程实例】模块。
(2) 输入如下完整的程序代码:

```
Sub sequence()
    Dim r As Single
    Dim square As Single
    Const pi = 3.1416
    r = 30
    square = pi * r * r
    MsgBox square
End Sub
```

(3) 在菜单栏中选择【运行】|【运行子过程/用户窗体】命令,打开如图 11-19 所示的对话框显示计算后的圆面积。单击对话框中的【确定】按钮关闭对话框。

Microsoft Access ×

2827.44

确定

图 11-19 计算圆面积

11.7.2 进行等级评定

【例 11-7】 创建一个实现对输入的分数进行等级评定的模块。 视频

(1) 打开【公司信息数据系统】数据库,进入 VBE 界面,打开【教程实例】模块。
(2) 输入如下完整的程序代码:

```
Sub choose()
    Dim result As Integer
    result = InputBox("请输入分数")
    If result < 60 Then
    MsgBox "不及格"
    ElseIf result < 75 Then
    MsgBox "通过"
    ElseIf result < 85 Then
    MsgBox "良好"
    ElseIf result < 100 Then
```

```
        MsgBox "优秀"
        Else
        MsgBox "输入分数错误"
        End If
    End Sub
```

(3) 在菜单栏中选择【运行】|【运行子过程/用户窗体】命令，打开如图 11-20 所示的对话框。在文本框中输入 90，然后单击【确定】按钮。

(4) 此时，将显示评级打分，显示"优秀"文字，然后单击【确定】按钮，如图 11-21 所示。

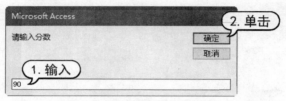

图 11-20　输入分数　　　　　　　　　　图 11-21　显示评级打分

(5) 在菜单栏中选择【运行】|【运行子过程/用户窗体】命令，打开如图 11-22 所示的对话框。在文本框中输入 150，然后单击【确定】按钮。

(6) 此时将显示超出范围提示，显示"输入分数错误"，单击【确定】按钮，如图 11-23 所示。

图 11-22　输入超出分数　　　　　　　　图 11-23　显示错误提示

11.8　习题

1. 模块有哪些类型？

2. VBA 中常见的流程控制语句有哪些？

3. 如何使【公司信息数据系统】数据库的【员工工资】窗体打开时不显示【业绩奖金】和【住房补助】？

第 12 章

数据库综合实例应用

　　本章的综合实例将运用前面章节所介绍的知识，创建一个【教学管理系统】数据库系统。涉及的知识包括数据库和数据表的创建、数据表的操作及应用、窗体、数据查询、宏与模块等，全方位向用户展示使用 Access 应用程序创建数据库管理系统的方法和过程。

 本章重点

- ● 数据表的创建
- ● 报表的创建
- ● 窗体的创建
- ● 宏与模块

 二维码教学视频

【教学管理系统】数据库系统

12.1 数据库系统的需求分析

结构化系统开发方法一般将系统开发分为 5 个阶段：系统规划阶段、系统分析阶段、系统设计阶段、系统实施阶段和系统维护阶段。

本章主要介绍基于 Access 数据库软件开发的教学管理系统。随着信息量的增加、学生管理工作越来越繁杂，手工管理的弊端日益显露，为了提高学生管理的质量和工作效率，实现学生管理的信息化，特开发【教学管理系统】数据库。

【教学管理系统】数据库的系统分析：教学管理系统的主要使用人员是学校各系的成绩管理人员和师生，管理系统所管理的有班级资料、学生资料、教师资料、授课资料和成绩资料等。【教学管理系统】可划分为如图 12-1 所示的功能模块结构。

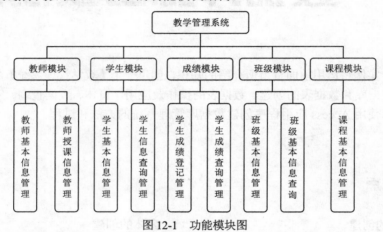

图 12-1　功能模块图

根据实例的需求，【教学管理系统】数据库中应该具备以下主要功能。各个模块的具体功能如下。

    ▽ 教师模块：对教师的基本信息进行管理，对教师的授课信息进行管理。

    ▽ 学生模块：对学生的基本信息进行管理，具备学生信息的查询功能。

    ▽ 成绩模块：对学生成绩进行登记、统计管理，具备学生成绩的查询功能。

    ▽ 班级模块：对班级的基本信息进行管理，具备班级信息的查询功能。

    ▽ 课程模块：对全校所开课程的类别设置、分数设置、学时设置和其他设置进行管理。

在数据库应用系统规划设计中，首先要确定好系统的主控模块及主要功能模块的设计思想和方案。一般的数据库应用系统的主控模块包括系统主窗体、系统登录窗体、控制面板、系统主菜单；主要功能模块包括数据库的设计、数据输入窗体、数据维护窗体、数据浏览、数据查询窗体的设计、统计报表的设计等。

12.2 数据库的结构设计

明确教学管理系统的目的以后，首先要设计合理的数据库。数据库的设计最重要的就是数据表的设计。数据表作为数据库中的其他对象的数据源,表结构设计的好坏直接影响数据库的性能。因此,设计具有良好的表关系的数据表在系统开发过程中是相当重要的。

(1) 启动 Access 2019,在打开的启动屏幕右侧的列表框中选择【空白数据库】选项,打开【空白数据库】对话框。在【文件名】文本框中输入"教学管理系统",单击【创建】按钮,如图 12-2 所示。

(2) 新建一个空白数据库,系统自动创建一个空白数据表,如图 12-3 所示。

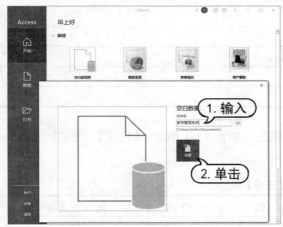

图 12-2　【空白数据库】对话框　　　图 12-3　新建一个空白数据库和空白数据表

(3) 将系统所需的数据划分到 8 个表中,分别是【学院】表、【专业】表、【班级】表、【学生】表、【课程】表、【成绩】表、【教师】表和【操作员】表。

①【学院】表。学院表记载了学院的详细信息,如表 12-1 所示。

表 12-1　【学院】表

列　　名	数 据 类 型	宽　　度	小　　数	不 允 许 空(必需)	主　键	外　键
学院编号	短文本	20		√	√	
学院名称	短文本	50				
学院电话	短文本	8				
学院简介	长文本					

②【专业】表。专业表记载了每个专业的详细信息,如表 12-2 所示。【专业】表的其他属性如表 12-3 所示。

表 12-2　【专业】表

列　　名	数 据 类 型	宽　　度	小　　数	不 允 许 空	主　键	外　键
专业编号	短文本	20		√	√	
专业名称	短文本	50		√		
专业简称	短文本	2				
学院编号	短文本	20				√

计算机基础与实训教材系列

表 12-3 【专业】表的其他属性

字　段	项　目	设　置	
学院编号	默认值	无	
	查阅	显示控件	组合框
		行来源类型	表/查询
		行来源	学院
		绑定列	1
		列数	2
		列宽	0cm;4cm
		列表宽度	4cm
		允许多值	否

③ 【班级】表。班级表记载了班级的详细信息，如表 12-4 所示。【班级】表的其他属性如表 12-5 所示。

表 12-4 【班级】表

列　名	数 据 类 型	宽　度	小　数	不 允 许 空	主　键	外　键
班级编号	短文本	20		√	√	
班级名称	短文本	50				
入学年份	整型					
专业编号	短文本	50				√
班主任	短文本	50				

表 12-5 【班级】表的其他属性

字　段	项　目	设　置	
专业编号	默认值	无	
	查阅	显示控件	组合框
		行来源类型	表/查询
		行来源	专业
		绑定列	1
		列数	2
		列宽	0cm;4cm
		列表宽度	4cm
		允许多值	否

④ 【学生】表。学生表记载了每个学生的详细信息，如表 12-6 所示。【学生】表的其他属性如表 12-7 所示。

表 12-6　【学生】表

列　　名	数 据 类 型	宽　　度	小　数	不 允 许 空	主　键	外　键
学号	短文本	20		√	√	
姓名	短文本	50		√		
性别	短文本	1				
出生日期	日期/时间					
政治面貌	短文本	20				
照片	OLE 对象					
爱好	短文本	255				
简历	长文本					
班级编号	短文本	20				√

表 12-7　【学生】表的其他属性

字　段	项　目	设　　置	
性别	默认值	"女"	
	验证规则	In ('男','女')	
	验证文本	性别非法	
	查阅	显示控件	组合框
		行来源类型	值列表
		行来源	男;女
政治面貌	默认值	群众	
	查阅	显示控件	组合框
		行来源类型	表/查询
		行来源	SELECT 代码集.名称 FROM 代码集 WHERE (((代码集.类型)="政治面貌"))ORDER BY 代码集.编码;
		绑定列	1
		列数	1
		列宽	3cm
		列表宽度	3cm
		允许多值	否
爱好	查阅	显示控件	组合框
		行来源类型	表/查询
		行来源	SELECT 代码集.名称 FROM 代码集 WHERE (((代码集.类型)="爱好"))ORDER BY 代码集.编码;
		绑定列	1
		列数	1
		列宽	自动
		允许多值	是

计算机基础与实训教材系列

(续表)

字　　段	项　　目	设　　　　置	
班级编号	查阅	显示控件	组合框
		行来源类型	表/查询
		行来源	班级
		绑定列	1
		列数	2
		列宽	0cm;5cm
		允许多值	否

注:【代码集】表集中了给其余表中的行来源提供名称和类型的编码。

⑤ 【课程】表。课程表记载了所有课程的详细信息,如表 12-8 所示。【课程】表的其他属性如表 12-9 所示。

表 12-8　【课程】表

列　　　名	数 据 类 型	宽　　　度	小　　　数	不 允 许 空	主　　　键	外　　　键
课程编号	短文本	20		√	√	
课程名称	短文本	50		√		
课程类型	短文本	20				
学分	整型					

表 12-9　【课程】表的其他属性

字　　段	项　　目	设　　　　置	
课程类型	查阅	显示控件	组合框
		行来源类型	表/查询
		行来源	SELECT 代码集.名称 FROM 代码集 WHERE (((代码集.类型)="课程类型"))ORDER BY 代码集.编码;
		绑定列	1
		列数	1
		列宽	4cm
		列表宽度	4cm
		允许多值	否

⑥ 【成绩】表。【成绩】表记载了所有学生的成绩信息,如表 12-10 所示。【成绩】表的其他属性如表 12-11 所示。

表 12-10　【成绩】表

列　　名	数 据 类 型	宽　　度	不 允 许 空	主　　键	外　　键
学号	短文本	12	√	√	√
课程编号	短文本	20	√	√	√
分数	整型				
学期	整型				

表 12-11　【成绩】表的其他属性

字　　段	项　　目	设　　置
分数	验证规则	Is Null Or (>=0 And <=100)
	验证文本	分数必须介于 0 和 100 之间

⑦ 【教师】表。【教师】表记载了教师的详细信息，如表 12-12 所示。【教师】表的其他属性如表 12-13 所示。

表 12-12　【教师】表

列　　名	数 据 类 型	宽　　度	小　　数	不 允 许 空	主　　键	外　　键
教师编号	短文本	20		√	√	
姓名	短文本	50		√		
性别	短文本	2				
职称	短文本	20				
政治面貌	短文本	20				
婚否	是/否					
基本工资	货币					
学院编号	文本	20				√

表 12-13　【教师】表的其他属性

字　　段	项　　目		设　　置
性别	默认值		"女"
	验证规则		In ('男','女')
	验证文本		性别非法
	查阅	显示控件	组合框
		行来源类型	值列表
		行来源	男;女
政治面貌	默认值		群众
	查阅	显示控件	组合框
		行来源类型	表/查询
		行来源	SELECT 代码集.名称 FROM 代码集 WHERE(((代码集.类型)="政治面貌"))ORDER BY 代码集.编码;

计算机基础与实训教材系列

(续表)

字　段	项　目	设　置	
		绑定列	1
		列数	1
		列宽	3cm
		列表宽度	3cm
		允许多值	否
学院编号	默认值	无	
	查阅	显示控件	组合框
		行来源类型	表/查询
		行来源	学院
		绑定列	1
		列数	2
		列宽	0cm;4cm
		列表宽度	4cm
		允许多值	否
职称	默认值	无	
	查阅	显示控件	组合框
		行来源类型	表/查询
		行来源	SELECT 代码集.名称 FROM 代码集 WHERE (((代码集.类型)="职称"))ORDER BY 代码集.编码;
		绑定列	1
		列数	1
		列宽	4cm
		列表宽度	4cm
		允许多值	否

⑧【操作员】表。【操作员】表记载了每个操作员的编码、名称和密码等信息，如表 12-14 所示。

表 12-14　【操作员】表

列　名	数据类型	宽　度	小　数	不允许空	主　键	外　键
编码	短文本	20		√	√	
名称	短文本	20		√		
密码	短文本	20				
状态	整型					

(4) 此时打开各数据表的设计视图，显示各字段的设置情况，如图 12-4 所示。

(5) 打开【数据库工具】选项卡，在【关系】组中单击【关系】按钮，进入数据库的【关系】

视图，自动打开【关系工具】的【设计】选项卡。在【工具】组中单击【清除布局】按钮，清除数据库中的所有表关系，如图 12-5 所示。

图 12-4 数据表设计视图

图 12-5 清除关系布局

(6) 在【关系】组中单击【添加表】按钮，打开【添加表】窗格，依次选择数据表(除【代码集】表和【操作员】表)，然后单击【添加所选表】按钮，如图 12-6 所示。

(7) 将它们添加到【关系】视图窗口中，此时关系图如图 12-7 所示。

图 12-6 【添加表】窗格

图 12-7 关系图

(8) 选择【班级】表中的【班级编号】字段，将其拖动到【学生】表中的【班级编号】字段，释放鼠标，打开【编辑关系】对话框。在【编辑关系】对话框中选中【实施参照完整性】等全部 3 个复选框，单击【确定】按钮，此时建立一对多关系，如图 12-8 所示。

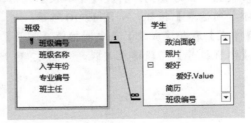

图 12-8 建立一对多关系

(9) 参考步骤(8)的方法,建立以下各表之间的关系。最后的表间关系如图 12-9 所示。

▽ 【学生】表和【成绩】表按照【学号】字段建立一对多关系。

▽ 【课程】表和【成绩】表按照【课程编号】字段建立一对多关系。

▽ 【专业】表和【班级】表按照【专业编号】字段建立一对多关系。

▽ 【学院】表和【专业】表按照【学院编号】字段建立一对多关系。

▽ 【学院】表和【教师】表按照【学院编号】字段建立一对多关系。

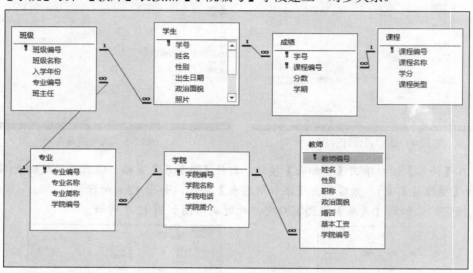

图 12-9　各个表间的关系

12.3　查询的实现

为了方便用户工作,教学管理系统还要设计两种查询,以实现输入参数后进行查询的操作。查询就是以数据库中的数据作为数据源,根据给定的条件从指定的数据库的表或查询中检索出用户要求的数据,形成一个新的数据集合。

1. 创建【成绩查询】

使用查询设计视图,创建交叉表查询以查询学生的各门课成绩。

(1) 打开【教学管理系统】数据库,选择【创建】选项卡,单击【查询】组中的【查询设计】按钮,在设计视图中创建查询。打开【添加表】窗格,选择【学生】表、【课程】表和【成绩】表,单击【添加所选表】按钮,如图 12-10 所示。

(2) 在【学生】表和【成绩】表之间按照【学号】字段建立关联,在【课程】表和【成绩】表之间按照【课程编号】字段建立关联,如图 12-11 所示。

图 12-10 【添加表】窗格

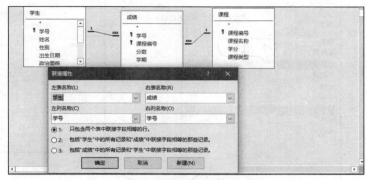

图 12-11 建立关联

(3) 依次双击【学生】表中的【学号】【姓名】字段，【课程】表中的【课程名称】字段，【成绩】表中的【分数】字段，添加到查询定义窗格中。

(4) 在【查询工具】的【设计】选项卡的【查询类型】组中单击【交叉表】按钮，设置其他字段的【总计】行为【Group By】，在【分数】字段的【总计】行选择【合计】。

(5) 将【学号】【姓名】【课程名称】【分数】字段的【交叉表】行分别设置为【行标题】【行标题】【列标题】【值】，如图 12-12 所示

(6) 保存查询并命名为【成绩查询】，然后运行该查询，结果如图 12-13 所示。

字段	学号	姓名	课程名称	分数
表	学生	学生	课程	成绩
总计	Group By	Group By	Group By	合计
交叉表	行标题	行标题	列标题	值
排序				
条件				
或				

图 12-12 设置交叉表查询

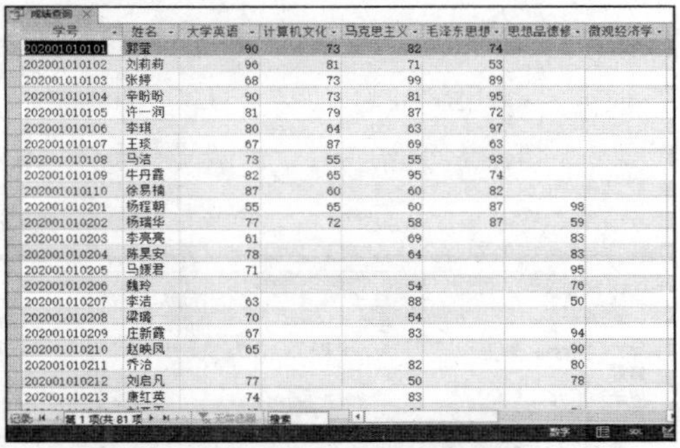

图 12-13 查询结果

2. 创建【计算总分和平均分】查询

创建查询进行计算和分类汇总，统计学生的课程总分和平均分。

(1) 打开【教学管理系统】数据库，单击【创建】选项卡【查询】组中的【查询设计】按钮，打开【添加表】窗格，选择【学生】表和【成绩】表，然后单击【添加所选表】按钮，如图 12-14 所示。

(2) 将【学生】表的【学号】和【姓名】字段、【成绩】表的【分数】字段添加到查询定义窗格中，这里将【分数】字段添加两次，然后在【设计】选项卡中单击【汇总】按钮，在查询定义窗格中出现【总计】行，如图 12-15 所示。

计算机基础与实训教材系列

图 12-14 【添加表】窗格

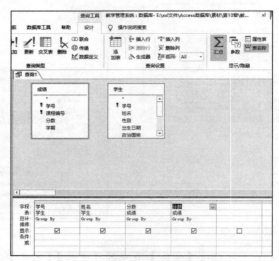

图 12-15 添加字段到查询定义窗格

(3) 在【总计】行中,对应【学号】和【姓名】字段,选择【Group By】;对应第 1 个【分数】字段,选择【合计】;对应第 2 个【分数】字段,选择【平均值】,如图 12-16 所示。

(4) 以【计算总分和平均分】为名保存该查询后,打开查询查看学生课程的总分和平均分,如图 12-17 所示。

<table>
<tr><td>字段</td><td>学号</td><td>姓名</td><td>分数</td><td>分数</td><td>▼</td></tr>
<tr><td>表:</td><td>学生</td><td>学生</td><td>成绩</td><td>成绩</td><td></td></tr>
<tr><td>总计</td><td>Group By</td><td>Group By</td><td>合计</td><td>平均值</td><td></td></tr>
<tr><td>排序</td><td></td><td></td><td></td><td></td><td></td></tr>
<tr><td>显示</td><td>☑</td><td>☑</td><td>☑</td><td>☑</td><td></td></tr>
<tr><td>条件</td><td></td><td></td><td></td><td></td><td></td></tr>
<tr><td>或</td><td></td><td></td><td></td><td></td><td></td></tr>
</table>

图 12-16 设置总分和平均分

学号	姓名	分数之合计	分数之平均值
202001010101	郭莹	381	76.2
202001010102	刘莉莉	431	71.8333333333333
202001010103	张婷	415	83
202001010104	辛盼盼	429	85.8
202001010105	许一润	388	77.6
202001010106	李琪	462	77
202001010107	王琰	411	68.5
202001010108	马洁	424	70.6666666666667
202001010109	牛丹霞	458	76.3333333333333
202001010110	徐易楠	447	74.5
202001010201	杨程朝	497	71
202001010202	杨瑞华	496	70.8571428571429
202001010203	李亮亮	213	71
202001010204	陈昊安	225	75
202001010205	马颖君	166	83
202001010206	魏玲	130	65
202001010207	李洁	201	67
202001010208	梁璐	124	62
202001010209	庄新霞	244	81.3333333333333
202001010210	赵映凤	155	77.5
202001010211	乔治	162	81

记录: ◄ ◀ 第 1 项(共 81 项 ► ►► ▶ 无筛选器 搜索

图 12-17 计算查询结果

12.4 SQL 查询的实现

下面介绍利用 SQL 查询根据条件查找相关数据内容。

1. 使用 INNER JOIN 子句

查询成绩不及格的男学生的学号、姓名、性别、课程名称和分数。

(1) 打开【教学管理系统】数据库,单击【创建】选项卡【查询】组中的【查询设计】按钮,在【显示表】对话框中单击【关闭】按钮，不添加任何表或查询，在状态栏中单击右侧的【SQL】按钮，进入 SQL 视图。

(2) 输入如下语句：

> SELECT 学生.学号, 姓名, 性别, 课程名称, 分数 FROM 课程 INNER JOIN (学生 INNER JOIN 成绩 ON 学生.学号 = 成绩.学号)ON 课程.课程编号 = 成绩.课程编号 WHERE 性别="男" AND 分数<60

(3) 以【INNER JOIN 子句】为名保存该查询，运行该查询后的结果如图 12-18 所示。

图 12-18　显示查询结果

2. 带有 EXISTS 的嵌套查询

根据【学生】表和【成绩】表，查询至少有一门课程不及格的学生的学号、姓名和性别。

(1) 打开【教学管理系统】数据库，单击【创建】选项卡【查询】组中的【查询设计】按钮，在【显示表】对话框中单击【关闭】按钮，不添加任何表或查询，在状态栏中单击右侧的【SQL】按钮，进入 SQL 视图。

(2) 输入如下语句：

> SELECT 学号,姓名,性别 FROM 学生 WHERE EXISTS
> (SELECT * FROM 成绩 WHERE 学号=学生.学号 AND 分数<60)

(3) 以【嵌套查询】为名保存该查询，运行该查询后的结果如图 12-19 所示。

图 12-19　显示查询结果

12.5 窗体的实现

窗体对象是直接与用户进行交流的数据库对象。窗体作为一个交互平台、一个窗口，用户通过它可查看和访问数据库，实现数据的输入等。根据设计目标，需要建立多个不同的窗体。

1. 【班级】窗体的实现

(1) 打开【教学管理系统】数据库，单击【创建】选项卡【窗体】组中的【窗体向导】按钮。

(2) 打开【窗体向导】对话框，在【表/查询】下拉列表中选择【表: 班级】，单击【全选】按钮 >> 选定全部字段，然后单击【下一步】按钮，如图 12-20 所示。

(3) 选中默认的窗体布局【纵栏表】单选按钮，单击【下一步】按钮，如图 12-21 所示。

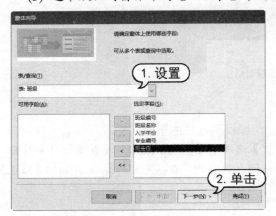

图 12-20　选定表和字段

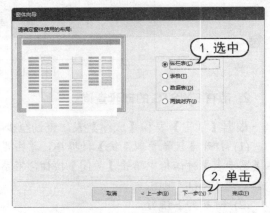

图 12-21　选择窗体布局

(4) 将窗体标题设置为【班级】，单击【完成】按钮，如图 12-22 所示。

(5) 自动打开【班级】窗体，效果如图 12-23 所示。

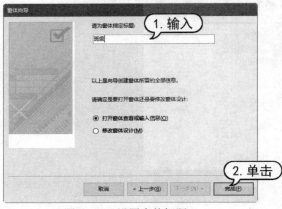

图 12-22　设置窗体标题

图 12-23　窗体效果

2. 【学生】窗体的实现

(1) 打开【教学管理系统】数据库，单击【创建】选项卡【窗体】组中的【窗体向导】按钮。

(2) 打开【窗体向导】对话框，在【表/查询】下拉列表中选择【表：学生】，单击【全选】按钮 ＞＞ 选定全部字段，然后单击【下一步】按钮，如图 12-24 所示。

(3) 选中默认的窗体布局【纵栏表】单选按钮，单击【下一步】按钮，如图 12-25 所示。

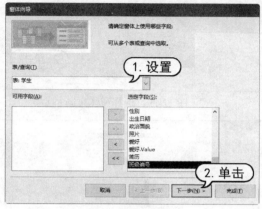

图 12-24　选定表和字段　　　　　　　　　　图 12-25　选择窗体布局

(4) 将窗体标题设置为【学生】，单击【完成】按钮，如图 12-26 所示。

(5) 自动打开【学生】窗体，效果如图 12-27 所示。

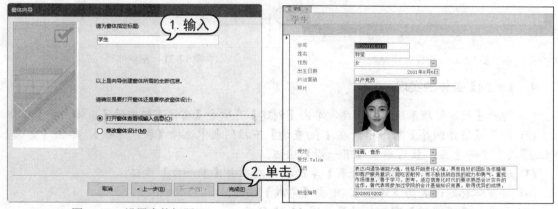

图 12-26　设置窗体标题　　　　　　　　　　图 12-27　窗体效果

3. 【教师】窗体的实现

(1) 打开【教学管理系统】数据库，单击【创建】选项卡【窗体】组中的【窗体向导】按钮。

(2) 打开【窗体向导】对话框，在【表/查询】下拉列表中选择【表：教师】，单击【全选】按钮 ＞＞ 选定全部字段，然后单击【下一步】按钮，如图 12-28 所示。

(3) 选中默认的窗体布局【纵栏表】单选按钮，单击【下一步】按钮，如图 12-29 所示。

(4) 将窗体标题设置为【教师】，单击【完成】按钮，如图 12-30 所示。

(5) 自动打开【教师】窗体，效果如图 12-31 所示。

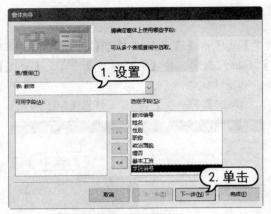

图 12-28　选定表和字段

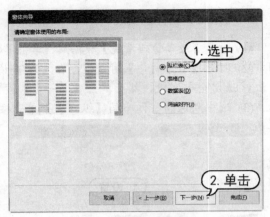

图 12-29　选择窗体布局

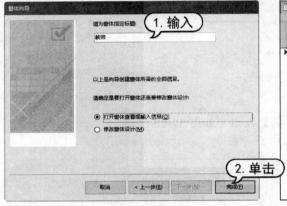

图 12-30　设置窗体标题

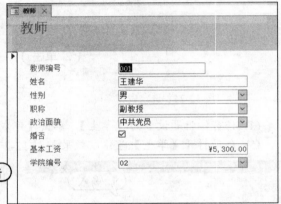

图 12-31　窗体效果

4. 【教师】窗体的实现

(1) 打开【教学管理系统】数据库，单击【创建】选项卡【窗体】组中的【窗体向导】按钮。

(2) 打开【窗体向导】对话框，在【表/查询】下拉列表中选择【表: 课程】，单击【全选】按钮 >> 选定全部字段，然后单击【下一步】按钮。

(3) 选中默认的窗体布局【纵栏表】单选按钮，单击【下一步】按钮。

(4) 将窗体标题设置为【课程】，单击【完成】按钮。

(5) 自动打开【课程】窗体，效果如图 12-32 所示。

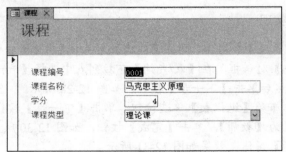

图 12-32　窗体效果

5. 【成绩】窗体的实现和事件过程编码

(1) 打开【教学管理系统】数据库，单击【创建】选项卡【窗体】组中的【窗体设计】按钮，打开设计视图。

(2) 在右键菜单中选择【窗体页眉/页脚】命令，在【设计】选项卡的【控件】组中选择【标签】控件，在【窗体页眉】节中添加标签控件，将标签文本设置为"课程成绩录入"，将文字设置为黑体、26 磅、加粗、居中，如图 12-33 所示。

(3) 在【主体】节上添加一个名为【ComboClass】的组合框控件，将标题设置为"班级名称"，【行来源】设置为"SELECT 班级.班级编号, 班级.班级名称 FROM 班级 ORDER BY 班级.班级编号;"，如图 12-34 所示。

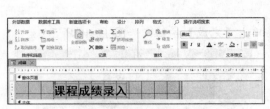

图 12-33　添加标签控件　　　　　图 12-34　添加组合框控件

(4) 在【主体】节上添加一个名为【ComboCourse】的组合框控件，将标题设置为"课程名称"，【行来源】设置为"SELECT 课程.课程编号, 课程.课程名称 FROM 课程 ORDER BY 课程.课程编号;"，如图 12-35 所示。

(5) 在【主体】节上添加一个名为【ComboSemester】的组合框控件，将标题设置为"开课学期"，【行来源】设置为"1;"大一上学期";2;"大一下学期";3;"大二上学期";4;"大二下学期";5;"大三上学期";6;"大三下学期";7;"大四上学期";8;"大四下学期""，如图 12-36 所示。

图 12-35　添加组合框控件　　　　　图 12-36　添加组合框控件

(6) 在【设计】选项卡的【控件】组中选择【子窗体/子报表】控件，在【主体】节上绘制一个子窗体，在弹出的【子窗体向导】对话框中选中【使用现有的表和查询】单选按钮，单击【下一步】按钮，如图 12-37 所示。

(7) 在【表/查询】下拉列表中选择【表: 学生】选项，依次添加【学号】【姓名】【性别】字段，如图 12-38 所示。

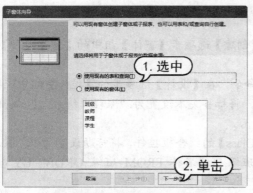

图 12-37　【子窗体向导】对话框

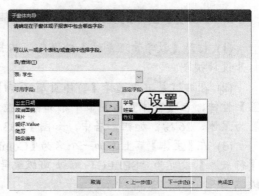

图 12-38　添加字段

(8) 在【表/查询】下拉列表中选择【表: 成绩】选项, 添加【分数】字段, 单击【下一步】按钮, 如图 12-39 所示。

(9) 将该【子窗体】命名为"成绩 子窗体", 单击【完成】按钮, 如图 12-40 所示。

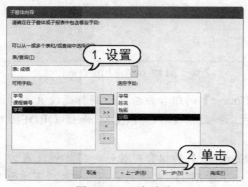

图 12-39　添加字段

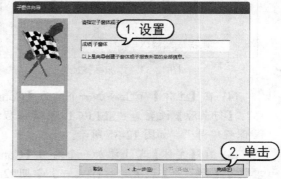

图 12-40　命名子窗体

(10) 返回设计视图, 选择子窗体, 在【属性表】窗格中将标签的【标题】设置为【成绩录入窗口】, 将子窗体的【可以扩大】和【可以缩小】设置为【否】, 将子窗体中【学号】【姓名】和【性别】的【是否锁定】属性设置为【是】,【可用】属性设置为【否】, 不允许修改这三列数据, 如图 12-41 所示。

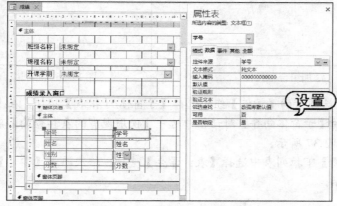

图 12-41　设置子窗体属性

　　(11) 在【主体】节上添加一个名为【Command5】的按钮控件，将标题设置为"设置完毕单击录入"，在【属性表】窗格的【事件】选项卡的【单击】属性中单击匾按钮，进入 VBA 窗口，输入如下代码作为事件过程：

```
Option Compare Database
Private Sub FilterData()
        If IsNull(ComboClass) Or IsNull(ComboCourse) Then
                MsgBox ("请首先选择班级和课程")
                Exit Sub
        End If
        成绩子窗体.Form.Filter = "班级编号='" + ComboClass + "' AND 课程编号='" + ComboCourse + "'"
        成绩子窗体.Form.FilterOn = True
End Sub
Private Sub ComboClass_AfterUpdate()
        FilterData
End Sub


Private Sub Command5_Click()
        Dim strClass, strfilter As String
        Dim strCourse As String
        Dim strSQL As String
        If IsNull(ComboClass) Or IsNull(ComboCourse) Then
                MsgBox ("请首先选择班级和课程")
        Exit Sub
        End If
        strClass = ComboClass
        strfilter = "班级编号='" + ComboClass + "' "
        strCourse = ComboCourse
        strfilter = strfilter + " and 课程编号='" + ComboCourse + "' "
        strSQL = "INSERT INTO 成绩(学号,课程编号,学期)   SELECT 学号,'" + strCourse + "'," +
ComboSemester + "   FROM 学生   WHERE 班级编号='" + strClass + "' "
                DoCmd.SetWarnings False
                DoCmd.RunSQL strSQL
                DoCmd.SetWarnings True

        成绩子窗体.Form.Filter = "班级编号='" + strClass + "' AND 课程编号='" + strCourse + "'"
        成绩子窗体.Form.FilterOn = True
End Sub

Private Sub ComboCourse_AfterUpdate()
        FilterData
End Sub
```

(12) 分别选择【ComboClass】控件和【ComboCourse】控件，在【属性表】窗格的【事件】选项卡的【更改】属性中单击□按钮，进入 VBA 窗口，输入如下代码作为事件过程：

```
Option Compare Database
Private Sub FilterData()
    If IsNull(ComboClass) Or IsNull(ComboCourse) Then
        MsgBox ("请首先选择班级和课程")
        Exit Sub
    End If
    成绩子窗体.Form.Filter = "班级编号='" + ComboClass + "' AND 课程编号='" + ComboCourse + "'"
    成绩子窗体.Form.FilterOn = True
End Sub
Private Sub ComboClass_AfterUpdate()
    FilterData
End Sub


Private Sub Command5_Click()
    Dim strClass, strfilter As String
    Dim strCourse As String
    Dim strSQL As String
    If IsNull(ComboClass) Or IsNull(ComboCourse) Then
        MsgBox ("请首先选择班级和课程")
    Exit Sub
    End If
    strClass = ComboClass
    strfilter = "班级编号='" + ComboClass + "' "
    strCourse = ComboCourse
    strfilter = strfilter + " and 课程编号='" + ComboCourse + "' "
    strSQL = "INSERT INTO 成绩(学号,课程编号,学期)  SELECT 学号,'" + strCourse + "'," +
ComboSemester + "  FROM 学生  WHERE 班级编号='" + strClass + "' "
        DoCmd.SetWarnings False
        DoCmd.RunSQL strSQL
        DoCmd.SetWarnings True
    成绩子窗体.Form.Filter = "班级编号='" + strClass + "' AND 课程编号='" + strCourse + "'"
    成绩子窗体.Form.FilterOn = True
End Sub


Private Sub ComboCourse_AfterUpdate()
    FilterData
End Sub
```

(13) 在设计视图中调整各控件的位置，如图 12-42 所示。

(14) 返回窗体视图，效果如图 12-43 所示。

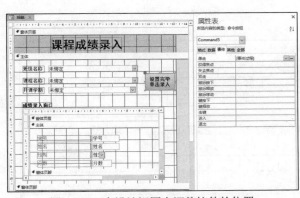

图 12-42 在设计视图中调整控件的位置 　　　　　　　　图 12-43 窗体效果

12.6 报表的实现

利用表和查询作为数据源创建报表，并在报表的设计过程中添加其他内容。

1. 【学生】报表的实现

(1) 打开【教学管理系统】数据库，单击【创建】选项卡【报表】组中的【报表设计】按钮，新建一个空白报表。

(2) 将【属性表】窗格中的【记录源】设置为 "SELECT 班级.班级名称, 学生.学号, 学生.姓名, 学生.性别, 学生.出生日期, 学生.政治面貌, 学生.照片 FROM 班级 INNER JOIN 学生 ON 班级.班级编号 = 学生.班级编号;", 如图 12-44 所示。

(3) 在【分组、排序和汇总】窗格中单击【添加组】按钮，在弹出的列表中选择【班级名称】选项，然后单击【添加排序】按钮，在弹出的列表中选择【学号】选项，结果如图 12-45 所示。

图 12-44 设置记录源

图 12-45 添加组和排序

(4) 单击【报表设计工具/设计】选项卡上的【添加现有字段】按钮添加字段，然后将【班级名称】字段拖动到【班级名称页眉】节，将其余字段拖动到【主体】节中，如图 12-46 所示。

计算机基础与实训教材系列

(5) 选中报表中的全部控件，右击，在弹出的快捷菜单中选择【布局】|【表格】命令，在空白处右击，在弹出的快捷菜单中选择【报表页眉/页脚】命令，然后调整设计视图中控件的大小和位置，如图 12-47 所示。

图 12-46　添加字段

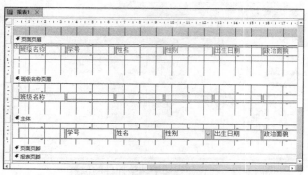

图 12-47　调整控件

(6) 在报表页眉上添加一个标签控件，将标签文本设置为"学生"，字体设置为 26 磅、加粗，效果如图 12-48 所示。

(7) 将该报表以【学生】为名进行保存，切换到报表视图中进行查看，效果如图 12-49 所示。

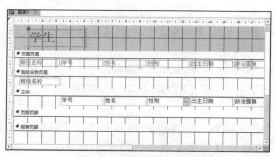

图 12-48　添加标签控件

图 12-49　报表效果

2. 【教师】报表的设计与实现

(1) 打开【教学管理系统】数据库，在左侧窗格的表对象中选择【教师】表，然后单击【创建】选项卡【报表】组中的【报表】按钮，新建一个基本报表，切换到设计视图。

(2) 打开【报表设计工具/排列】选项卡，选择报表中的任意控件，使得【选择布局】按钮变为可用，单击【选择布局】按钮选择布局；单击【网格线】按钮，在弹出的下拉菜单中选择【垂直和水平】命令设置表格线；单击【控件边距】按钮，在弹出的下拉菜单中选择【无】；单击【控件填充】按钮，在弹出的下拉菜单中选择【无】；调整【页面页眉】的高度和【主体】节的高度，使之正好容纳控件为止，如图 12-50 所示。

(3) 切换到报表视图中进行查看，效果如图 12-51 所示。

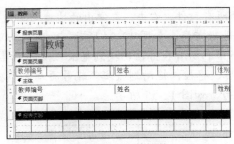

图 12-50　调整控件

教师编号	姓名	性别	职称
	教师	2020年12月1日 10:29:51	
001	王建华	男	副教授
002	刘兴国	男	副教授
003	张静	女	讲师
004	马红梅	女	副教授
005	李东霖	男	副教授
006	魏佳丽	女	教授

图 12-51　报表效果

3.【成绩】报表的设计与实现

(1) 打开【教学管理系统】数据库，单击【创建】选项卡【报表】组中的【报表设计】按钮，新建一个空白报表。

(2) 将【属性表】窗格中的【记录源】设置为 "SELECT 班级.班级编号，班级.班级名称，学生.学号，学生.姓名，成绩查询.大学英语，成绩查询.计算机文化基础，Sum(成绩查询.微积分) AS 微积分之合计 FROM 成绩查询 INNER JOIN(班级 INNER JOIN 学生 ON 班级.班级编号 = 学生.班级编号)ON 成绩查询.学号 = 学生.学号 GROUP BY 班级.班级编号，班级.班级名称，学生.学号，学生.姓名，成绩查询.大学英语，成绩查询.计算机文化基础;"，在报表空白处右击，在弹出的快捷菜单中选择【页面页眉/页脚】命令。

(3) 在【分组、排序和汇总】窗格中单击【添加组】按钮，在弹出的列表中选择【班级名称】选项，然后单击【添加排序】按钮，在弹出的列表中选择【学号】选项，结果如图 12-52 所示。

(4) 单击【报表设计工具/设计】选项卡上的【添加现有字段】按钮添加字段，然后将【班级名称】字段拖动到【班级名称页眉】节，将其余字段拖动到【主体】节中，如图 12-53 所示。

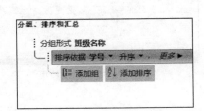

图 12-52　添加组和排序

图 12-53　添加字段

计算机基础与实训教材系列

(5) 选中【主体】节中的所有控件，右击，在弹出的快捷菜单中选择【布局】|【表格】命令，将【主体】节的字段按表格进行布局，如图 12-54 所示。

(6) 选择【页面页眉】节中的所有控件，切换到【报表设计工具/排列】选项卡，单击【删除布局】按钮，删除控件布局后，将控件拖动到【班级编号页眉】节中，然后单击【表格】按钮，将字段标题按照表格进行布局，如图 12-55 所示。

图 12-54　表格布局

图 12-55　拖动控件

(7) 保持对字段标题的选中状态，单击【网格线】按钮，在弹出的下拉菜单中选择【垂直和水平】命令设置表格线；单击【控件边距】按钮，在弹出的下拉菜单中选择【无】选项；单击【控件填充】按钮，在弹出的下拉菜单中选择【无】选项。

(8) 选择【主体】节中的所有控件；单击【网格线】按钮，在弹出的下拉菜单中选择【垂直和水平】命令设置表格线；单击【控件边距】按钮，在弹出的下拉菜单中选择【无】选项；单击【控件填充】按钮，在弹出的下拉菜单中选择【无】选项；调整【班级编号页眉】和【主体】节的高度，使之正好容纳控件为止。

(9) 在【页面页眉】节上添加一个标签控件，将标签文本设置为"成绩表"，将字体设置为26 磅、加粗、居中，效果如图 12-56 所示。

(10) 将该报表以【成绩】为名进行保存，切换到报表视图中进行查看，效果如图 12-57 所示。

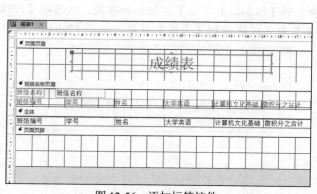

图 12-56　添加标签控件

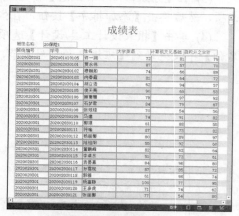

图 12-57　报表效果

12.7　入口界面的实现

为数据库系统创建一个用户入口界面，使用切换面板制作用户界面中的窗体。

创建切换面板，使切换面板显示【学生信息】【班级信息】【课程信息】【学生成绩】和【退出系统】这 5 个项目。

(1) 打开【教学管理系统】数据库，打开【数据库工具】选项卡，在【新建组】组中单击【切换面板管理器】按钮，打开对话框，单击【是】按钮。

(2) 打开【切换面板管理器】对话框，单击【编辑】按钮，如图 12-58 所示。

(3) 打开【编辑切换面板页】对话框，在【切换面板名】文本框中输入文字"教学管理系统"，单击【新建】按钮，如图 12-59 所示。

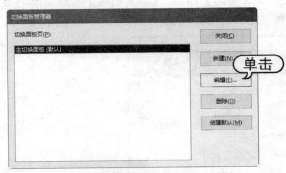

图 12-58　【切换面板管理器】对话框　　　　图 12-59　【编辑切换面板页】对话框

(4) 打开【编辑切换面板项目】对话框，在【文本】文本框中输入文字"学生信息"，在【命令】下拉列表中选择【在"添加"模式下打开窗体】选项，在【窗体】下拉列表中选择【学生】选项，单击【确定】按钮，如图 12-60 所示。

(5) 此时，【学生信息】项目名称显示在【切换面板上的项目】列表中，如图 12-61 所示。

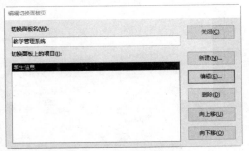

图 12-60　设置切换面板中的项目　　　　　　图 12-61　添加项目名称

(6) 参照步骤(3)~(5)，继续添加切换面板项目【班级信息】(对应【班级】窗体)、【课程信息】(对应【课程】窗体)、【学生成绩】(对应【成绩】窗体)，如图 12-62 所示。

(7) 继续单击【新建】按钮，打开【编辑切换面板项目】对话框，在【文本】文本框中输入文字"退出系统"，在【命令】下拉列表中选择【退出应用程序】选项，单击【确定】按钮，如图 12-63 所示。

计算机基础与实训教材系列

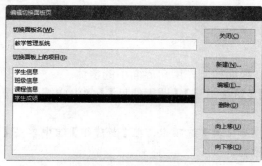

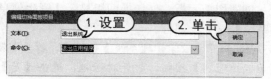

图 12-62　继续添加项目　　　　　　图 12-63　设置【退出系统】的切换面板项目

(8) 此时，【编辑切换面板页】对话框的列表框中显示添加的项目，单击【关闭】按钮。

(9) 返回【切换面板管理器】对话框，再次单击【关闭】按钮。【切换面板】窗体名称将显示在导航窗格的【窗体】列表中，双击打开该窗体，查看切换面板窗体的效果，如图 12-64 所示。

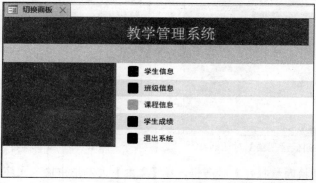

图 12-64　切换面板效果

本套教材涵盖了计算机各个应用领域，包括计算机硬件知识、操作系统、数据库、编程语言、文字录入和排版、办公软件、计算机网络、图形图像、三维动画、网页制作以及多媒体制作等。众多的图书品种可以满足各类院校相关课程设置的需要。已出版的图书书目如下表所示。

图 书 书 名	图 书 书 名
《中文版 Photoshop CC 2018 图像处理实用教程》	《中文版 Office 2016 实用教程》
《中文版 Animate CC 2018 动画制作实用教程》	《中文版 Word 2016 文档处理实用教程》
《中文版 Dreamweaver CC 2018 网页制作实用教程》	《中文版 Excel 2016 电子表格实用教程》
《中文版 Illustrator CC 2018 平面设计实用教程》	《中文版 PowerPoint 2016 幻灯片制作实用教程》
《中文版 InDesign CC 2018 实用教程》	《中文版 Access 2016 数据库应用实用教程》
《中文版 CorelDRAW X8 平面设计实用教程》	《中文版 Project 2016 项目管理实用教程》
《中文版 AutoCAD 2019 实用教程》	《中文版 AutoCAD 2018 实用教程》
《中文版 AutoCAD 2017 实用教程》	《中文版 AutoCAD 2016 实用教程》
《电脑入门实用教程(第三版)》	《电脑办公自动化实用教程(第三版)》
《计算机基础实用教程(第三版)》	《计算机组装与维护实用教程(第三版)》
《新编计算机基础教程(Windows 7+Office 2010 版)》	《中文版 After Effects CC 2017 影视特效实用教程》
《Excel 财务会计实战应用(第五版)》	《Excel 财务会计实战应用(第四版)》
《Photoshop CC 2018 基础教程》	《Access 2016 数据库应用基础教程》
《AutoCAD 2018 中文版基础教程》	《AutoCAD 2017 中文版基础教程》
《AutoCAD 2016 中文版基础教程》	《Excel 财务会计实战应用(第三版)》
《Photoshop CC 2015 基础教程》	《Office 2010 办公软件实用教程》
《Word+Excel+PowerPoint 2010 实用教程》	《AutoCAD 2015 中文版基础教程》
《Access 2013 数据库应用基础教程》	《Office 2013 办公软件实用教程》
《中文版 Photoshop CC 2015 图像处理实用教程》	《中文版 Office 2013 实用教程》
《中文版 Flash CC 2015 动画制作实用教程》	《中文版 Word 2013 文档处理实用教程》
《中文版 Dreamweaver CC 2015 网页制作实用教程》	《中文版 Excel 2013 电子表格实用教程》
《中文版 Illustrator CC 2015 平面设计实用教程》	《中文版 PowerPoint 2013 幻灯片制作实用教程》
《中文版 InDesign CC 2015 实用教程》	《中文版 Access 2013 数据库应用实用教程》
《中文版 CorelDRAW X7 平面设计实用教程》	《中文版 Project 2013 实用教程》
《电脑入门实用教程(第二版)》	《电脑办公自动化实用教程(第二版)》
《计算机基础实用教程(第二版)》	《计算机组装与维护实用教程(第二版)》
《中文版 Photoshop CC 图像处理实用教程》	《中文版 Office 2010 实用教程》
《中文版 Flash CC 动画制作实用教程》	《中文版 Word 2010 文档处理实用教程》
《中文版 Dreamweaver CC 网页制作实用教程》	《中文版 Excel 2010 电子表格实用教程》

(续表)

图 书 书 名	图 书 书 名
《中文版 Illustrator CC 平面设计实用教程》	《中文版 PowerPoint 2010 幻灯片制作实用教程》
《中文版 InDesign CC 实用教程》	《中文版 Access 2010 数据库应用实用教程》
《中文版 CorelDRAW X6 平面设计实用教程》	《中文版 Project 2010 实用教程》
《中文版 AutoCAD 2015 实用教程》	《中文版 AutoCAD 2014 实用教程》
《中文版 Premiere Pro CC 视频编辑实例教程》	《电脑入门实用教程(Windows 7+Office 2010)》
《Oracle Database 12c 实用教程》	《ASP.NET 4.5 动态网站开发实用教程》
《AutoCAD 2014 中文版基础教程》	《Windows 8 实用教程》
《Mastercam X6 实用教程》	《C＃程序设计实用教程》
《中文版 Photoshop CS6 图像处理实用教程》	《中文版 Office 2007 实用教程》
《中文版 Flash CS6 动画制作实用教程》	《中文版 Word 2007 文档处理实用教程》
《中文版 Dreamweaver CS6 网页制作实用教程》	《中文版 Excel 2007 电子表格实用教程》
《中文版 Illustrator CS6 平面设计实用教程》	《中文版 PowerPoint 2007 幻灯片制作实用教程》
《中文版 InDesign CS6 实用教程》	《中文版 Access 2007 数据库应用实用教程》
《中文版 Premiere Pro CS6 多媒体制作实用教程》	《中文版 Project 2007 实用教程》
《网页设计与制作(Dreamweaver+Flash+Photoshop)》	《AutoCAD 机械制图实用教程(2018 版)》
《Access 2010 数据库应用基础教程》	《计算机基础实用教程(Windows 7+Office 2010 版)》
《ASP.NET 4.0 动态网站开发实用教程》	《中文版 3ds Max 2012 三维动画创作实用教程》
《AutoCAD 机械制图实用教程(2012 版)》	《Windows 7 实用教程》
《多媒体技术及应用》	《Visual C# 2010 程序设计实用教程》
《AutoCAD 机械制图实用教程(2011 版)》	《AutoCAD 机械制图实用教程(2010 版)》